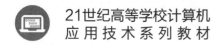

21世纪高等学校计算机
应用技术系列教材

计算机类毕业设计指导
与项目案例实践

赵骥 王彩霞 孙学波 张美娜 张孝临 代红 编著

U0197722

清華大學出版社
北京

内 容 简 介

本书首先概述了毕业设计的指导思想、原则、流程和管理过程,然后介绍了面向对象的分析与设计方法,最后以5个实际项目开发程序为案例,从培养计算机科学与技术、软件工程、网络工程、物联网工程、数据科学与大数据技术等专业学生实践能力的宗旨出发,按照项目的开发流程,全面、系统地介绍了程序开发过程,通过网站开发、网站发布、网络构建和物联网工程系统集成等项目案例,对需求分析、系统功能分析、数据库分析、数据库设计等过程都进行了详细介绍。本书可以作为计算机科学与技术、软件工程、网络工程、物联网工程、数据科学与大数据技术等计算机类相关专业毕业设计实践环节的指导书。

本书案例涉及行业广泛,实用性非常强。通过本书的学习,读者既可以了解各个行业的特点,能够针对某一行业进行网站开发、网络构建和软硬件系统的集成开发,又可以根据提供的案例源代码和数据库设计资源进行二次开发,以减少开发系统所需要的时间。

图书在版编目(CIP)数据

计算机类毕业设计指导与项目案例实践/赵骥等编著.—北京:清华大学出版社,2023.5(2024.7重印)
21世纪高等学校计算机应用技术系列教材
ISBN 978-7-302-63439-3

Ⅰ.①计… Ⅱ.①赵… Ⅲ.①电子计算机-毕业实践-高等学校-教学参考资料 Ⅳ.①TP3

中国国家版本馆 CIP 数据核字(2023)第 076295 号

责任编辑:贾 斌
封面设计:刘 键
责任校对:徐俊伟
责任印制:沈 露

出版发行:清华大学出版社
　　　　网　　　址:https://www.tup.com.cn,https://www.wqxuetang.com
　　　　地　　　址:北京清华大学学研大厦 A 座　　　邮　　编:100084
　　　　社 总 机:010-83470000　　　　　　　　　　邮　　购:010-62786544
　　　　投稿与读者服务:010-62776969,c-service@tup.tsinghua.edu.cn
　　　　质量反馈:010-62772015,zhiliang@tup.tsinghua.edu.cn
　　　　课件下载:https://www.tup.com.cn,010-83470236
印 装 者:三河市龙大印装有限公司
经　　销:全国新华书店
开　　本:185mm×260mm　　印　　张:18.5　　　　　　字　　数:462 千字
版　　次:2023 年 6 月第 1 版　　　　　　　　　　　印　　次:2024 年 7 月第 3 次印刷
印　　数:3001～5000
定　　价:59.80 元

产品编号:100798-01

前 言

编写背景：

习近平总书记在党的二十大报告中指出，必须坚持科技是第一生产力、人才是第一资源、创新是第一动力，深入实施科教兴国战略、人才强国战略、创新驱动发展战略，开辟发展新领域新赛道，不断塑造发展新动能新优势。他还强调，要坚持教育优先发展、科技自立自强、人才引领驱动，加快建设教育强国、科技强国、人才强国。这为科教事业长远发展提供了根本遵循。

实践教学是大学培养计划中的必要环节，其中，毕业设计是实践教学的重要环节。为了让毕业设计指导教师和学生了解毕业设计的指导思想、原则、流程和管理过程以及毕业设计的方法、技术和论文的撰写规范，作者编著了本书，希望既能指导学生使用所学的知识开发项目，又能辅助其完成毕业设计的教学环节。

首先，本书是一本基于项目开发案例原型、面向应用的软件开发及网络部署的参考图书，指导学生按照本科毕业设计的要求进行系统的分析、设计、实现和测试，并撰写相应阶段的文档。编写本书的首要目的是为学生架起从学校顺利走向职场的桥梁。

其次，本书以完成小型项目为目的，让学生切身感受软件开发、网络部署和物联网系统集成领域从分析设计到调试的全过程，并非只是枯燥的语法和陌生的术语，能激发学生学习软件的兴趣，让学生变被动学习为自主学习。

最后，本书的项目开发案例过程完整，适合作为软件开发、网络部署和物联网系统集成等项目开发的参考书，全书案例配备源代码，方便学生参考学习。

本书特点：

对于初学者来说，代码解析是最好的导师，它能够引导初学者快速入门，使初学者感受到编程的快乐和成就感，增强进一步学习的信心。鉴于此，本书为每一个案例配备了程序代码，读者可以通过程序代码实现案例中的功能。

本书案例均从实际应用角度出发，应用了当前流行的技术，涉及的知识广泛，读者可以从每个案例中积累丰富的实战经验。

本书适合作为计算机相关专业的大学生，以及软件开发和网络部署相关领域的求职者和爱好者项目开发和设计的参考书。

本书作者：

本书主要由赵骥、王彩霞、孙学波、张美娜、张孝临、代红执笔。在编写本书的过程中，我们本着科学严谨的态度，力求精益求精，但错误、疏漏之处在所难免，敬请广大读者批评指正。

目　录

第一部分　计算机类专业毕业设计的要求与管理流程

第1章　计算机类专业毕业设计实践环节的目的 ……………………………… 3

1.1　计算机类专业毕业设计的教学内容和要求 ……………………………… 3

1.2　计算机类专业毕业设计的教学目标和原则 ……………………………… 4

1.3　计算机类专业毕业设计的类型和文档 …………………………………… 5

　　1.3.1　计算机类专业毕业设计的类型 ………………………………… 5

　　1.3.2　计算机类专业毕业设计的文档 ………………………………… 5

第2章　计算机类专业毕业设计的管理 ……………………………………… 8

2.1　毕业设计的目标要求 ……………………………………………………… 8

2.2　毕业设计的流程管理 ……………………………………………………… 8

2.3　毕业设计答辩管理 ………………………………………………………… 10

2.4　毕业设计答辩程序 ………………………………………………………… 12

2.5　毕业设计成绩评定 ………………………………………………………… 13

2.6　评分标准 …………………………………………………………………… 13

2.7　其他 ………………………………………………………………………… 14

第3章　计算机类专业毕业设计的选题 ……………………………………… 15

3.1　选题的原则 ………………………………………………………………… 15

3.2　选题的流程 ………………………………………………………………… 15

3.3　撰写任务书、开题报告及指导书 ………………………………………… 16

第4章　毕业设计的文献检索 ………………………………………………… 22

4.1　毕业设计的调研工作 ……………………………………………………… 22

4.2　文献检索和整理 …………………………………………………………… 22

第5章　计算机类专业毕业设计的主体内容设计 …………………………… 24

5.1　国内外研究现状 …………………………………………………………… 24

5.2　关键技术及难点 …………………………………………………………… 24

5.3　毕业设计的进度规划 ……………………………………………………… 24

5.4　毕业设计的具体实施 ……………………………………………………… 25

第 6 章　计算机类专业毕业设计的论文撰写 ···················· 27

6.1　内容要求 ·· 27

6.2　书写规范与打印要求 ······································ 28

第 7 章　计算机类专业毕业设计的答辩准备 ···················· 35

7.1　答辩的演示文稿 ·· 35

7.2　答辩的自我陈述 ·· 35

　　7.2.1　答辩的自我陈述提纲 ································· 35

　　7.2.2　答辩的自我陈述技巧 ································· 36

第二部分　面向对象的分析与设计方法简介

第 8 章　面向对象的开发方法 ······························· 41

8.1　对象的基本概念 ·· 41

8.2　面向对象的软件开发 ······································ 43

　　8.2.1　面向对象方法 ····································· 43

　　8.2.2　面向对象方法与程序设计语言 ························· 43

　　8.2.3　典型的面向对象的开发方法 ··························· 44

8.3　面向对象软件开发过程 ····································· 44

　　8.3.1　面向对象设计 ····································· 44

　　8.3.2　OOA 与 OOD 之间的关系 ···························· 45

8.4　面向对象分析与设计的应用举例 ······························ 46

　　8.4.1　问题定义 ·· 46

　　8.4.2　需求分析 ·· 46

　　8.4.3　软件结构设计 ····································· 48

　　8.4.4　软件行为建模 ····································· 49

第 9 章　统一建模语言概述 ································· 51

9.1　UML 的定义 ·· 51

9.2　UML 的概念模型及其视图结构 ······························· 52

　　9.2.1　UML 的概念模型 ··································· 52

　　9.2.2　UML 中的视图 ····································· 52

9.3　模型元素 ·· 53

　　9.3.1　实体元素 ·· 53

　　9.3.2　交互元素 ·· 54

　　9.3.3　组织元素 ·· 55

　　9.3.4　注释元素 ·· 55

9.4　关系 ··· 55

9.4.1　依赖 55
9.4.2　关联 56
9.4.3　组合与聚合 56
9.4.4　继承和实现 56
9.5　图 57
9.5.1　用例图 58
9.5.2　类图 58
9.5.3　顺序图 60
9.5.4　状态图 60
9.5.5　活动图 61
9.5.6　构件图 61

第 10 章　用例建模 63
10.1　用例图的基本概念 63
10.2　参与者 63
10.2.1　参与者的定义 63
10.2.2　参与者的识别 63
10.2.3　参与者之间的泛化关系 63
10.3　用例 64
10.3.1　用例的定义和表示 64
10.3.2　参与者和用例的关联 65
10.3.3　用例之间的关系 65
10.3.4　用例描述 67

第 11 章　类图建模 71
11.1　业务逻辑类、实体类和边界类的概念 71
11.2　用例模型到结构模型的映射 72

第 12 章　顺序图建模 76
12.1　顺序图的构成元素 76
12.2　顺序图建模方法 77

第 13 章　状态图与活动图建模 80
13.1　状态图的构成元素 80
13.2　活动图及其构成元素 84
13.2.1　活动 84
13.2.2　泳道 85
13.2.3　并入和并出 85
13.2.4　信号 86

　　　13.2.5　对象和对象流 ································· 86

第14章　包图、组件图和部署图建模 ······· 88

14.1　包图 ································· 88
14.2　构件图 ································· 91
14.3　部署图 ································· 93

第三部分　计算机类专业各方向毕业设计参考实例

第15章　项目一　基于Java的植物花卉网站的设计与实现 ······· 99

15.1　绪论 ································· 99
　　15.1.1　项目背景 ································· 99
　　15.1.2　相关性研究 ································· 99
　　15.1.3　项目的目的和意义 ······· 100
　　15.1.4　相关技术介绍 ······· 100
15.2　系统需求分析 ······· 101
　　15.2.1　可行性分析 ······· 101
　　15.2.2　系统需求分析 ······· 101
　　15.2.3　需求模型 ······· 102
　　15.2.4　实体模型分析 ······· 110
15.3　系统总体设计 ······· 112
　　15.3.1　系统结构设计 ······· 112
　　15.3.2　系统总体功能设计 ······· 112
　　15.3.3　前台管理模块设计 ······· 112
　　15.3.4　后台管理模块设计 ······· 116
　　15.3.5　数据库设计 ······· 119
15.4　系统详细设计与实现 ······· 124
　　15.4.1　前台功能模块详细设计与实现 ······· 124
　　15.4.2　后台功能模块详细设计与实现 ······· 132
15.5　系统测试 ······· 135
　　15.5.1　系统的测试实例 ······· 135
　　15.5.2　测试总结 ······· 135

第16章　项目二　基于PHP的在线教育平台的设计与实现 ······· 137

16.1　绪论 ································· 137
　　16.1.1　项目背景 ································· 137
　　16.1.2　相关性研究 ································· 138
　　16.1.3　项目的目的和意义 ······· 138
　　16.1.4　相关技术介绍 ······· 138
16.2　系统需求分析 ································· 139

16.2.1　可行性分析 ··· 139

16.2.2　系统需求分析 ··· 140

16.2.3　需求模型 ··· 140

16.2.4　实体模型分析 ··· 149

16.3　系统总体设计 ··· 150

16.3.1　系统结构设计 ··· 150

16.3.2　系统总体功能设计 ·· 151

16.3.3　前台管理模块设计 ·· 151

16.3.4　后台管理模块设计 ·· 153

16.3.5　数据库设计 ·· 159

16.4　系统详细设计与实现 ·· 165

16.4.1　前台功能模块详细设计与实现 ································· 165

16.4.2　后台功能模块详细设计与实现 ································· 166

16.5　系统测试 ··· 174

16.5.1　系统的测试实例 ·· 174

16.5.2　测试总结 ··· 175

第 17 章　项目三　基于 ASP. NET 的购物商城的设计与实现 ·············· 176

17.1　绪论 ·· 176

17.1.1　项目背景 ··· 176

17.1.2　相关性研究 ·· 176

17.1.3　项目的目的和意义 ·· 177

17.1.4　相关技术介绍 ··· 177

17.2　系统需求分析 ··· 177

17.2.1　可行性分析 ·· 177

17.2.2　系统需求分析 ··· 178

17.2.3　需求模型 ··· 179

17.2.4　实体模型分析 ··· 186

17.3　系统总体设计 ··· 186

17.3.1　系统总体功能设计 ·· 186

17.3.2　前台管理模块设计 ·· 186

17.3.3　商家模块设计 ··· 188

17.3.4　管理员管理模块设计 ·· 190

17.3.5　数据库设计 ·· 193

17.4　系统详细设计与实现 ·· 196

17.4.1　前台功能模块详细设计与实现 ································· 196

17.4.2　商家功能模块详细设计与实现 ································· 198

17.4.3　管理员功能模块详细设计与实现 ······························ 200

17.5　系统测试 ··· 205

17.5.1 系统的测试实例 ……………………………………………………… 205

17.5.2 测试总结 ………………………………………………………………… 206

第 18 章 项目四 智慧园区办公网络的设计与实现 ……………………… 207

18.1 绪论 ……………………………………………………………………………… 207

18.1.1 项目研究背景 …………………………………………………………… 207

18.1.2 项目研究意义 …………………………………………………………… 208

18.1.3 网络建设目标 …………………………………………………………… 208

18.1.4 网络技术支持 …………………………………………………………… 209

18.2 系统需求分析 …………………………………………………………………… 211

18.2.1 可行性分析 ……………………………………………………………… 211

18.2.2 系统功能分析 …………………………………………………………… 212

18.2.3 运行环境分析 …………………………………………………………… 212

18.3 园区办公网络设计与规划 ……………………………………………………… 212

18.3.1 园区办公网络拓扑设计 ………………………………………………… 212

18.3.2 园区办公网络功能设计 ………………………………………………… 213

18.3.3 园区办公网络 VLAN 划分 …………………………………………… 221

18.3.4 园区办公网络 IP 地址划分 …………………………………………… 221

18.4 园区办公网络功能实现 ………………………………………………………… 222

18.4.1 网络硬件设备选型 ……………………………………………………… 222

18.4.2 网络硬件设备命令配置实现 …………………………………………… 225

18.5 系统测试 ………………………………………………………………………… 242

18.5.1 区域网络连通性测试 …………………………………………………… 242

18.5.2 网络可扩展性测试 ……………………………………………………… 247

18.5.3 网络安全测试 …………………………………………………………… 247

第 19 章 项目五 智能家居室内场景控制的研究与应用 ………………… 251

19.1 绪论 ……………………………………………………………………………… 251

19.1.1 研究背景 ………………………………………………………………… 251

19.1.2 研究意义 ………………………………………………………………… 251

19.1.3 国内外研究现状 ………………………………………………………… 252

19.2 系统开发技术概述 ……………………………………………………………… 253

19.2.1 物联网相关概念 ………………………………………………………… 253

19.2.2 Wi-Fi 技术 ……………………………………………………………… 254

19.2.3 位置指纹定位技术 ……………………………………………………… 254

19.2.4 K-NN 算法 ……………………………………………………………… 255

19.2.5 系统开发工具及平台 …………………………………………………… 255

19.3 系统需求分析 …………………………………………………………………… 256

19.3.1 系统可行性分析 ………………………………………………………… 256

19.3.2　系统功能需求分析 ································· 256

19.3.3　系统非功能需求分析 ······························· 258

19.4　系统总体设计 ···································· 258

19.4.1　系统总体结构设计 ································· 258

19.4.2　系统硬件设计 ··································· 260

19.4.3　物联网服务端设计 ································· 261

19.4.4　数据库设计 ···································· 263

19.5　系统详细设计与实现 ······························· 265

19.5.1　系统分层架构设计 ································· 265

19.5.2　系统感知采集模块设计与实现 ·························· 266

19.5.3　系统前端设计与实现 ································ 267

19.5.4　系统后台设计与实现 ································ 271

19.6　系统测试 ····································· 277

19.6.1　系统功能测试 ··································· 277

19.6.2　节点通信测试 ··································· 279

19.6.3　网关通信测试 ··································· 280

19.6.4　系统性能测试 ··································· 281

参考文献 ··· 282

第一部分

计算机类专业毕业设计的要求与管理流程

第1章　计算机类专业毕业设计实践环节的目的

第2章　计算机类专业毕业设计的管理

第3章　计算机类专业毕业设计的选题

第4章　毕业设计的文献检索

第5章　计算机类专业毕业设计的主体内容设计

第6章　计算机类专业毕业设计的论文撰写

第7章　计算机类专业毕业设计的答辩准备

本部分概要

- 计算机类专业毕业设计的指导思想、目的和原则；
- 计算机类专业毕业设计和论文撰写涉及的主要领域和内容；
- 计算机类专业毕业设计的总体规范；
- 计算机类专业毕业设计的监督考核工作和组织管理工作；
- 计算机类毕业设计流程：选题、调研工作、文献检索、设计内容、论文撰写、答辩。

本部分导言

毕业设计及论文撰写是大学教育阶段的重要教学环节，是每个大学生在毕业前必须完成的一门重要的实践必修课程。高等院校要求学生在毕业设计指导教师的监督引导下，顺利完成毕业设计（论文），成绩合格是学生毕业和获得学位的前提条件。

围绕计算机类专业毕业设计的特点，本部分概括了计算机类专业毕业设计的相关内容，描述了计算机类专业毕业设计的管理工作。

毕业设计流程由多个环节组成，每个环节的目标和任务不同，按照一定时间顺序排列。学生按照顺序有条不紊地执行设计流程，就会高效率地完成设计工作。

第1章

计算机类专业毕业设计实践环节的目的

1.1 计算机类专业毕业设计的教学内容和要求

毕业设计是高等学校教学计划的重要组成部分,是实现高等教育培养目标要求的重要阶段,是深化与升华基础理论学习的重要环节,是全面检验学生综合素质与实践能力的主要手段,是学生毕业和学位资格认证的重要依据,是衡量高等学校教育质量的重要评价内容。做好毕业设计工作,对提高毕业生综合素质具有重要意义。

计算机类专业涵盖计算机硬件、软件、网络、物联网、大数据等专业技术知识,旨在通过理论学习和实践训练,将学生培养成具备扎实的基础知识、熟练的实践技能、较强的创新意识、较强的团队合作精神和社会责任感,并能够在计算机科学与技术领域从事研究、教育、开发和应用的高级信息技术人才。

计算机类毕业生应该具备的技术能力如下:

1. 计算机软件方向

掌握计算机系统基础知识、原理和方法,能够从事系统软件和大型应用软件的设计、开发、部署及维护工作。

2. 计算机硬件方向

掌握计算机硬件组装与维护技术、计算机组成与体系结构的基本原理和实践技能、电工电子技术等,能够从事计算机硬件系统设计、开发和维护工作。

3. 计算机网络方向

掌握网络系统的基础知识、原理,能够进行小型网络设计、网络集成与工程监理、网页制作与网站设计,能够胜任信息安全与网络管理等工作。

4. 计算机物联网方向

掌握物联网工程专业的基本知识、基本技术和基本方法,能够综合、灵活地运用软件和物联网工程技术,胜任物联网系统的设计、集成构建、部署实施及网络管理工作。

5. 计算机大数据方向

掌握大数据科学理论和实践知识,能够在大数据领域独立承担大数据挖掘、大数据系统开发运维及项目管理工作。

　　基于计算机类专业的特点和要求,完成毕业设计的教学环节,保证教学质量的基本要求如下:

　　(1)计算机类专业毕业设计是计算机类专业教学的重要实训环节,目标是培养大学生的创新能力、实践能力和创业精神,这是解决复杂工程问题的重要实践环节。

　　(2)毕业设计的质量和等级是衡量教学水平,以及学生毕业与学位资格认证的重要依据,学校和专业应在学生进行毕业设计的过程中严格要求,结合计算机类各专业的特点,制定详细的考核指标和成绩评判标准。

　　(3)依据计算机类专业毕业设计和论文撰写的特点,强化选题、调研和查阅文献、开题、指导论文、结题各个环节。要求学生完成需求分析、概要设计、详细设计、具体实现和系统调试等教学任务,最终完成论文的撰写和答辩。各个设计环节制定明确的规范和标准指导学生的设计流程。

　　(4)毕业设计要更侧重于实践性和工程性。要创新培养模式,改善实习、实验及设计条件,加强校企合作,建立校外实习基地,为学生创造良好的毕业设计环境。

　　(5)针对计算机类专业实践性、应用性强的特点,提高指导教师队伍的质量,鼓励老师积极参与生产实践和社会实践,提倡建立校内外教师联合指导。

1.2　计算机类专业毕业设计的教学目标和原则

　　毕业设计环节的重要特征是它的实践性和综合性。毕业设计教学环节的基本要求是培养学生综合运用所学基本理论、基本知识、基本技能分析和解决实际问题的能力,培养学生从事科学研究工作或专业技术工作的基础能力,掌握科学研究的基本方法,特别是在实践中培养学生勇于探索的创新精神、严肃认真的科学态度和严谨求实的工作作风。

1. 计算机类专业毕业设计的教学目标

　　毕业设计的教学内容包括毕业作品的设计和实现、论文的撰写和最后的答辩,教学目标主要是:

　　(1)提高学生的综合应用能力。

　　学生在大学教育阶段要进行公共课、专业基础课和专业课的学习,每门课程都是计算机知识体系的组成部分,既相互独立,又相互关联、相互作用。毕业设计就是要把这些相互独立的课程有机地联系起来,完成毕业设计任务。

　　(2)提高学生的实践创新能力。

　　在毕业设计的过程中,学生学会发现问题,且对问题要具有分析能力、设计能力和开发能力。从资料整理、可行性分析,到方案设计和实现,都是在培养学生的实践能力和创新能力。

　　(3)提高学生的项目开发能力。

　　在完成本专业各门课程学习的基础上,也为学生安排了认识实习、课程设计、项目实训和生产实习。毕业设计阶段是在前期学习和实践的基础上,进行大型项目的设计和开发工作,以提高学生的项目开发能力。

（4）提高学生的论文撰写能力。

在毕业作品设计过程中，要形成一系列文字描述材料，实习报告、开题报告以及最后的毕业论文。在写作过程中，培养学生文字表述能力和专业技术的展现能力。学生通过论文介绍项目的设计和开发过程。学生要按照计算机类专业论文的格式规范、文字表述形式进行毕业设计论文的撰写。

2．计算机类专业毕业设计的原则

（1）专业性原则。

毕业设计的选题和内容要符合专业范围，要基于计算机科学的基本理论和专业知识，选择对本领域有理论意义和现实意义的项目。

（2）原创性原则。

指导教师应该要求学生把问题的背景、项目的建立过程、可行性分析、需求分析、系统设计的方法和过程、开发的步骤和方法等都详细地描述出来，充分检验学生对专业知识的掌握和毕业设计工作的完成情况。

（3）创新性原则。

毕业设计作品要针对新领域，运用新思路，解决新问题。计算机类专业学生要有创新意识，并在毕业设计中体现出创新性。设计过程中尽量选取当前流行并通用的软件开发技术和硬件平台。

（4）规范性原则。

毕业设计的规范性包括设计逻辑严谨科学，论文写作符合文体规范和学术规范等。毕业设计要有严密的逻辑思维，依据专业理论对项目进行科学的推导、论证并进行设计开发。论文要符合毕业论文的专业文体结构和表达方式。语言表述要准确清晰、简明，论文格式要符合所攻读专业的毕业设计论文格式要求。

1.3　计算机类专业毕业设计的类型和文档

1.3.1　计算机类专业毕业设计的类型

毕业设计的类型一般包括理论研究型（论文类）和开发设计型（设计类）。理论研究型主要是指针对计算机类某些理论问题进行深入分析，并发表创新观点的论文。开发设计型主要是指学生通过进行软件产品开发、硬件设备设计、网络系统部署、物联网系统集成等，然后通过论文撰写开发文档，并对毕业设计工作进行详解和总结。

1.3.2　计算机类专业毕业设计的文档

毕业设计的文档包括：毕业设计任务书、毕业设计开题报告、毕业设计指导书、毕业设计论文等。每种文档都有自己的内容规范和格式规范，这些规范由学校统一制定。

1．毕业设计任务书样式

毕业设计任务书样式如表1.1所示。

表 1.1　××××大学毕业设计任务书

项目名称							
项目类别	设计类	论文类	项目来源	生产实际	科研实际	社会实际	其他来源

毕业设计要求、设计参数、各阶段时间安排、应完成的主要工作等

指导教师(签字)：　　　　　　　年　　月　　日

2. 毕业设计开题报告样式

毕业设计开题报告样式如表 1.2 所示。

表 1.2　××××大学毕业设计开题报告

学生姓名		专业班级		指导教师	
项目来源				项目类别	
项目名称					
研究目的					
主要内容					
研究进度计划					
特色创新					
保障条件	需要协调解决的实验、上机等条件				
	设计时间		上机时数		实验时数
	实习时间			实习地点	
指导教师意见	指导教师： 年　　月　　日				
审查小组意见	审查组组长： 年　　月　　日				
学院意见	教学院长： 年　　月　　日				

3. 毕业设计指导书样式

毕业设计指导书样式如表 1.3 所示。

表 1.3 ××××大学毕业设计指导书

指导教师： 年 月 日

一、毕业设计题目

二、目的和要求

三、具体内容及步骤方法

四、进度安排

五、技术资料及参考文献

第 **2** 章

计算机类专业毕业设计的管理

相关文档

2.1 毕业设计的目标要求

毕业设计要培养学生综合运用所学基础理论、专业知识、基本技能以发现、分析、解决与本专业相关的复杂工程问题的能力。毕业设计要训练与提高学生查阅文献资料,阅读、翻译本专业外文资料的能力,运用各种工具软件整理、分析与撰写材料的能力。

2.2 毕业设计的流程管理

全校的毕业设计工作在主管教学的校长统一领导下进行,由教务处制订管理制度和教学文件,部署每年的工作计划,并承担指导和监督职责。

1. 教务处职责

(1) 根据教学计划,制订全校毕业设计工作计划。

(2) 组织制订和完善毕业设计工作管理制度和教学文件。

(3) 督促、检查、研究、指导毕业设计教学工作。

(4) 组织毕业设计校级答辩。

(5) 组织毕业设计相似性检测工作。

(6) 组织"校级优秀毕业设计"评选。

(7) 组织"校级优秀毕业设计指导教师"评选。

(8) 负责全校毕业设计工作总结,组织经验交流。

2. 学院职责

学院负责本院学生毕业设计工作的全过程管理。各学院成立由教学院长、系主任、专业骨干教师、教学秘书和辅导员组成的毕业设计工作领导小组。其主要职责是:

(1) 贯彻落实学校有关毕业设计工作的管理规定和安排,根据本院各专业特点,明确和细化毕业设计的教学基本要求,拟定本院毕业设计工作实施细则、计划和措施。

(2) 向各系布置毕业设计工作任务,对学生进行毕业设计动员,学生和指导教师进行双选。

（3）组织审定毕业设计选题，将毕业设计题目输入毕业设计管理平台，学生和指导教师共同选定毕业设计题目，下达任务书。

（4）组织开题和中期检查等毕业设计指导流程的管理。

（5）成立学院答辩委员会和各专业答辩小组，组织全院答辩工作，审查答辩小组对毕业设计的成绩评定。

（6）负责毕业设计经费管理，以及毕业设计文件的归档工作。

毕业设计
管理平台

（7）进行本院毕业设计工作总结，填写有关统计数据和表格。

（8）负责评选院级优秀毕业设计和优秀毕业设计指导教师，推荐校级优秀毕业设计和优秀毕业设计指导教师。

（9）定期检查各系毕业设计工作的进度和质量，抓好题目审查、题目选定、开题、中期检查、答辩检查、资料核查等各个环节。

3．各系职责

各系负责本系学生毕业设计工作的具体组织和实施，成立由系主任担任组长的毕业设计工作指导小组。其主要职责是：

（1）贯彻执行校、院两级对毕业设计管理的规定。

（2）根据教师的条件，确认指导教师名单并报学院审核。

（3）根据选题原则组织毕业设计选题并报学院审核。

（4）召开指导教师会议，就指导要求、日程安排、评阅标准等进行统一要求。

（5）组织指导教师填写及向学生下达《毕业设计任务书》和《毕业设计指导书》。

（6）检查毕业设计的进度和质量，考核指导教师的工作，组织对学生的日常管理。

（7）组成毕业设计答辩小组，组织毕业设计评阅、答辩和成绩评定。

（8）进行本系毕业设计工作总结。

（9）将毕业设计材料汇总并交学院存档。

4．指导教师职责

毕业设计实行指导教师负责制。每个指导教师应对整个毕业设计阶段的教学活动全面负责。其主要职责是：

（1）提出毕业设计项目及项目题目或指导学生自选题目。

（2）根据项目的性质和要求，下达《毕业设计任务书》，拟定各阶段工作进度（一般以周为单位），并在毕业实习开始前发给学生，定期检查学生的工作进度。

（3）组织开题，下达《毕业设计指导书》，介绍进行毕业设计的研究或设计方法，向学生介绍、提供有关参考书目或文献资料，审查学生拟定的设计方案或写作提纲。

（4）负责指导学生进行调查研究、文献查阅、开题报告、上机实验、论文撰写、毕业答辩、资料归档等各项工作。

（5）指导教师要以身作则、教书育人，定期检查学生的工作进度和工作质量，解答和处理学生提出的有关问题，并随时做好记录，认真填写指导记录（在毕业设计管理系统中完成）。

（6）指导教师必须在学生答辩前完成毕业设计初稿和答辩稿评阅，并根据学生的学习态度、创新能力和毕业设计质量，认真给出评阅成绩并写出评语，对学生进行答辩资格预审，给出是否同意答辩的意见。

（7）参与答辩的指导教师必须在答辩前完成对本组参与答辩学生的毕业设计答辩稿进行评阅,根据学生的选题质量、创新能力和毕业设计质量,认真给出评阅成绩并写出评语,对学生进行答辩资格预审,给出是否同意答辩的意见。

（8）指导教师对学生必须严格要求,工作中注意防止学生的抄袭、拼凑行为,杜绝学术腐败现象。

（9）在毕业设计相似性检测时,由指导教师提交学生毕业设计,并指导学生达到相似性检测的要求。

5. 学生的职责

（1）学生要明确《毕业设计任务书》和《毕业设计指导书》中提出的工作内容和方法,刻苦钻研、勇于创新、勤于实践、保证质量,按时完成任务书规定的内容。

（2）根据《毕业设计任务书》的要求,学生应向指导教师提交调研提纲,拟定毕业设计工作计划,并在毕业设计工作开始前写出开题报告,在指导教师和开题答辩审查批准后,正式开始毕业设计工作。

（3）毕业设计期间要遵守学校及所在单位的劳动纪律和规章制度。严格按照本科毕业设计要求和撰写规范撰写毕业设计论文,不得弄虚作假,不得抄袭、剽窃他人的论著或成果。

（4）学生应在指导教师的指导下独立完成毕业设计,必须在规定时间内完成毕业设计各项任务。毕业设计说明书或论文书写格式要符合毕业设计撰写规范。

（5）学生需向指导教师提交毕业设计全部成果,且成果的质量达到相关的要求。学生答辩后,应提交毕业设计的相关资料,协助教师做好材料归档工作。

（6）未完成毕业设计或毕业设计质量未达到毕业要求者不能毕业。

（7）学生对毕业设计内容中涉及的有关技术资料负有保密责任,未经许可不能擅自对外交流或转让,论文经指导教师同意后方可对外发表。

2.3 毕业设计答辩管理

毕业设计答辩与评定成绩是对毕业设计工作进行检查的环节。学生在毕业设计完成后参加答辩,通过"指导教师评阅→评阅人评阅→答辩资格审查→答辩"的程序进行成绩评定。答辩工作安排在毕业设计环节的最后两周。

（1）毕业设计指导教师评分规则示例如表 2.1 所示,毕业设计评阅教师评分规则示例如表 2.2 所示。

表 2.1 ××××大学毕业设计指导教师评分表

序　　号	评分指标	具体要求	分数范围	得　　分
1	学习态度	工作严谨认真、学习努力,诚实守信,按期圆满完成各阶段规定的任务	0～5 分	
2	调研论证	能独立查阅国内外文献资料及从事其他形式的调研,能较好地理解项目任务并提出可行性方案,具有分析整理各类信息并从中获取新知识的能力	0～6 分	

续表

序　号	评分指标	具体要求	分数范围	得　分
3	综合能力	能综合运用所学基础理论、专业知识和基本技能发现与解决实际问题，工作中有一定的创新意识，在毕业设计过程中具有较强的独立工作能力	0～7分	
4	设计(论文)质量	方案合理，经济可行，计算、实验、工艺方法和数据处理正确，绘图(表)符合要求	0～7分	
5	撰写质量	结构完整，条理清晰，文字通达，语言流畅，观点鲜明，用语符合技术规范，图表清楚，格式规范，字数符合规定要求	0～5分	
		合计	0～30分	

评语：

指导教师(签字)：　　　　　　　　年　月　日

表 2.2　××××大学毕业设计评阅教师评分表

序　号	评分指标	具体要求	分数范围	得　分
1	选题质量	符合培养目标，体现学科专业特点，选题角度新颖；满足对学生进行综合能力培养与训练的要求；难易适度、分量合理	0～3分	
2	设计(论文)质量	方案合理，经济可行，计算、实验、工艺方法和数据处理正确，绘图(表)符合要求	0～10分	
3	创新能力	工作中具有创新意识，能综合运用所学知识和专业技能解决实际问题，提出了创新性设想，具有独到的个人见解，有一定实用价值	0～2分	
4	撰写质量	结构严谨，文字通顺，用语符合技术规范，图表清楚，字迹工整，书写格式规范，符合规定的字数要求	0～5分	
		合计	0～20分	

评语：

评阅教师(签字)：　　　　　　　　年　月　日

(2) 学院毕业设计答辩委员会，成员一般由院长、教学副院长、系主任、专业负责人等组成。答辩委员会设主任、副主任，委员5～7人，秘书1人。在答辩委员会领导下，根据专业特点和学生人数下设若干答辩小组，答辩小组设组长1人，秘书1人，答辩成员一般应由中级及以上职称并有较强业务能力和工作能力的人员担任，可聘请校外人员为答辩小组成员，答辩小组成员不低于3人，以3～5人为宜。

(3) 毕业设计答辩开始前，答辩组教师要认真阅读论文，并根据论文所涉及的内容，准备好问题,拟在答辩中提问。

(4)答辩组要认真填写毕业设计答辩组评分表(如表 2.3 所示),客观地给出答辩评语。

表 2.3　××××大学毕业设计答辩组评分表

评分指标	具 体 要 求	分 数 范 围
选题	符合培养目标,体现学科专业特点,选题角度新颖;满足对学生进行综合能力培养与训练的要求;难易适度、分量合理	0~3 分
质量	方案合理,经济可行,计算、实验、工艺方法和数据处理正确,绘图(表)符合要求;结构完整,摘要翻译准确,撰写格式规范,文字通顺,用语符合技术规范	0~10 分
自述	思路清晰,语言表达简洁准确,自述流利,基本概念清楚,论点正确,总结归纳准确	0~12 分
创新	能综合运用所学知识和专业技能解决实际问题,提出了创新性设想,具有独到的个人见解,有一定实用价值	0~5 分
答辩	能够正确全面地回答所提出的问题,基本概念清楚,能熟练掌握和运用所学的基础理论和专业知识	0~20 分
	合计	0~50 分

评委 1	评委 2	评委 3	评委 4	评委 5	评委 6	评委 7	总分	平均成绩

答辩纪要:

答辩小组秘书(签字):　　　　　　　　　　　　答辩小组组长(签字):

　　　　　　　　　　年　　月　　日　　　　　　　　　　　　　年　　月　　日

2.4　毕业设计答辩程序

毕业设计答辩程序如下:

(1)答辩委员会在答辩前举行预备会议:听取教学副院长关于学生毕业设计工作情况的介绍,明确工作任务、程序及评定成绩标准。

(2)学生将完成的毕业设计答辩稿按时呈交给指导教师评阅。指导教师对其指导的毕业设计应进行评阅,并进行答辩资格预审。

(3)指定评阅人对毕业设计进行评阅,评阅人一般由本校讲师以上教师担任,也可以聘请有关单位的中级职称及以上的人员为评阅人。指导教师不担任所指导学生的毕业设计(论文)的评阅人。评阅人应对设计给出评阅意见和成绩,以及是否同意答辩的评审。原则上评阅人应参加所评阅毕业设计学生的答辩。

(4)学院按照本科生毕业设计相似性检测工作实施办法的文件要求,根据检测结果对学生答辩资格进行审查。

(5)答辩公开进行。学生用 10~15 分钟简要报告项目任务、目的和意义、采用的原始资料或文献、毕业设计的基本内容、主要方法和对设计结果的评价等;提问和回答问题时间为 15 分钟左右,答辩小组成员可就项目中的有关主要问题进行提问,检验学生对与项目相关的理论知识的掌握情况,考查学生独立完成工作的能力。原则上,指导教师不参加自己指导学生的答辩工作。答辩小组成员应按照成绩评定标准对学生答辩情况给出答辩成绩,答辩小组在综合各成员评定成绩的基础上,确定学生的答辩成绩。

2.5　毕业设计成绩评定

毕业设计成绩评定标准如下:

(1) 毕业设计成绩的构成比例及评分标准:指导教师评阅成绩比例为30%,评阅人评阅成绩比例为20%,答辩小组确定的答辩成绩比例为50%。以上三项评分均应以百分制记分。

(2) 毕业设计的成绩原则上分为优秀(90~100分)、良好(80~89分)、中等(70~79分)、及格(60~69分)、不及格(59分及以下)。三项成绩中有一项不合格者最终成绩为“不及格”。

(3) 在毕业设计答辩全部结束后,认真审查各专业成绩评定情况,经答辩委员会审定及学院教学院长批准后,办公室组织填报成绩汇总表和成绩单,在规定日期内送教务处。

(4) 毕业设计成绩不及格的学生,不能授予学士学位,不予毕业,只发给结业证书。毕业设计成绩不及格需要重做的学生,须事先由学生本人提出申请,经学院批准,安排在下一届毕业设计中进行。

2.6　评分标准

毕业设计评分标准如下:

(1) 优秀(90~100分):能圆满地完成项目任务,并在某些方面有独特的见解或创新,有一定的理论意义或使用价值;设计内容完整、论证详尽、层次分明;论文书写规范,符合要求且质量高;完成的软、硬件达到甚至优于规定的性能指标要求;独立工作能力强,工作态度认真,作风严谨;答辩时概念清楚,回答问题正确。

(2) 良好(80~89分):能较好地完成项目任务;设计完整,论证基本正确;论文书写较规范,符合要求且质量较高;完成的软、硬件基本达到规定性能指标要求;有较强的独立工作能力,工作态度端正,作风严谨;答辩时概念较清楚,回答问题基本正确。

(3) 中等(70~79分):完成项目任务;设计内容基本完整,论证无原则性错误,论文书写规范,质量一般;完成的软、硬件尚能达到规定的性能指标要求;有一定的独立工作能力,工作表现较好;答辩时能回答所提出的主要问题,且基本正确。

(4) 及格(60~69分):基本完成项目任务;设计质量一般,无重大原则性错误;论文书写不够规范,不够完整;完成的软、硬件性能较差;答辩时讲述不够清楚,对任务涉及的问题能够简要回答,无重大原则性错误。

(5) 不及格(59分及以下):没有完成项目任务;设计中有重大原则性错误;论文质量较差;完成的软、硬件性能差;答辩时概念不清,对所提问题基本上不能正确回答。

毕业设计总成绩评定表示例如表2.4所示。

表 2.4　××××大学毕业设计总成绩评定表

指导教师评议	评阅人评议	答辩小组评议	汇总成绩	秘书(签字)

　　××××大学_____学院毕业设计答辩委员会于_____年____月____日审查了_____专业学生_____的毕业设计[其中设计说明书共_____页,设计图纸_____张]。根据其论文的完成情况以及指导人、评阅人、答辩小组的意见,院毕业设计答辩委员会认真审议,决议如下:

　　成绩评定为:_____(百分制)

　　　　　　　　　　　　　　　　　　　　　　　　　　　主任(签字):

　　　　　　　　　　　　　　　　　　　　　　　　　　　　　年　　月　　日

2.7　其他

　　指导教师在指导过程中应该本着对学生高度负责的精神,认真指导学生的毕业设计,坚决反对学生的弄虚作假行为,倡导学生遵守诚实守信的毕业设计原则。学生在撰写毕业论文的过程中,应认真研究所关注的问题,坚守学术诚信原则,尊重他人的劳动成果,尊重指导教师的工作,对指导教师给予的辅导和同学给予的帮助应在"致谢"中予以体现。

第3章 计算机类专业毕业设计的选题

3.1 选题的原则

选题的原则如下：

（1）选题必须符合本专业的培养目标及教学目标要求，体现本专业基本训练内容，使学生受到比较全面的专业技术锻炼。

（2）选题要注重创新能力、综合素质的培养和个性发展，有利于调动学生学习的主动性、积极性，增强学生的事业心和责任感。

（3）选题应与科学研究、技术开发、经济建设和社会发展紧密结合。鼓励优秀学生在教师指导下提出项目，鼓励学生选择与实习单位或产学研合作单位生产实际结合的项目，提倡学生继续深入研究大学生创新创业训练计划项目和创新创业竞赛项目，将其作为毕业设计项目。

（4）选题要注意难易适度、分量合理、过程完整，有适当的阶段性成果，使学生在指导教师的指导下经过努力能够完成设计任务。选择的项目应有必要的文献、资料、数据、规范作为依据。

（5）要保证选题数量，要把一人一题作为选题工作的重要原则。工作量大的题目也可由几名学生共同完成，但应明确分工和各自工作的侧重点，题目也应有所区别，同时应避免上下届项目重复。

3.2 选题的流程

计算机类毕业设计的题材来源多种多样，可以是学校指导老师指定选题范围，也可以是和实习单位所做工作相关的项目内容，还可以是学生感兴趣的、擅长的、有应用价值的自选题目。

选题的流程如下：

（1）指导教师拟定选题范围。

在组织学生开始毕业设计之前，各个指导教师指定计算机类专业毕业设计选题指导范围，学院组织专业骨干教师进行审核和修改，最终确定毕业设计选题指导范围，由指导老师发放给学生选择。

（2）学生确定选题。

学生可以选择毕业设计选题指导范围中感兴趣的题目，也可以选择在实习单位做的项目，或者自拟选题。

（3）审核学生选题。

各个专业对汇总的学生选题进行逐一审核，题目之间不可以重复。如果项目任务较繁重，允许多名同学共同承担，但是必须明确毕业设计组内每名同学的具体任务和责任。

（4）学生在与指导老师充分沟通后确定选题。一般不允许在开展毕业设计的过程中更改题目。

3.3 撰写任务书、开题报告及指导书

本书第1章展示了毕业设计任务书、毕业设计开题报告和毕业设计指导书的样式。在本节中，将列举三种文档实例，并对具体条目进行解析，供读者参考。

1. 毕业设计任务书实例和解析

1）毕业设计任务书实例

毕业设计任务书实例如表3.1所示。

任务书模板

表 3.1　××××大学毕业设计任务书

项目名称	基于时空数据的传染病传播与防控系统的设计与实现						
项目类别	设计类	论文类	项目来源	生产实际	科研实际	社会实际	其他来源
	√				√		

毕业设计要求、设计参数、各阶段实践安排、应完成的主要工作等

- 设计要求及参数

（1）严格按照软件工程的开发方法完成系统设计与实现。

（2）论文要按照××××大学毕业设计论文撰写规范要求书写。

（3）根据系统开发需要，自己选定系统实现的技术与工具，能在 IE 等常用浏览器上运行。

（4）要求系统功能完善，操作方便，页面美观且具有实用性。

- 阶段安排

第一阶段：确定选题、熟悉工具，查阅相关资料（2周）。

第二阶段：分析阶段，确定系统功能及性能等需求（3周）。

第三阶段：设计阶段，按照需求分析结果，进行系统概要设计及详细设计（3周）。

第四阶段：编程和调试阶段，采用相应语言实现系统，并进行调试及测试（3周）。

第五阶段：撰写论文，准备答辩（3周）。

- 应完成的主要工作

1. 独立设计并实现系统，系统功能包括：

（1）传染病数据可视化：通过调用百度接口获取疫情数据，使用统计图表（如柱状图、饼图、散点图、折线图等）对各类疫情数据进行可视化。

（2）用户轨迹可视化：通过个体的轨迹数据实现用户的时空轨迹可视化。

（3）前台用户功能：系统用户分为临时用户、普通用户。用户经过注册后成为临时用户，临时用户只可以查看系统通知，不可以使用系统的其他功能，临时用户通过向系统后台管理员提交相关材料并通过管理员审核后变成普通用户，此时用户可以使用系统的功能，包括查看系统通知、查看传染病可视化图表、上报每日疫情信息和查看往期的上报信息、上传轨迹数据等。

（4）后台管理员功能：管理用户信息，审批用户转正申请，调整用户类型，发送系统通告，核查用户提交的信息，查看个体的轨迹可视化信息等。管理员负责用户信息的管理以及系统后台的相关维护。其中用户信息的管理包括用户资格的审核，管理员可以推送通知给用户查看，并可以修改、删除通知，可以发布调查问卷让用户填写并审核批注等。

2. 撰写毕业设计论文。

3. 制作答辩 PPT。

指导教师（签字）：	院长（系主任）（签字）：
年　月　日	年　月　日

2）毕业设计任务书解析

（1）项目名称。

毕业设计题目要求如下：

① 要反映毕业设计的核心内容和核心技术；

② 一般中文题目不超过 20 个字。

（2）项目类别。

① 设计类——开发设计。

在教师指导下，学生就选定的项目进行基于软件和硬件技术的工程设计和开发，包括系统分析、系统设计、系统实现、系统测试和系统部署等，最后提交一份设计和研究报告。旨在培养学生综合运用所学理论、知识和技能解决实际问题的能力。应尽量选与生产、科学研究任务结合的现实题目。

② 论文类——理论研究。

题目由教师指定，或由学生提出，经教师同意后确定。项目均应是计算机专业学科发展或实践中提出的理论问题和实际问题。通过研究与实验使学生受到研究选题，查阅、评述文献，制订研究方案，实验分析与比较，实验结果与总结等方面的训练。其目的是培养学生的科学研究能力。

（3）项目来源。

① 生产实际。

项目来源于毕业实习过程中所参与的企业的生产或工作实际，目的是解决企业生产过程中的客观实际问题，提高经济效益和管理能力。

② 科研实际。

项目来源于科学研究项目，目的是解决专业领域中亟待解决的科学研究问题或科研实际问题，提高算法的性能或拓宽科研已有成果的实际应用，实现管理效益的提高或科学难题的突破。

③ 社会实际。

项目来源于毕业实习过程中所参与的政府机关、事业单位、医疗机构等的工作实际，目的是解决企事业单位信息化不足的客观问题，提高社会效益和管理能力。

（4）毕业设计要求、设计参数。

毕业设计计划符合系统或算法的功能、性能和技术的要求，软件或硬件系统的开发规范,毕业设计说明书的撰写要求。

(5) 毕业设计的各阶段实践安排。

学生对毕业设计要有具体的进度安排和时间限制(以周为单位)。制定合理的时间分配和详细的实施计划有益于学生顺利完成毕业设计。

(6) 应完成的主要工作。

"应完成的主要工作"部分要言简意赅,清楚表述选题内容要实现的具体功能,具体采用什么方法和策略进行项目的研究和开发,以及毕业设计文档的撰写要求和毕业设计开展及答辩期间要准备的文档资料等。

2. 毕业设计开题报告实例和解析

1) 毕业设计开题报告实例

毕业设计开题报告实例如表 3.2 所示。

开题报告
模板

表 3.2　××××大学毕业设计开题报告

学生姓名	×××	专业班级	软件××-×	指导教师	×××
项目来源	科研实际			项目类别	设计类
项目名称	基于时空数据的传染病传播与防控系统的设计与实现				
研究目的意义	疫情期间的各项数据均成了广大人民群众、政府、医疗卫生等部门密切关注的指标,而借助数据可视化能够更好地对疫情的发展情况等关键信息进行总结和梳理,能够及时地向公众传达疫情的具体情况以及其时空分布的变化,帮助大众便捷地了解疫情实时状况、推断发展趋势,可以为传染病防控提供一些指导和帮助,基于 Web 的系统访问方便快捷,还可以帮助相关人员对特殊群体进行一些统计和管理工作				
主要内容	按照软件工程思想独立设计并实现基于时空数据的传染病传播与防控系统,包括系统功能分析、数据分析、数据库设计、页面设计及所有功能的编码实现。系统功能如下。 (1) 传染病数据可视化:通过调用百度接口获取疫情数据,使用统计图表(如柱状图、饼图、散点图、折线图等)对各类疫情数据进行可视化。 (2) 用户轨迹可视化:通过个体的轨迹数据实现用户的时空轨迹可视化。 (3) 前台用户功能:系统用户分为临时用户、普通用户。用户经过注册后成为临时用户,临时用户只可以查看系统通知,不可以使用系统的其他功能,临时用户通过向系统后台管理员提交相关材料并通过管理员审核后变成普通用户,此时用户可以使用系统的功能,包括查看系统通知、查看传染病可视化图表、上报每日疫情信息和查看往期的上报信息、上传轨迹数据等。 (4) 后台管理员功能:管理用户信息、审批用户转正申请、调整用户类型、发送系统通告、核查用户提交的信息、查看个体的轨迹可视化信息等。管理员负责用户信息的管理以及系统后台的相关维护。其中用户信息的管理包括用户资格的审核,管理员可以推送通知给用户查看,并可以修改、删除通知,可以发布调查问卷让用户填写并审核批注等				
研究进度计划	第 1~2 周:可行性分析、需求分析 第 3~5 周:系统设计、功能模块设计 第 6~8 周:详细设计、代码实现 第 9~11 周:系统测试、论文撰写 第 12~14 周:准备答辩				

续表

特色创新	（1）实现疫情数据的获取和可视化； （2）通过个体的轨迹数据实现时空轨迹的可视化； （3）通过数据的可视化，更加直观地观察疫情的发展态势，并通过该系统对相关用户实施管理措施			
保障条件	图书馆书籍充足，在家也可以通过"××××大学—图书馆—校外访问"查阅相关的资料。国内外的部分学者和机构所做的疫情数据可视化的研究工作可供参考，学校实验室设施齐全，自备笔记本计算机，具备从事毕业设计工作的基本条件			
	设计时间 14 周	上机时数	200 小时	实验时数　80 小时
	实习时间 2 周		实习地点	大连中××××教育有限公司
指导教师意见	指导教师： 　　年　月　日			
审查小组意见	审查组组长： 　　年　月　日			
学院意见	教学院长： 　　年　月　日			

2）毕业设计开题报告解析

（1）毕业设计研究的目的与意义。

学生要着重阐述毕业设计要研究什么，为什么要研究此项目，研究的价值是什么。

（2）毕业设计的主要研究内容。

毕业设计主要内容包括研究目标、研究对象、设计方法和途径、技术路线和预期目标等。本部分涉及毕业设计的整体思路和方法以及具体实现的系统功能。

（3）毕业设计的进度计划。

开题阶段是毕业设计的开始阶段、计划阶段。学生还没有真正开展工作，只是表述期望取得怎样的研究成果。因此，这部分表述切不可好高骛远，要切合实际，追求力所能及的研究成果，规划合理的完成时间和进度安排。

（4）毕业设计的参考文献。

毕业设计的调研和文献检索工作是毕业设计的基础环节。深入的调研，详尽的文献检索有助于学生开展毕业设计工作，有助于顺利取得最终的设计成果。参考文献的每一项都要和选题密切相关，都要在具体的设计工作中起到指导作用，要具有代表性、实时性。

3. 毕业设计指导书实例和解析

1）毕业设计指导书实例

毕业设计指导书实例如表 3.3 所示。

指导书模板

表 3.3　××××大学毕业设计指导书

指导教师：　　　　　　　　　　　　　　　　　　　　　　　　　　　　年　月　日

一、毕业论文题目

基于时空数据的传染病传播与防控系统的设计与实现

二、目的和要求

（1）本项目利用 Web 技术实现，目的在于让学生掌握 Web 开发所涉及的相关技术和完整过程。例如：掌握开发语言、开发工具；搭建开发环境、运行环境；熟悉开发步骤和调试方法等。

（2）掌握软件工程的思想方法和过程，对需求分析、软件开发的全过程进行综合模拟训练。熟悉软件生命周期各阶段文档的作用和书写要求。

（3）系统前端设计主要采用 Bootstrap、HTML、CSS、JavaScript、jQuery 等，数据可视化使用 ECharts 以及 Ajax，系统后端采用 Java 语言以及 SSM 框架进行开发，数据存储使用 MySQL。

三、具体内容及步骤方法

本系统按照软件工程的实施步骤（需求分析、系统设计、系统实现、系统测试及系统部署等）独立完成平台设计与开发，并实现基于时空数据的传染病传播与防控系统，包括系统功能分析、数据分析、数据库设计、页面设计及所有功能的编码实现。系统功能内容如下。

（1）传染病数据可视化：通过调用百度接口获取疫情数据，使用统计图表（如柱状图、饼图、散点图、折线图等）对各类疫情数据进行可视化。

（2）用户轨迹可视化：通过个体的轨迹数据实现用户的时空轨迹可视化。

（3）前台用户功能：系统用户分为临时用户、普通用户。用户经过注册后成为临时用户，临时用户只可以查看系统通知，不可以使用系统的其他功能，临时用户通过向系统后台管理员提交相关材料并通过管理员审核后变成普通用户，此时用户可以使用系统的功能，包括查看系统通知，查看传染病可视化图表，上报每日疫情信息和查看往期的上报信息，上传轨迹数据等。

（4）后台管理员功能：管理用户信息，审批用户转正申请，调整用户类型，发送系统通告，核查用户提交的信息，查看个体的轨迹可视化信息等。管理员负责用户信息的管理以及系统后台的相关维护。其中用户信息的管理包括用户资格的审核，管理员可以推送通知给用户查看，并可以修改、删除通知，可以发布调查问卷让用户填写并审核批注等。

四、进度安排

第一阶段：选题、熟悉工具，查阅相关资料（2 周）

第二阶段：分析阶段（3 周）

第三阶段：设计阶段（3 周）

第四阶段：编码实现与测试阶段（3 周）

第五阶段：撰写论文，准备答辩（3 周）

五、技术资料及参考文献

［1］　陈晓慧，徐立，葛磊，等. 传染病传播数据可视分析综述［J］. 计算机辅助设计与图形学学报，2020，32(10)：1581-1593.

［2］　容秀婵，邹湘军，张胜，等. 基于 B/S 模式的设备管理信息系统设计与实现［J］. 现代电子技术，2021，44(12)：78-82.

［3］　Zhang L，Fan XL，Teng Z D. Global dynamics of a nonautonomous SEIRS epidemic model with vaccination and nonlinear incidence［J］. Mathematical Methods in the Applied Sciences，2021，11(44)：9315-9333.

［4］　李洋. SSM 框架框架在 Web 应用开发中的设计与实现［J］. 计算机技术与发展. 2016，26(12)：190-194.

［5］　胡敏. Web 系统下提高 MySQL 数据库安全性的研究与实现［D］. 北京：北京邮电大学，2015.

2）毕业设计指导书解析

（1）目的和要求。

指定学生采用什么技术，按照什么方法和规范，完成什么功能和性能目标。

（2）具体内容及步骤方法。

按照毕业设计任务书的要求，结合学生的开题情况，指定学生完成毕业设计工作需要遵循的具体设计和开发规范，以及需要完成的具体内容和软硬件系统功能。

（3）进度安排。

按照毕业设计任务书的要求，结合学生的个人能力，制定合理的毕业设计进度安排，有利于毕业设计工作的顺利开展。

（4）技术资料及参考文献。

指导教师应为学生指定一些技术资料及文献，有助于学生开展毕业设计工作，有助于顺利取得最终设计成果。参考文献的每一项都要和选题密切相关，都要在具体的设计工作中起到指导作用，要具有代表性、实时性。

第4章

毕业设计的文献检索

科大图书馆

4.1 毕业设计的调研工作

调研的具体形式如下：

（1）通过毕业实习进行调研。

毕业实习阶段，学生要深入企业、事业单位的信息管理部门或一些软件开发公司进行短期的学习、调查和实践。体验在实际工作中解决技术问题的方法。

（2）参与相关项目研究。

学生要积极参与指导老师的一些国家级、省市级项目，了解毕业设计研究领域的国内外、省内外现状，明确毕业设计的研究背景、目的和意义，开展具有实际意义的科研项目。

（3）深入实践基地进行调研。

毕业设计很多项目偏重于实践，比如软件开发、硬件设计、网络部署、物联网工程和大数据技术等。这类项目可以在实验室和生产现场进行调研和实施。

4.2 文献检索和整理

文献检索和整理是计算机类毕业设计和论文撰写中的首要环节，文献是记录信息和知识的载体。文献检索就是按照一定的方法，从已经组织好的文献集合中搜索和获取人们所需的特定信息的过程。

1. 常用的文献检索系统

1）世界三大文献检索工具

（1）"科学引文索引"（Science Citation Index，SCI）是由美国科学信息研究所（ISI）创建的引文数据库，始于1961年。"科学引文索引"涵盖各个学科领域，化学、物理、医学和生命科学所占比例较大，是文献计量学和科学计量学的重要工具。

（2）"工程索引"（The Engineering Index，EI）是美国工程信息公司（Engineering Information Inc.）创建的工程技术类综合性检索工具，始于1884年。"工程索引"收录的文献涉及工程技术各个领域，包括电力工程、机械工程、自动控制技术、土木工程、交通运输工程等。

（3）"科技会议录索引"（Index to Scientific & Technical Proceedings，ISTP）由美国科学信息研究所创建于 1978 年。"科技会议录索引"收录了每年世界各个地区科技会议的会议文献，包括一般性会议、座谈会、研究会、讨论会、发表会等。

2）国内常用检索系统

（1）中国知网（CNKI），网址为 http://www.cnki.net/。

（2）万方数据平台，网址为 http://www.wanfangdata.com.cn/。

（3）超星数字图书馆，网址为 http://book.chaoxing.com/。

（4）维普资讯（主导产品：中文科技期刊数据库），网址为 http://www.cqvip.com/。

3）文献的引用

文献的引用要注意以下几个方面：

（1）在阐述选题来源、背景知识和发展现状时，可以引用相关文献。说明其他研究者所做的相关工作，表述本项目的着重点、创新点和现实意义。

（2）毕业设计和论文中用到一些理论知识时，可以引用一些权威文献作为支撑和佐证。

（3）引用他人观点时，要说明文献的准确出处。

第 5 章 计算机类专业毕业设计的主体内容设计

5.1 国内外研究现状

毕业生须了解项目的国内外研究现状和发展动态,并对项目的要求及所要达到的预期目标有更加明确的认识,明确项目的经济效益和社会效益以及科学价值。通过各种渠道搜集和检索信息资料,并对其分析、归纳、整理、总结,以便在毕业论文中引用。

5.2 关键技术及难点

毕业设计应该反映出作者具有扎实的专业基础知识与一定的独立研究和解决问题的能力,对所研究的项目有自己独到的见解。而毕业设计中项目的关键技术及难点部分则是这一问题的集中体现,是整个毕业设计的核心部分。要注意科学地、准确地表达关键技术与难点的所在及解决办法。

5.3 毕业设计的进度规划

毕业生在接到项目任务后需要运用专业知识和技能进行设计并形成研究成果及报告。为了保证能少走弯路并顺利地完成毕业设计,我们必须要做好毕业设计的进度规划。

下面以软件工程专业的毕业设计为例,给出一个毕业设计的进度规划安排。

毕业设计开发实施进度参考计划:

(1) 需求分析阶段(约两周时间完成)。

(2) 系统分析阶段(约两周时间完成),同时完成毕业论文系统分析部分的资料整理工作。

(3) 系统设计阶段(约两周时间完成)。

(4) 代码实现阶段(约三周时间完成),同时完成毕业论文系统实践部分的资料整理工作。

(5) 系统调试阶段(约两周时间完成),同时完成毕业论文系统调试部分的资料整理工作。

(6) 投入运行阶段(约一周时间完成),同时完成毕业论文中相关资料的整理工作。

(7) 毕业论文说明书的整理定稿阶段(约两周时间完成)。

5.4　毕业设计的具体实施

1. 毕业设计实践过程举例

以软件产品毕业设计为例,学生必须掌握正确的设计与开发方法,了解计算机软件开发的主要工程,对选题有清晰的认识,在此前提下才能进行作品设计并且达到良好的效果。软件工程是指采用工程的概念、原理、技术和方法来开发和维护软件,其核心内容是以工程化的方式组织软件的开发。软件项目的开发应该遵循软件工程标准,这样可以提高软件开发的效率,减少软件开发与维护中的问题。

一个计算机软件,从开始构思起,到软件开发成功投入使用,再到最后停止使用并被另一个软件代替,这个过程称为该软件的一个生命周期。典型的软件生命周期包括下列8个阶段:

(1) 问题定义;

(2) 可行性研究;

(3) 需求分析;

(4) 总体设计;

(5) 详细设计;

(6) 编码实现;

(7) 系统测试;

(8) 系统维护。

对进行毕业设计的学生来说,上述8个阶段中的(3)～(6)是毕业设计报告中重点要撰写的内容。

8个阶段的主要内容分别如下:

1) 问题定义

问题定义阶段主要说明的是毕业设计要解决的具体问题,包括项目名称、背景、开发该系统的现状、项目的目标等。

2) 可行性研究

可行性研究的目的是用最小的代价确定在问题定义阶段所确定的系统目标和规模是否能实现,所确定的问题是否可以解决,以及系统方案在经济上、技术上和操作上是否可以接受。

典型的可行性研究有下列具体步骤:

(1) 确定项目规模和目标;

(2) 研究正在运行的系统;

(3) 建立新系统的高层逻辑模型;

(4) 导出和评价各种方案;

(5) 推荐可行的方案;

(6) 编写可行性研究报告。

3) 需求分析

需求分析是指开发人员要准确理解用户的要求,进行细致的调查分析,将用户的需求陈述转化为完整的需求定义,再由需求定义转换成相应的形式功能规约(需求规格说明)的过程。需求分析虽处于软件开发过程的开始阶段,但它对于整个软件开发过程以及软件产品质量是至关重要的。

4) 总体设计

软件总体设计的基本任务包括：软件系统结构设计、数据结构及数据库设计、概要设计文档编写。

(1) 软件系统结构设计。

为了实现目标系统，首先进行软件结构设计，具体步骤为：

① 采用某种设计方法，将一个复杂的系统按功能划分成模块；

② 确定每个模块的功能；

③ 确定模块之间的调用关系；

④ 确定模块之间的接口，即模块之间传递的信息；

⑤ 评价模块结构的质量。

(2) 数据结构及数据库设计。

① 数据结构设计：采用逐步细化的方法设计有效的数据结构，将大大简化软件模块处理过程的设计。

② 数据库设计：数据库设计是指数据存储的设计，主要进行概念、逻辑和物理三方面的设计。

(3) 概要设计文档编写。

5) 详细设计

详细设计阶段主要确定每个模块的具体执行过程。也就是说，经过这个阶段的设计工作，应该得出对目标系统的精确描述，从而在编码阶段就可以把这个描述直接翻译成用某种程序设计语言书写的程序。

详细设计的主要任务是：

(1) 为每个模块进行详细的算法设计。

(2) 为模块内的数据结构进行设计。

(3) 对数据库进行物理设计，即确定数据库的物理结构。

(4) 根据软件系统的类型，可能还要进行代码设计、输入输出格式设计和人机交互设计。

(5) 编写详细的设计文档。

6) 编码实现

编码就是把软件设计的结果翻译成计算机可以"理解"的形式，即用某种程序设计语言书写的程序。

7) 系统测试

软件测试是为了发现程序中的错误而执行程序的过程。软件测试方法一般分为两大类：动态测试方法与静态测试方法。动态测试方法中又根据测试用例的设计方法不同，分为黑盒测试与白盒测试。

8) 系统维护

软件维护是在软件交付使用以后对它所做的工作。软件维护的内容有 4 种：校正性维护、适应性维护、完善性维护和预防性维护。

第6章 计算机类专业毕业设计的论文撰写

6.1 内容要求

1. 题名

题名是揭示毕业设计主题和概括特定内容的恰当、简明词语的逻辑组合。应简明、醒目、恰当、有概括性,中文一般不宜超过 20 个汉字;外文(一般为英文)题名应与中文题名含义一致,一般不超过 10 个实词。不允许使用非公知公用或同行不熟悉的外来语、缩写词、符号、代号和商品名称。题名语意未尽,确有必要补充说明其特定内容时,可加副题名。

论文撰写
模板及格
式要求

2. 摘要与关键词

1) 摘要

摘要应概括地反映出毕业设计的目的、内容、方法、结果和结论。摘要中不宜使用公式、图表,不标注引用文献编号。中文摘要一般为 300～500 字,并翻译成英文(1200～1500 字符)。

论文格式
编辑视频

2) 关键词

关键词供文献检索使用,是表达文献主题概念的自然语言词汇,可从其题名、层次标题和正文中选出。关键词一般 3～8 个。

3. 目录

目录按章、节、条三级标题编写,要求标题层次清晰。目录中的标题要与正文中标题一致。目录中应包括绪论、主体、结论、致谢、参考文献、附录等。毕业设计论文章、节、条编号一律左顶格,编号后空一个字距,再排章、节、条题名。

4. 正文

正文是毕业设计论文的主体和核心部分,一般应包括绪论、主体及结论等部分。

1) 绪论

绪论一般作为第 1 章,是论文主体的开端。绪论应包括:毕业设计的选题背景及目的;国内外研究状况和相关领域中已有的研究成果;项目的研究方法、研究内容等。绪论一般不少于 2000 字。

2）主体

主体是论文的主要部分，应该结构合理，层次清楚，重点突出，文字简练、通顺。主体应包括以下内容：

（1）毕业设计总体方案设计与选题的论证。

（2）毕业设计各部分（包括硬件和软件）的设计与计算。

（3）实验方案设计的可行性、实验过程、实验数据的处理与分析。

（4）对本研究内容和成果应进行较全面、客观的理论阐述，应着重指出本研究内容中的创新、改进及实际应用之处。在理论分析中，应将他人研究成果单独书写，并注明出处，不得将其与本人提出的理论分析混淆在一起。对于引用到本研究领域的其他领域的理论、结果，应说明出处，并论述引用的可行性和有效性。

（5）毕业设计论文应推理正确、结论清晰，无科学性错误。

3）结论

结论单独作为一章，但不加章号。

结论是论文的总结，是整篇论文的归宿。要求精炼、准确地阐述自己的创造性工作或新的见解及其意义和作用，还可进一步提出需要讨论的问题和建议。

5. 致谢

致谢中主要感谢导师和对毕业设计工作有直接贡献及帮助的人士和单位。

6. 参考文献

参考文献按在正文中出现的先后顺序列出。

毕业设计论文的撰写应本着严谨求实的科学态度，凡有引用他人成果之处，均应按文中所出现的先后顺序列于参考文献中，并且只应列出正文中以标注形式引用或参考的有关著作和论文。一篇论著在文中多处引用时，在参考文献中只应出现一次，序号以第一次出现的为准。

原则上要求毕业设计论文的参考文献应多于 15 篇。其中，至少 3 篇为外文文献。

7. 附录

对于一些不宜放入正文但又是毕业设计论文不可缺少的部分，或有重要参考价值的内容，可编入论文的附录中。例如，重要公式的详细推导，必要的重复性数据、图表，程序全文及其说明等。

按照专业性质不同规定一定数量和图幅的设计图纸。

6.2 书写规范与打印要求

1. 文字和字数

论文一般用简体中文书写，字数 0.8 万～1.5 万字；设计说明书字数 0.8 万～1 万字。

2. 书写

一律用激光打印机打印在 A4 纸上，单面印刷。

3. 字体和字号

（1）题目采用 2 号黑体；（2）章标题采用 3 号黑体；（3）节标题采用 4 号黑体；（4）条标

题采用小 4 号黑体；(5)中文摘要采用小 4 号楷体；(6)英文摘要采用小 4 号 Times New Roman 字体；(7)正文采用小 4 号宋体；(8)页码采用 5 号宋体；(9)数字字母采用小 4 号 Times New Roman 体。

4. 封面

封面由学校统一印刷,按照要求填写。

5. 页面设置

1) 页眉

页眉为 _____×××大学本科生毕业设计(论文)_____ 第×页。

2) 页边距

上边距为 30 mm；下边距为 25 mm；左边距为 25 mm；右边距为 25 mm；行间距为 1.5 倍行距。

3) 页码的书写要求

页码从绪论至附录,用阿拉伯数字连续编排,页码位于页眉右侧。封面、扉页、任务书、开题报告、摘要和目录不编入论文页码；摘要和目录用罗马数字单独排序。

6. 摘要

1) 中文摘要

"摘要"两个字居中排(3 号黑体),摘要正文可分段落(小 4 号楷体)。摘要正文后下空一行打印"关键词"三个字(4 号黑体),关键词一般为 3~5 个(小 4 号楷体),关键词之间用逗号分开,最后一个关键词后无标点符号。

2) 英文摘要

英文摘要单独排页,其内容及关键词应与中文摘要一致,并要符合英语语法,语句通顺,文字流畅,用 Times New Roman 体,字号与中文摘要相同。

7. 目录

目录的三级标题,建议按(第 1 章,第 2 章,……；1.1,1.2,……；1.1.1,1.1.2,……)的格式编写,目录中各章题序的阿拉伯数字用 Times New Roman 体,第一级标题用小 4 号黑体,其余用小 4 号宋体,1.5 倍行距。

8. 论文正文

1) 章节及各章标题

正文分章节撰写,每章另页起排。各章标题要突出重点、简明扼要。字数一般在 15 字以内,不得使用标点符号。标题中尽量不采用英文缩写词,对必须采用者,应使用本行业的通用缩写词。

2) 层次

层次以少为宜,根据实际需要选择。正文层次的编排和代号要求统一,层次为章(例如:第 1 章)、节(例如:1.1)、条(例如:1.1.1)、款(例如:1.)、项(例如:(1))。层次用到哪一层次视需要而定,若节后无须条时,可直接列款、项。节、条的段前、段后各设为 0.5 倍行距。

9. 引用文献

引用文献标示方式全文统一,采用所在学科领域内通用的方式,用上标的形式置于所引内容最末句的右上角,用小 4 号字体。引文文献编号用阿拉伯数字置于方括号中。当提及的参考文献在文中出现时,序号用小 4 号字与正文同排,例如:由文献[8,10—14]可知。

不得将引用文献标示置于各级标题处。

10. 名词术语

科技名词术语及设备、元件的名称,采用国家标准或部颁标准中规定的术语或名称。标准中未规定的术语要采用行业通用术语或名称。全文名词术语必须统一。一些特殊名词或新名词应在适当位置加以说明或注解。

采用英语缩写词时,除本行业广泛应用的通用缩写词外,应在文中第一次出现时用括号注明英文全文。

11. 物理量名称、符号与计量单位

1) 物理量的名称和符号

物理量的名称和符号应符合 GB 3100—93、GB 3101—93、GB 3102—93 的规定。论文中某一量的名称和符号应统一。

2) 物理量计量单位

物理量计量单位和符号按《中华人民共和国法定计量单位》及 GB 3100—93、GB 3101—93、GB 3102—93 执行,不得使用非法定计量单位及符号。计量单位符号,除用人名命名的单位第一个字母用大写之外,其他一律用小写字母。计量单位符号一律用正体。

非物理量单位(如件、台、人、元、次等)可以采用汉字与单位符号混写的方式。例如,元/kg。

叙述中不定数字之后用中文计量单位。例如,几千克。

表达时刻时应采用中文计量单位。例如,上午 8 点 3 刻不能写成 8 h 45 min。

12. 外文字母的正、斜体用法

物理量符号、物理常量、变量符号用斜体,计量单位等符号均用正体。

13. 数字

按照《中华人民共和国国家标准 出版物上数字的用法》,除习惯上用中文数字表示的外,一般均采用阿拉伯数字。年份须写全数。例如,2003 年不能写成 03 年。

14. 公式

重要公式单独居中排版并编号,公式序号居右顶格处,公式和序号之间不加虚线。公式序号按章编排。例如,第 1 章第一个公式序号为(1.1),附录 A 中的第一个公式为(A1)等。公式较长时,优先在等号"="后转行,难于实现时,则可在＋、－、×、÷ 运算符号后转行。

文中引用公式时,一般用"见式(1.1)"或"由公式(1.1)"。

公式中用斜线表示"除"的关系时应采用括号,以免产生歧义。例如:$a/(b\cos x)$。通常"乘"的关系在前。

15. 表格

每个表格须有表序和表题,并应在文中进行说明。例如,如表 1.1 所示。

表格的表顶、底线用粗线,栏目线用细线;表序按章编排。例如,第 1 章第一个插表的序号为表 1.1。表序与表题之间空一格,居表中排;表题中不允许使用标点符号,表题后不

加标点。表序与表题中文用 5 号黑体，数字和字母为 5 号 Times New Roman 体并加粗。

表头设计应简单明了，表头与表格为一整体，不得拆分排写于两页。

表身内数字一般不带单位；全表用同一单位时，将单位符号移至表头右上角。

表中数据应正确无误，书写清楚。数字空缺的格内加一字线"—"（占 2 个数字），不允许用""""同上"之类的写法。

表内文字说明（5 号宋体），起行空一格，转行顶格，句末不加标点。

表中若有附注时，用小 5 号宋体，写在表的下方，句末加标点。有多条附注时，附注各项的序号一律用阿拉伯数字，例如，注 1：……。

16. 图

插图采用就近排原则，应与文字紧密配合，文图相符，内容正确。选图要力求精炼。

1）制图标准

插图应符合国家标准及专业标准。

流程图：原则上应采用结构化程序并正确运用流程框图。

对无规定符号的图形应采用该行业的常用画法。

2）图题及图中说明

每幅插图均应有图序和图题。图序号按章编排。例如，第 1 章第一个图的图序为图 1.1。图序和图题置于图下，用 5 号黑体。有图注或其他说明时应置于图题之上，用小 5 号宋体。图题与图序之间空一格。引用图应说明出处，在图题右上角加引用文献号。图中若有分图时，分图序号用 a，b，……置于分图之下，分图图题用小 5 号宋体。

图中各部分说明应采用中文（引用的外文图除外）或数字项号，各项文字说明置于图题之上（有分图题者，置于分图题之上）。

3）插图编排

插图与其图题为一个整体，不得拆分排写于两页。插图处的该页空白不够排写该图整体时，可将其后文字部分提前排写，将图移至次页最前面。

4）坐标与坐标单位

对坐标轴必须进行说明，有数字标注的坐标图，必须注明坐标单位。

5）原件中照片图

原件中的照片图应是直接用数码相机拍摄的照片，或是原版照片经过扫描后粘贴的图片，不得采用复印方式。照片可为黑白或彩色，应主题突出、层次分明、清晰整洁、反差适中。照片图同插图一起排序，图序和图题与其他插图要求相同。

17. 注释

有个别名词或情况需要解释时，可加注释说明。注释采用页末注（将注文放在加注页的下端），而不用行中注（夹在正文中的注释）。若在同一页中有两个以上注释时，按各注释出现的先后，用阿拉伯数字编序，例如，注 1：……。注释只限于排在注释符号出现的同页，不得隔页。

18. 参考文献

1）著录规则

参考文献的著录均应符合国家有关标准（按 GB 7714—2005《文后参考文献著录规则》

执行)。以"参考文献"居中排作为标识；参考文献的序号左顶格，并用数字加方括号表示（例如：[1]，[2]，……)，与正文中的指示序号格式一致。每一参考文献条目的最后均以"."结束。各类参考文献条目的编排格式及示例如下。

(1) 连续出版物。

主要责任者(写出前三个，多于三个的，后面用逗号加"等")．文献题名[J]．刊名，出版年份，卷号(期号)：起止页码．

示例：

毛峡，丁玉宽．图像的情感特征分析及其和谐感评价[J]．电子学报，2001，29(12A)：1923-1927.

CAPLAN P. Cataloging internet resources[J]. The Public Access Computer Systems Review. 1993 ,4(2)：61-66.

金显贺，王昌长，王忠东，等．一种用于在线检测局部放电的数字滤波技术[J]．清华大学学报(自然科学版)，1993，33(4)：62-67.

(2) 专著。

主要责任者．文献题名[M]．出版地：出版者，出版年：起止页码．

示例：

刘国钧，王连成．图书馆史研究[M]．北京：高等教育出版社，1979：15-18.

沈继红，施久玉，高振滨，等．数学建模[M]．修订版．哈尔滨：哈尔滨工程大学出版社，2000：77-86.

(3) (会议)论文集或专著中的析出文献。

析出文献主要责任者．析出文献题名[C](或[M])//论文集或专著主要责任者．论文集或专著题名．出版地：出版者，出版年：起止页码．

示例：

钟文发．非线性规划在可燃毒物配置中的应用[C]//赵玮．中国运筹学会第五届大会论文集．西安：西安电子科技大学出版社，1996：468-471.

(4) 学位论文。

主要责任者．文献题名[D]．保存地：保存单位，年份．

示例：

张和生．地质力学系统理论[D]．太原：太原理工大学，1998.

(5) 报告。

主要责任者．文献题名[R]．报告地：报告会主办单位，年份．

示例：

冯西桥．核反应堆压力容器的 LBB 分析[R]．北京：清华大学核能技术设计研究院，1997.

(6) 专利文献。

专利所有者．专利题名[P]．专利国别：专利号，公告(或公开)日期(引用日期)．获取或访问途径．

示例：

姜锡洲．一种温热外敷药制备方案[P]．中国：881056078,1983-08-12.

西安电子科技大学. 光折变自适应光外差探测方法：中国：01128777.2[P/OL]. 2002-05-28. http://211.152.9.47/sipoasp/zljs/hyjs-yx-new. asp?recid=01128777.2&leixin=0.

（7）国际、国家标准。

标准代号，标准名称[S]. 出版地：出版者，出版年.

示例：

GB/T 16159—1996，汉语拼音正词法基本规则[S]. 北京：中国标准出版社，1996.

（8）报纸文章。

主要责任者. 文献题名[N]. 报纸名，出版日期（版次）.

示例：

毛峡. 情感工学破解"舒服"之谜[N]. 光明日报，2000-4-17(B1).

（9）电子文献。

主要责任者. 电子文献题名[文献类型/载体类型]. 电子文献的出处或可获得地址，发表或更新的日期/引用日期（任选）.

示例：

王明亮. 中国学术期刊标准化数据库系统工程的[EB/OL]. http://www. cajcd. cn/pub/wml. txt/9808 10-2. html，1998-08-16/1998-10-04.

外国作者的姓名书写格式一般为：姓，名的缩写。例如：JOHNSON A，DUDA R O.

2) 标识

根据 GB 3469—83 的规定，以单字母方式标识以下各种参数文献类型，如表 6.1 所示。

表 6.1　参数文献的标识

参考文献类型	专　　　著	论文集（汇编）	单篇论文	报 纸 文 章	期 刊 文 章
文献类型标识	M	C(G)	A	N	J
参考文献类型	学位论文	报告	标准	专利	其他文献
文献类型标识	D	R	S	P	Z

数据库、计算机程序及光盘图书等电子文献类型参考文献的标识字母，如表 6.2 所示。

表 6.2　电子文献的标识

参考文献类型	数据库（联机网络）	计算机程序（磁盘）	光盘图书
文献类型标识	DB(DB/OL)	CP(CP/DK)	M/CD

关于参考文献的未尽事项可参见国家标准《文后参考文献著录规则》（GB 7714—2005）。

19. 附录

附录依序用大写正体 A，B，C……编号。例如，附录 A。附录中的图、表、公式等一律用阿拉伯数字编号，但在数字前冠以附录序号。例如，图 A1，表 B2 等。

以下内容可放在附录之内：

（1）正文内过于冗长的公式推导；

（2）方便他人阅读所需的辅助性数学工具或表格；

（3）重复性数据和图表；

（4）论文使用的主要符号的意义和单位；

（5）程序说明和程序全文。

这部分内容可省略。如果省略，那么删掉此页。

20．印刷与装订

按以下顺序印刷与装订。

（1）封面；（2）独创性声明、关于论文使用和授权的说明；（3）中文摘要；（4）英文摘要；（5）目录；（6）正文；（7）致谢；（8）参考文献；（9）附录；（10）封底。

21．资料袋

资料袋按以下顺序装入材料。

（1）毕业设计（论文）手册；（2）开题报告；（3）毕业设计论文；（4）图纸、软件等其他需归档的材料。

第 7 章
计算机类专业毕业设计
的答辩准备

7.1 答辩的演示文稿

答辩的演示文稿要概括性地描述项目的目的和意义、技术和方法、内容和成果、结论和致谢,尽量做到语言简洁、图表清晰、表达准确。学生应该沉稳自信、表达流利。

答辩 PPT
参考模板

在每部分内容的简介中,原则是图的效果好于表的效果,表的效果好于文字叙述的效果。不要满屏幕都是文字的堆积,要图文并茂,图文一致。能引用图表的地方尽量引用图表,需要文字的地方,要将文字内容高度概括,使其简洁明了。

汇报时间不要太长,5~8 分钟为宜,10~20 页 PPT 内容足够,主要是学生的讲解,演示文稿是辅助性的,切记不要照着演示文稿一字不差地复述。

7.2 答辩的自我陈述

毕业设计完成后要进行答辩的自我陈述,以检查学生是否达到毕业设计的基本要求,判别毕业设计的完成质量。学生口述总结毕业设计的主要工作和研究成果并对答辩委员会成员所提问题做出回答。答辩是对学生的专业素质、表达能力和应变能力的综合考核。

7.2.1 答辩的自我陈述提纲

拟定答辩提纲有助于理清答辩的思路,帮助学生组织语言,按照正确的顺序将毕业设计的背景、目的、研究方法、结果等一一阐述。

1. 答辩提纲的内容

答辩提纲主要应该有以下四个内容:所研究项目的背景和研究该项目的主要意义;研究此项目的关键技术;独立解决问题的创新方法;研究依据和研究结果。

(1)熟读自己撰写的论文,阐述项目的背景和意义。

列出自己对这一问题的基本观点、看法、提供的主要论据、结论、理论价值、实际应用的背景和意义。

（2）归纳总结前人的成果，分析国内外现状。

对项目相关领域的资料进行总结、归纳，然后在此基础上创新，研究项目的参考资料要尽可能搜集得全面、准确。

（3）论文作者在该项目中的工作。

学生要集中力量陈述自己独立工作完成的部分，这是评价论文难易程度的主要依据。对于集体完成的项目，每位学生对项目的整体要了解清楚，对其他合作者研究的部分也要简单知道。

（4）项目的不足之处。

学生的毕业设计及论文的写作都需要在很短的时间内完成，且知识面和掌握程度有限，难免存在疏漏、谬误的地方，因此对论文的不足之处要真诚、谦虚地说明。

（5）成果的总结与展望。

正确认识毕业设计取得的成果。既不能过分自信、不够谦虚，也不能自惭形秽，实事求是才是对待科学的认真态度。

7.2.2　答辩的自我陈述技巧

学生在答辩前，除了要做好必要的答辩资料和心理建设准备外，还应针对论文选题设计和答辩小组可能提出的问题进行准备。答辩中的技巧可以帮助学生消除紧张心理，学生应该举止大方而有礼貌。

1. 答辩程序

1）自我介绍

自我介绍作为答辩的开场白，包括姓名、专业班级和指导老师等，介绍时要举止大方、态度从容、礼貌得体地介绍自己，争取给答辩小组老师一个良好的印象。好的开端就意味着成功了一半。

2）答辩人陈述

自我陈述的主要内容归纳如下：

（1）论文标题。向答辩小组报告论文的题目，标志着答辩的正式开始。简要介绍项目背景、选择此项目的原因及项目现阶段的发展情况。

（2）论文具体内容。详细描述有关项目的具体内容，其中包括答辩人的创新观点、研究过程、实验数据和实验结果等。

（3）所做工作。重点讲述答辩人在此项目中的研究模块、承担的具体工作、解决方案、研究结果，这是答辩教师比较关注的地方。

（4）结论和展望。对研究结果进行分析，得出结论；展望本项目的发展前景。

（5）自我评价。答辩人对自己的研究工作进行评价，要求客观表述经过毕业设计的完成和论文的撰写，在专业水平上有哪些提高、取得了哪些进步，同时说明研究的局限性和不足之处。

3）提问与答辩

答辩教师的提问安排在答辩人自我陈述之后，是答辩中相对灵活的环节，是一个相互交流的过程。一般为 3 个问题，采用由浅入深的顺序提问，答辩人应当场作答。

　　答辩教师提问的范围在论文所涉及的领域内,一般不会出现离题的情况。提问的重点在论文的核心部分。答辩过程中让答辩人解释清楚自述中未讲明白的地方、论文中没有提到的漏洞,也是答辩小组经常会做的工作。答辩过程中如果发现论文中明显的错误,不要紧张,保持镇静,认真考虑后回答。

　　仔细聆听答辩教师的问题,然后经过缜密的思考,组织好语言。回答问题时,要求条理清晰、逻辑缜密、内容全面、重点突出。

　　当有问题确实不会回答时,也不要着急,可以请答辩教师给予提示。答辩教师会改变提问策略,采用启发式的、引导式的提问方式,降低问题难度。

　　出现有争议的观点时,答辩人可以与答辩教师展开讨论,但要特别注意礼貌。答辩本身是非常严肃的事情,切不可与答辩教师争吵,辩论应以文明的方式进行。

　　4) 致谢

　　感谢在毕业设计论文方面给予帮助的老师和同学,并且要礼貌地感谢答辩教师。

　　2. 答辩自我陈述的注意事项

　　(1) 克服紧张、不安、焦躁的情绪,相信自己一定可以顺利通过答辩。

　　(2) 注意自身修养,有礼有节。无论是听答辩教师提出问题,还是回答问题都要礼貌应对。

　　(3) 听明白题意,弄清答辩教师提出问题的目的和意图,充分理解问题的根本所在再作答,以免出现答非所问的现象。

　　(4) 若对某一个问题确实没有搞清楚,则要谦虚向答辩教师请教。尽量争取教师的提示,沉稳应对。用积极的态度面对遇到的困难,努力思考作答,不自暴自弃。

　　(5) 答辩时语速要快慢适中,不能过快或过慢。过快会让答辩教师难以听清楚,过慢会让答辩教师感觉答辩人对问题不熟悉。

第（二）部分

面向对象的分析与设计方法简介

第8章　面向对象的开发方法

第9章　统一建模语言概述

第10章　用例建模

第11章　类图建模

第12章　顺序图建模

第13章　状态图与活动图建模

第14章　包图、组件图和部署图建模

UML 模型
教学视频

本部分概要

- 面向对象的开发方法；
- 统一建模语言概述；
- 用例建模；
- 类图建模；
- 顺序图建模；
- 状态图与活动图建模；
- 包图、组件图和部署图建模。

本部分导言

本部分论述了面向对象方法的基本思想和主要概念，介绍了面向对象分析的全过程，同时介绍了如何在面向对象分析模型基础上，针对具体的条件进行面向对象的系统设计。

第8章 面向对象的开发方法

随着计算机技术的发展、计算机应用领域和规模的不断拓展和扩大以及软件开发技术的不断进步,面向对象技术已经成为主流的软件开发方法。面向对象的分析和设计代表了一种渐进式的开发方式,它并没有完全抛弃传统方法的优点,而是一种建立在有效的传统方法基础之上的新方法。

8.1 对象的基本概念

1. 对象和类的定义

所谓对象(object)就是将一组数据和与这组数据有关的操作组装在一起所形成的一个完整的实体。对象中的数据被称为对象的属性,一个对象的所有属性的值被称为这个对象的状态。对象的操作则被称为对象的行为,也称为对象的外部接口。

在特定的软件系统中,对象表示的是软件系统中存在的某个特定实体,它们可以有不同的类型,大多数对象通常是一种对现实世界客观事物的计算机描述。

例如,图书管理系统中的一本书、一个读者、一次借阅记录都可以被视为是一个对象。它们分别表示现实世界中一个图书馆的一本书、一个读者和一个借阅事件。但这些对象并不等同于现实世界中的实际事物,图书管理系统中的这些对象只描述它们在计算机系统中的状态和行为,因此它们不过是对现实世界中对应的客观实体的一种计算机描述而已。

一个现实的系统中,通常会有很多的对象,为了有效地管理这些对象并使之发挥作用,人们又从分类的角度出发,给出了类的定义。

类(class)可以被定义成由具有某些相同属性和方法的全体对象构成的集合。

这个定义将类看成对一组具有相同属性和方法的对象的一种抽象描述,其本质在于这些对象所具有的相同属性和方法。因此,类也可以被定义成由一组属性和方法构成的一个整体。

目前的各种程序设计语言中,都采用这样的方式来定义类。

例如,图8.1就给出图书、读者和借阅这三个对象的一个抽象描述。它们分别表示了三个类,当然也表示了这三个类之间的关系。

为了描述对象和类二者之间的层次关系,面向对象方法使用实例的概念来描述这两个不同的抽象概念之间的关系。将类看成一个对象集合时,这个集合中的任何一个对象又可以被称为这个类的一个实例(instance)。

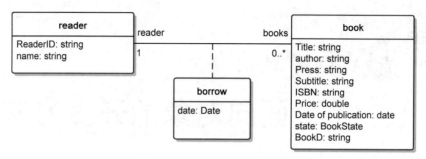

图 8.1　图书管理系统中的图书和读者类图

2. 对象的状态

对象的状态(status)是指一个对象的所有属性在某一时刻的取值或一个对象的某些属性值所满足的条件。显然,任何对象的状态都是由这个对象属性值决定的。

一般情况下,一个对象可能会有多个不同的状态。

例如,图书管理系统中的图书对象,就可能具有借出(lend)、被预定(reserve)和就绪(ready)等几种不同的状态。

对于任何两个对象来说,只有当它们所拥有的属性及属性值均完全相同时,才可以说这两个对象的状态完全相同,但值得注意的是,两个状态相同的对象不等同于它们是同一个对象。判断两个对象是否是相同的对象,不仅仅要看它们的属性值,还要看它们不同的存在时间和存在空间。

3. 对象的行为

将一个对象在其状态发生某种改变或接收到某个外部消息时所进行的动作和做出反应的方式称为对象的行为(behaviour)。

在面向对象方法中,通常使用操作来描述对象的行为。一个操作(operation)可以定义成一个对象向外部提供的某种服务,如果外部对象调用对象的某个操作,这就意味着被调用的对象将执行这个操作包含的动作,并相应地调整其自身的状态。

人们还使用消息(message)的概念来描述对象之间的交互,并将消息传递作为对象之间唯一的交互方式。在面向对象语言中,通常将调用一个对象的操作称为向这个对象发送一个消息。

消息和操作是密切相关的两个不同概念。操作描述的是对象提供的外部服务,消息描述的是两个对象之间的一次交互。而二者之间又是密切相关的,即向一个对象发送一条消息就是调用这个对象的某个操作。

一个对象通常会有多个操作,每个操作都代表这个对象所属的类提供给这个对象本身的一种服务。按照操作的作用,可以将操作划分成构造、析构、修改、选择和遍历等五种不同的类型。其中,构造和析构是默认操作,分别用于对象的创建和销毁,后三种类型则表示常见的三种不同类型的操作。

4. 角色和责任

对于任何一个对象来说,它必然要承担部分系统责任(duty),责任表示对象的一种目标以及它在系统中的位置。一个对象必须为所承担的系统责任提供全部服务。

当一个对象承担了较多的系统责任时,就可能需要提供多组不同的方法以履行这些责任。此时,按照责任对对象的这些方法进行分组就显得非常有意义。这些分组划分了对象的行为空间,也描述了一个对象可能承担的多种系统责任。如果将对象承担的不同的系统责任抽象成不同的角色(role),那么,我们就得到了一个新的概念。这个概念定义了对象与它的客户之间的契约的一种抽象。

总之,一个对象的状态和行为共同决定了这个对象可以扮演的角色,这些角色又决定了这个对象所承担的系统责任。也就是说,角色代表了对对象的责任的一种抽象。

系统设计过程的实质就是从分析对象所扮演的角色(承担的系统责任)开始,分析、精化这些角色,并为这些角色设计出特定的操作,使这些角色能够通过它所拥有的操作实现它所承担的系统责任。

8.2　面向对象的软件开发

现在的人们通常将软件开发方法归结成结构化和面向对象两大类,它们分别基于结构化和面向对象的程序设计方法。

8.2.1　面向对象方法

面向对象方法几乎覆盖了计算机软件领域的所有分支。这些分支包括面向对象的编程语言(OOP)、面向对象分析(OOA)、面向对象设计(OOD)、面向对象测试(OOT)和面向对象维护(OOM)等软件工程领域,也包括图形用户页面设计(GUI)、面向对象的数据库(OODB)、面向对象的数据结构(OODS)、面向对象的软件开发环境(OOSE)和面向对象的体系结构(OOSA)等技术领域。

8.2.2　面向对象方法与程序设计语言

在面向对象方法的发展过程中,面向对象程序设计语言的出现和发展起到了十分重要的引领作用,同时语言本身也得到了不断的发展。这些语言也不断丰富和促进了面向对象方法的发展。

1. C++程序设计语言

C语言是一门通用的计算机编程语言,其应用十分广泛。面向对象语言出现以后,出现了多种不同的基于C语言的面向对象设计语言。这些语言以C语言为基础,以不同的方式扩充了对象的概念框架,从而构成了不同的面向对象语言。

C++程序设计语言是对C语言的继承,它既可以过程化编程,又可以基于对象编程,还可以进行以继承和多态为特点的面向对象编程,当然也可以混合编程。C++不仅拥有计算机高效运行的实用性特征,同时还致力于提高大规模程序的编程质量与程序设计语言的问题描述能力。

2. C#程序设计语言

C#程序设计语言是微软公司开发的一种面向对象且类型安全的程序设计语言。C#

程序语言不仅是一种面向对象的程序设计语言,还是一种对面向组件的程序设计语言,现代软件已经越来越依赖具有自包含和自描述功能包形式的软件组件。这种组件的关键在于,它们可以通过属性、方法和事件等概念来提供编程模型;它们还具有提供关于组件的声明性信息的特性;同时,它们还编入了自己的文档。C♯语言提供的结构成分直接支持组件及其相关概念,这使得 C♯语言自然而然成为创建和使用软件组件的重要选择,有助于构造健壮、持久的应用程序。

3. Java 程序设计语言

Java 语言具有很多与如今大多数编程语言相通的特性。Java 与 C++和 C♯程序设计语言有很多的相似之处,其本身就是用与 C 和 C++相似的结构设计的。

Java 作为一种通用编程语言,用于开发对机器无关性要求不高的项目。Java 语言易于编程,安全性强,可用于快速地开发工作代码。它同样具有垃圾回收和类型安全引用这样的特性,某些常见的编程错误在 Java 中是不会发生的。对多线程的支持满足了基于网络和图形化用户页面的现代应用的需要,因为这些应用必须同时执行多个任务;而异常处理机制使得处理错误情况变得简单易行。尽管其内置工具非常强大,Java 依然是一种简单的语言,程序员可以很快精通它。

事实上,在实际的软件项目开发过程中,每种语言都有不同的编译器版本、集成环境和资源库等多方面的选择,但所有这些选择所依据的面向对象思想和开发方法都是基本相同的,或是与语言无关的。

8.2.3 典型的面向对象的开发方法

面向对象方法的产生和发展同样也经历着一个比较漫长的过程。在这个过程中,首先出现的是面向对象编程,然后是面向对象设计,最后形成的是面向对象分析,随后逐渐出现了面向对象测试、面向对象软件度量和面向对象管理等面向对象的开发方法和技术。

8.3 面向对象软件开发过程

到目前为止还没有一个标准的、通用的,适用于所有团队和项目的软件开发方法。但还是有一些得到业界普遍认可的面向对象开发方法。例如,统一过程(RUP)这样的著名的面向对象软件开发方法。面向对象设计则是进一步细化需求模型,建立目标系统的结构模型,再把用自然语言或图形描述的模型映射到计算机语言。可以使用 UML 作为建模语言,这种语言有多种建模工具可供选择。

8.3.1 面向对象设计

面向对象设计是一种软件设计方法,其基本内容包括了一个面向对象分解的过程。面向对象设计的本质就是:以在系统分析阶段获得的需求模型和概念模型为基础,进一步修改和完善这些模型,设计目标系统的结构模型和行为模型,为进一步实现目标系统奠定基础。

人们通常将面向对象设计过程划分为系统结构设计和详细设计两个主要部分,其中,系统结构设计包括体系结构设计和软件结构设计两步。体系结构设计主要指系统的软硬件结构设计。体系结构是对系统结构的一种抽象,强调建立具有良好的普适性、高效性和稳定性的系统。在设计过程中,系统结构设计可以归结为选择合适的体系结构或在必要时自行设计与项目相适应的体系结构。软件结构设计指的是在系统体系结构的基础上设计软件本身的结构,这在本质上就是设计软件的对象(类)结构。

　　一个完整的面向对象设计模型通常被划分成界面交互、问题域、数据管理和任务管理等四个部分。其中:界面交互部分用于设计系统的人机交互页面,同时也包括对系统与外部系统或设备之间交互部分的设计;问题域部分对应于分析模型的业务逻辑部分,是对分析模型中逻辑模型的进一步细化;数据管理部分则主要用于实现实体模型中持久数据的存储和管理;任务管理部分则主要用于系统的作业调度、流程控制和运行管理等。面向对象设计阶段的主要任务就是将在 OOA 阶段得到的领域问题的视图模型、逻辑模型和实体模型三个模型,演变为页面交互、问题域和数据管理三个子系统,如图 8.2 所示。

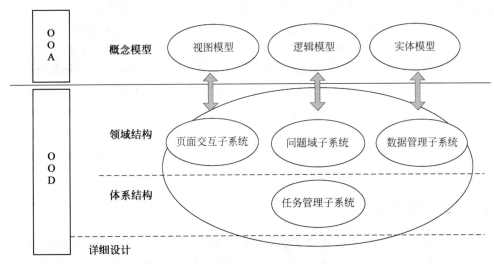

图 8.2　OOD 模型的组成

　　这三个子系统都与领域问题相关,因此称为"领域结构设计",也称"底层设计"。任务管理子系统是管理、协调三个子系统运行环境的系统,属高层设计,也称体系结构设计。

8.3.2　OOA 与 OOD 之间的关系

　　面向对象分析和面向对象设计分别是面向对象开发过程的两个阶段,二者在概念、模型表示方法和技术等方面均没有本质的区别,这使得二者的区别和界限越来越不清楚。

　　由于面向对象设计的实质是对在分析阶段获得的类模型的细化过程,并且还是一个循环迭代的过程,因此更容易造成二者的界限模糊。那么,用什么确定它们的边界呢?

　　首先,OOA 和 OOD 分别是软件生命周期的两个不同阶段,它们当然具有不同的目标、责任和策略。从软件工程的角度来看,面向对象分析与设计分别对应软件生命周期中系统分析和系统设计两个阶段,所以二者之间的本质区别是,面向对象分析解决的是系统需要做什么,而面向对象设计解决的是系统应该如何做。

8.4　面向对象分析与设计的应用举例

本节将给出一个简单的计算器程序设计实例,以此来说明面向对象软件开发的基本特点,以及如何使用面向对象方法分析和设计一个特定的软件。

8.4.1　问题定义

计算器是现代人发明的可以进行数字运算的一种电子机器。其结构简单,能够进行比较简单的数学运算,其内部拥有集成电路芯片,使用方便、价格低廉,可广泛用于各种事务,是必备的办公用品之一。软件计算器一般可简单地划分成算术型计算器和科学型计算器两种类型。

（1）算术型计算器:主要指可进行加、减、乘、除四则运算的计算器。

（2）科学型计算器:除了四则运算以外,还可进行乘方、开方、指数、对数、三角函数和统计等方面运算的计算器,又称函数计算器。科学计算器包括了算术型计算器的功能。

当用软件的形式实现计算器时,可以将两种类型的计算器设计成一个通用的计算器,简单的办法是使设计的计算器有两种工作模式:一种模式是算术计算模式,另一种模式是科学计算模式,并且软件可以在两种模式下自由切换。

按照面向对象的开发方法,开发过程首先是获取项目的用户需求并确定项目的功能结构,然后根据需求模型分析和设计出软件的结构模型,随后再通过动态建模的方法逐步完善系统的结构模型,最终实现这个设计方案。

8.4.2　需求分析

开发一个计算器软件,要求该计算器具有算术型计算器和科学型计算器两种工作模式。算术型计算器按照即时计算的方式进行加减乘除四则计算;科学型计算器则能够支持带括号的四则运算功能,同时拥有常用数学函数计算和统计功能。

首先将计算器视为一个物理或逻辑实体,假设经过一个简单的分析后,确定了如图8.3所示的计算器的页面结构。

可以看出,这个结构由若干命令按钮和若干显示区域构成。其中,命令按钮用于输入数字、运算符和命令;显示区域分别用于显示当前表达式、当前计算结果和历史记录列表。

同样可以看出,这个页面结构兼容了科学计算模式和算术计算模式,使用时这两种模式都包含了一个统计计算器。

统计计算器主要用于计算一组数据的最大值、最小值、均值和方差等统计指标。

对于这两种计算器来说,由于它们需要实现的功能不同,因此它们的物理结构和运算规则也不尽相同。

事实上,不同的设计者或不同的用户对计算规则的要求也不尽相同。

下面讨论一下计算器的运算规则问题,假设我们设计的计算器使用如下两种规则。

1）算术型计算器的运算规则

可以将算术型计算器的运算过程视为输入一个表达式并进行计算的过程。所采用的规

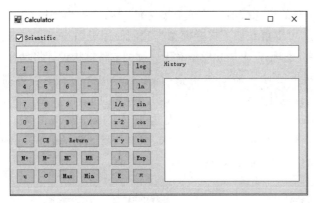

图 8.3　计算器的用户页面

则不同,计算的方式和结果也不相同。必要时可以设计多种规则,并分析最终接受和采用哪种规则。而对这些规则的描述,则要求使用便于交流的方式加以描述。

计算规则考虑的主要因素包括运算符的优先级和结合性,对优先级和结合性的定义不同,得到的运算规则也不会相同。比较常见的有如下两个规则:

(1) 使用优先级的计算规则。

这是一种最常见的运算规则,其所有运算符都按左结合性计算,并且将运算符划分成乘除和加减两种优先级的运算规则。

例如,输入的表达式是(3+5*8)时,先计算乘法,再计算加法,最终的运算结果是43。

(2) 不划分优先级的运算规则。

不划分运算符的优先级,且所有运算符都按左结合性进行计算。

例如,输入的表达式是(3+5*8)时,先计算加法,再计算乘法,最终的运算结果则是64。

这两种规则各有优缺点,前者自然,易于被人们接受,但实现起来相对复杂。后者实现简单,但与人们日常习惯相悖,不容易被大多数人理解和接受。

尽管如此,在需求分析阶段,必须做出明确的需求决策,以决定使用哪种运算规则。最终的决策可能是二选一,也可能是二者都要,运行时由用户选择使用哪种计算规则。

算术型计算器使用的运算符包括+、-、*、/,如果使用优先级的计算规则,还需要使用圆括号。

2) 科学型计算器的运算规则

两种计算器之间最大的不同之处在于科学型计算器包含了括号、函数等运算符,这使得其运算规则必然是一种划分优先级的运算规则,否则,括号将失去其应有的作用。

此时的运算符的优先级如表8.1所示。

表 8.1　运算符的优先级

运 算 符	意 义	优 先 级
$1/x$、x^2、$x!$、$\ln$、$\log$、$\sin$、$\cos$、$\tan$	函数	最高
$\wedge$	乘方	高于乘除法运算
$/$、$*$	乘、除法运算	高于加减法运算
$+$、$-$	加、减法运算	较低

下面考虑建立系统的概念模型。分析上述讨论的内容中出现的名词,以及这些名词所代表的事物之间的关系,可以得到如下概念模型。我们使用类图描述这些概念,可以得到如下概念模型。后面我们将会发现,这个概念模型对于后续的软件结构设计将具有十分重要的意义。

图 8.4 给出了初步的计算器概念模型,其中 Calculator 表示计算器,SimpleCalculator 表示简单计算器(算术型计算器),ScientificCalculator 表示科学型计算器,Express 表示表达式,ExpressWithBrackets 表示带括号的表达式,ExpressWithoutBrackets 表示不带括号的表达式,它们分别表示不同计算器的输入。CalculatorForm、SimpleCalculatorForm 和 ScientificCalculatorForm 分别表示不同的计算器页面。

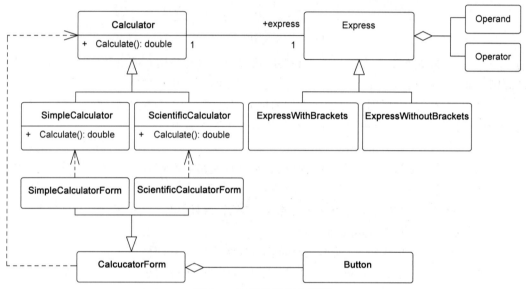

图 8.4　计算器的概念模型

这个概念模型决定了软件的结构模型,也决定了软件功能的实现方式。后续的设计与实现都将以这个概念模型为基础来完成。

8.4.3　软件结构设计

在面向对象的软件设计过程中,通常可分为软件结构的设计和软件行为的设计。软件结构设计通常关注的是软件中包含的类和类之间的关系,行为设计关注的是如何在软件的各种类之间分配适当的方法。复杂的是二者之间并不是相互独立的,而是相辅相成的。

从结构上看,可以将软件看作一组类及其类之间的关系所构成的整体。因此,设计时准确地找到合适的类和类关系将是至关重要的事。考虑图 8.4 所示的概念模型,从概念模型开始设计软件将是一个容易让人接受的方法。

从简化设计的角度出发,我们给出了如图 8.5 所示的结构模型。

其中,CalculateForm 类是计算器软件的窗口类(也称为边界类),它所承担的职责是接收用户输入的数据和命令,并负责将数据和命令传递给相应的计算器对象。同时,还负责将计算器的状态变化反馈给用户。Calculator 类是计算器类,其实例代表简单计算器,ScientificCalculator 类是科学型计算器类,也是简单计算器类的派生类。这个设计与图 8.4 所示的概念模型有一点不同,但它们的实质是相同的。后者更灵活地运用了继承机制。

StatisticsCalculator 是统计计算器类,它所承担的职责是保存计算器使用过程中产生的数据,并为这些数据提供一组特定的统计功能。与前两种计算器类不同的是,它被设计成一个单独的类,并被以聚合的方式组合到计算器对象中。这将使得简单计算器和科学型计算器都含有统计的功能。Express 是表达式类,用来保存每次使用计算器计算时所输入的表达式,同时软件会将这些表达式对象缓存在计算器中 CalculateForm 对象的表达式列表中,以便用户查看。

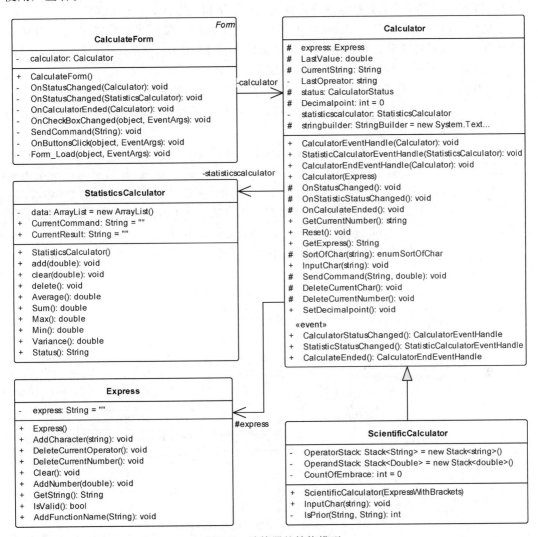

图 8.5　计算器的结构模型

8.4.4　软件行为建模

　　值得关注的一个问题是,图 8.5 所示的结构模型里面包含了十分丰富的细节,这些细节包括每个类的定义、类(或者对象)之间的关系,每个类的属性和方法等。

　　事实上,任何一个完整的结构模型都是经过对系统各种行为进行较为充分的建模再逐步完善后得到的。

　　软件行为建模通常采用统一建模语言 UML(Unified Modeling Language)表述,常见的行为模型有用例图、活动图、状态图、时序图和通信图等,它们以不同的方式和不同的角度描述系统的行为。其中:用例图和活动图比较适合在需求分析阶段进行行为建模时使用,从一个比较抽象的层面上进行用例建模;状态图用于描述一个对象在其生命周期内在接收到外部消息或外部事件时所做出的响应及其状态变化;时序图和通信图则重点关注软件在完成某项功能时需要的对象以及这些对象之间的交互。所有这些行为建模的结果就是不断丰富和充实现有的类模型,从而得到最终需要的完整的结构模型。

　　下面将以简单计算器 Calculator 类为例,设计这个类的对象的状态模型,并说明这个状态图的作用。我们将简单计算器对象的状态被定义成 Initialize、MustInputAnOperator 和 InputtingNumber 等三种状态。它们的具体定义如下:

　　(1) Initialize:计算器的初始状态,此时计算器的当前字符为空字符,默认当前值为零。

　　(2) MustInputAnOperator:表示计算器接收的当前字符是个运算符,此时用户必须输入一个数字字符。

　　(3) InputtingNumber:表示计算器接收的当前字符是一个数字字符,用户可以持续地输入数字字符;若用户输入了一个运算符,则保存当前的输入数值,并结束当前的输入状态,进入 StartToInputNumber 状态,当前数值为零,用户可以开始输入一个新的表达式。

　　图 8.6 给出了 Calculator 类对象的状态图。图中描述了 Calculator 类对象的状态及其状态的变迁。其中,Input(ch)是该对象的一个事件,ch 是事件的内容,也可以称为一个信号。这张状态图不仅描述了状态及其变迁的情况,同时还概括性地描述了该对象完成一次计算的过程,读者可自行分析这个过程。

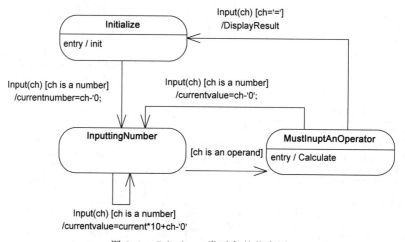

图 8.6　Calculator 类对象的状态图

　　在面向对象系统中,大部分的功能都是由多个对象之间相互协作来完成的,在软件设计过程中,通过行为建模清晰地描述对象之间的交互是十分必要的。

　　为了增加一些基本的感性认识,本节概括性地介绍了使用面向对象方法分析和设计软件的主要过程。在后面的章节中,我们将详细并系统地介绍这一主流的软件分析和设计方法。从整体上来看,本节概括性地给出了一个使用面向对象方法分析和设计软件的基本过程,并讨论了分析设计过程中涉及的一些问题及其解决方法,可以看出这个过程与传统方法之间存在的差异。

第9章

统一建模语言概述

在面向对象方法中,人们通常使用统一建模语言(UML)作为标准的表示法,应用统一建模语言建模贯穿软件开发的全过程。可以说,面向对象的分析与设计过程实质上也就是应用统一建模语言对软件进行建模的过程。

9.1 UML 的定义

UML 是一种用于说明、构造和记录软件密集型系统中人工制品的图形语言。UML 提供了一种编写系统蓝图的标准方式,它既能描述软件开发过程中的业务流程、用例和系统功能等概念性的事物,又能描述像程序语句、数据库模式和软件组件等具体的事物。UML 为软件开发的不同领域或不同过程定义了不尽相同的符号和语义。以下六种模型构成了软件开发过程所需要的主要的领域模型。

1)用例模型

用例模型(use case model)也称为用户交互模型,该模型描述了系统的参与者与系统之间的交互,当然也描述了系统的边界。这种模型对应了需求模型的某些方面。

2)交互模型

交互模型(interaction modal)也称为通信模型,主要用于描述系统中对象之间的交互,以及如何通过对象之间的交互完成特定的系统工作或任务。

3)动态模型

动态模型(dynamic model)的内容则主要包括两个方面:一方面,使用状态图描述系统对象在某个时间段内的状态及其变化;另一方面,使用活动图描述系统需要完成的工作流。

4)逻辑模型

逻辑模型(logical model)也称为类模型(class model),主要用于描述构成系统所需要的类以及这些类之间隔关系,这个模型描述的是系统的逻辑结构。

5)构件模型

构件模型(component model)描述构成系统所需要的软件构件及其相互关系,它表示的是软件系统的物理结构。

6)物理部署模型

物理部署模型(deployment model)描述系统的物理架构和构件在硬件架构上的部署情况,它表示的是系统的物理结构。

9.2　UML 的概念模型及其视图结构

9.2.1　UML 的概念模型

UML 的基本构造块是对用于构造 UML 模型的基本元素的一种抽象,或者说是 UML 模型的构造元素。UML 将基本构造块划分成事物(thing)、关系(relationship)和图 (diagram)等三种类型。

1) 事物

事物是对模型中某些重要元素的抽象,UML 分别定义了结构、行为、分组和注释(note) 等四种事物。

2) 关系

这里的关系主要指模型中各种设施之间的关系,用于将设施结合在一起,以组成更高一层的设施。UML 主要定义了依赖(dependency)、关联(association)、泛化(generalization) 和实现(implementation)等四种关系。

3) 图

在 UML 中,所谓的图可以看成一个由具有某些特定关系的模型元素构成的集合。每一张图也可以看成一个以模型元素为节点,模型元素之间关系为边构成的图。

UML 定义了用例图(usecase diagram)、类图(class diagram)、对象图(object diagram)、顺序图(sequential diagram)、通信图(communication diagram)、状态图(statet diagram)、构件图 (component diagram)、部署图(deployment diagram)和活动图(activity diagram)等九种基本的 UML 图。

9.2.2　UML 中的视图

为了描述软件开发过程中使用的各种领域模型,UML 中定义了五种基本视图或软件模型来描述一个完整的软件系统结构。这些视图包括用例视图(usecase view)、逻辑视图 (logical view)、动态视图(dynamic view)、构件视图(component view)和部署视图 (deployment view),如图 9.1 所示。

1. 用例视图

用例视图主要用于定义系统的外部行为,是最终用户、分析人员和测试人员所关心的视图。用例视图的主要内容包括参与者、用例以及它们之间的关系。其具体内容还可以包括从用例导出的类,以及为描述用例或场景所建立的活动图、通信图和状态图等。

总之,用例视图描述了系统的用户需求,也约束了描述系统设计和构造的所有其他视图。因此,在用例驱动的开发方法中,用例视图在 UML 占据了模型最重要的位置。

2. 逻辑视图

逻辑视图也称为类视图,主要用于描述构成系统所需要的类或对象,其具体内容包括类、类所持有的数据、类的行为以及类之间交互的说明组成。这个视图中的信息是程序员特别关心的,如何实现系统功能所需要的细节都将在这个视图中描述和展现。

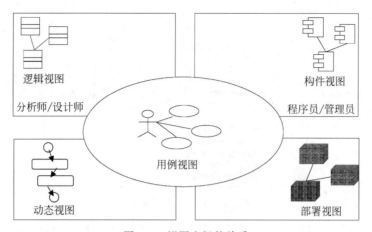

图 9.1　视图之间的关系

3. 动态视图

动态视图合并了前面描述的动态模型(dynamic modal)和交互模型(interaction modal),用于描述系统中的过程或线程,重点关注系统的非功能性需求。动态视图通常由顺序图、通信图、状态图和活动图等组成。

4. 构件视图

构件视图用于描述构造系统的物理构件。这些构件不同于逻辑视图中描述的逻辑构件,这些构件包括可执行文件、代码库和数据库等内容。这个视图中包含的信息与配置管理和系统集成这类活动有关。

5. 部署视图

描述系统的物理结构以及构件如何在系统运行的实际环境中分布。这个视图处理的是系统的非功能性需求,例如容错性等问题。动态视图和部署视图在 UML 中相对地未充分开发,尤其是与逻辑视图相比。逻辑视图中包含了大量非正式地被当作是与设计有关的符号。

9.3　模型元素

UML 中定义的包含某种特定语义的元素都是模型元素。UML 将模型元素划分为实体、交互、组织和注释等四大类。

9.3.1　实体元素

类是实体元素中最重要的模型元素,也是面向对象系统中最重要的结构元素。建模一个软件的最重要的目标之一,就是构建软件的结构模型。

UML 使用一个带有类名的,并且含有一组属性和操作的矩形框来表示。例如,图 9.2 给出了一个类图实例,图中 Employee 是类名,EmployeeID、Name 和 Title 是这个类的属性。GetName()、GetID()和 GetTitle()等则是这个类的方法。为有效地支持对象的封装、

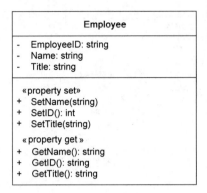

图 9.2　类的图形表示实例

继承和多态等机制,人们还为类定义了公共、私有和保护等三种可见性。而在 UML 中,则使用＋、一和♯这三个符号表示属性和方法的这三种可见性。如图 9.2 所示,EmployeeID、Name 和 Title 三种属性均是私有属性。GetName()、GetID()和 GetTitle()三个方法的可见性则是公共的。

　　UML 还定义了用例、协作、构件和节点等实体元素。这些元素的符号表示如图 9.3 所示。

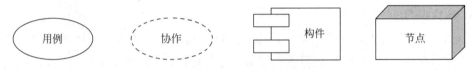

图 9.3　用例、协作、构件和节点等实体元素的 UML 符号表示

9.3.2　交互元素

　　交互元素主要用来描述对象和对象之间的交互,对象间的交互指目标系统中协作某个特定任务的一组对象之间的消息交换。UML 中,还有一个较为常见的交互元素是状态,状态可以定义成某个对象所处的当前状况或所满足的某个条件。每个状态的内部通常由一组相关的动作组成,对于每个状态,还需要定义触发动作的事件、事件参数和执行这些动作的条件。

　　UML 中状态迁移、自迁移、控制流和对象流的符号表示如图 9.4 所示。

(a) 状态迁移　　(b) 自迁移　　(c) 控制流　　(d) 对象流

图 9.4　UML 中的迁移、自迁移、控制流和对象流的符号表示

　　UML 中的交互元素还应该包括状态迁移、控制流、对象流和对象之间传递的消息。对象之间交换的消息又可以分为:简单消息、同步消息、异步消息和返回消息等多种类型。

　　对于状态迁移、消息等模型元素,UML 使用了同样的图形符号表示。而对于不同类型的消息,UML 则使用了不同的符号表示。图 9.5 给出了 UML 交互图中消息的图形符号表示。

图 9.5　消息的图形符号表示

9.3.3　组织元素

UML 中的组织元素主要包括视图(view)、图(diagram)和包(package)等多种元素。视图通常是按照某个特定标准预先定义好的一种结构,一个模型通常被划分成若干视图,不同视图用于存放模型中反映不同特征或特性的模型元素。例如,在一个标准的视图结构中就定义了用例视图、逻辑视图、动态视图、构件视图和部署视图等五种视图。包是包含在视图中的针对模型元素的一种分组机制,用于对模型元素进行分组。包还具有可嵌套性,即还可以包含其他的包。

9.3.4　注释元素

注释元素是对指定模型元素的文本形式的一段描述,使用注释的目的是帮助开发人员更好地理解模型元素的语义,也可以表示定义在模型元素上的约束。注释可以放置在任何一种 UML 图中,并可以和任何模型元素相关联。图 9.6 给出了注释的图形符号表示。

图 9.6　注释的图形符号表示

9.4　关系

在面向对象概念框架中,最值得关注关系可以分为对象之间的关系和类之间的关系两大类。对象之间的关系包括依赖、链接、聚合和组合等四种关系,UML 中使用类图来描述对象之间的这些关系。类之间的关系则主要是指继承关系。

UML 中定义的这些关系不仅用于描述对象和类之间的类,而且把这些关系推广到各种模型元素之间,从而使这些关系具有广泛的含义。图 9.7 列出了 UML 中依赖、关联、聚合、组合、继承和实现等关系的符号表示。

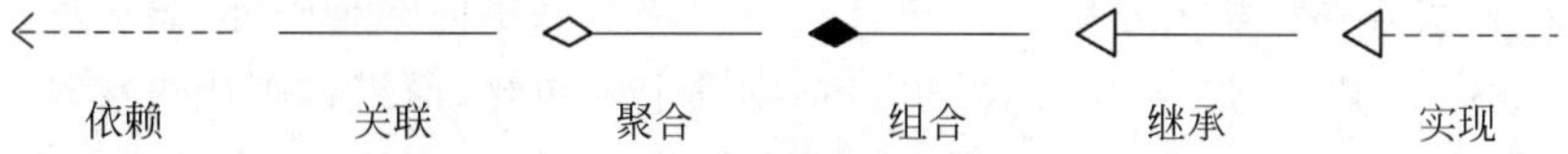

←-------- ───────── ◇───────── ◆───────── ◁──────── ◁--------

依赖　　　　关联　　　聚合　　　　组合　　　　继承　　　　实现

图 9.7　UML 中各种关系的图形符号表示

下面分别介绍这些关系以及这些关系的使用方法。

9.4.1　依赖

在 UML 中,依赖(dependent)用来表示两个模型元素(如类、用例等)之间存在的某种语义关系。

对于两个模型元素来说,如果一个模型元素的改变将影响另一个模型元素,那么就说,这两个模型元素之间存在着某种依赖关系。

例如,一个类使用另一个类的对象作为操作的参数,一个类使用另一个类的对象作为它的属性,一个类的对象向另一个类的对象发送消息等,这样的两个类之间都存在着一定的依赖关系。依赖关系一方面表示对象之间的某种协作,这种协作显然是构建一个系统不可缺少的;另一方面依赖也反映了系统元素之间的耦合,这就要求系统中的依赖关系也必须是可控的。UML 使用带有箭头的虚线表示依赖。图 9.8 给出了两个类之间的依赖。图中类 A 依赖类 B,即类 B 内容的改变将引起类 A 中相应内容的改变。依赖关系不仅存在于各个类之间,很多其他模型元素之间也存在着各种各样的依赖关系,如构件之间的依赖以及包之间的依赖等,不同的元素之间的依赖关系表示的含义是不同的。其他依赖关系将在后面章节中陆续介绍。

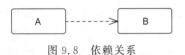

图 9.8　依赖关系

9.4.2　关联

关联(association)是一种存在于模型元素之间的结构性关系,指的是一种模型元素和另一种模型元素之间的语义联系。对于对象(或类)来说,关联意味着在一个对象(或类)内部的任何地方均可以访问与之相关联的另一个对象(或类)的全部服务。关联关系可以是单向的也可以是双向的,单向关联表示对象之间的访问是单向的关联,双向关联表示对象之间的关联可以是双向的关联。与关联相关的概念还有关联的名字、角色、多重性、关联限定符和关联类等。这些细节将在类图建模部分详细介绍。图 9.9 给出了双向关联和单向关联的符号表示。

双向关联　　　单向关联

图 9.9　关联的图形符号表示

9.4.3　组合与聚合

在关联关系中,如果在两个关联对象之间,还具有整体与部分之间的关系时,即一个对象是另一个对象的组成部分时,则称这种关系为聚合(aggregation)关系。再进一步,如果整体对象与部分对象还具有相同的生存期,则把这个聚合关系称为组合(composition)关系。

例如,图 9.10 给出了对象之间的组合和聚合关系的例子。图中带有实心菱形块的直线表示组合,带有空心菱形块的直线表示聚合。菱形块一端指向的是整体,另一端指向的是部分。聚合一般代表逻辑上的包含,当然也包括物理上的包含,而组合则代表物理意义上的包含。图 9.10(a)表示了飞机与机身、机翼和起落架等各种对象之间的组合关系;而图 9.10(b)表示了股票持有人与其持有的股票之间的关系,是一种聚合关系。

9.4.4　继承和实现

继承(inherit)也称为泛化或特化关系,是模型元素之间的一种强耦合的关系。

对于两个类来说,如果一个类拥有另一个类的所有属性和方法,同时前者还可以拥有自

图 9.10 对象之间的组合与聚合

己特殊的属性和方法,并且还可以修改或重新定义后者的方法,则称这两个类之间存在继承关系,称前者为派生类或子类,后者为基类或父类。

继承的表示非常简单,UML 使用一个带有三角形箭头的实线表示继承关系。箭头一端指向基类,另一端则指向派生类。图 9.11 表示了一个带有继承关系的类图,图中 A 是父类也称为基类,B 是子类也称为派生类。特殊地,如果把继承关系中的父类替换成一个接口时,子类则被称为接口的一个实现。此时,二者之间的关系则称为实现(implements)关系。实现的图形符号一般使用带有三角形箭头虚线表示,如图 9.7 所示。如果考虑接口的实现,实现关系将是一种比继承耦合度更低一些的关系。由于一个接口仅描述了一组抽象操作,或者说接口并不会被映射成目标系统中的实际模块,所以单纯地讨论接口与实现之间的耦合问题将是毫无意义的。但从实现的角度来看,却可以派生出一种新的类(或对象)之间的关系,即接口依赖关系。接口依赖关系显然是所有这些关系中耦合最弱的一种关系。

例如,图 9.12 说明了接口依赖关系,其中,interface 是一个接口,类 A 是接口 interface 的一个实现,类 B 通过接口 interface 访问了类 A,此时称从类 B 到类 A 之间存在着一个接口依赖。显然从类 B 到类 A 的接口依赖要比从类 B 到类 A 的直接依赖的依赖程度要低一些,但这增加了接口设计方面的开销。

图 9.11 表示继承关系的类图实例

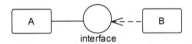

图 9.12 表示了一种接口依赖关系

9.5 图

UML 模型中,图(diagram)是一种更为重要的模型元素,可以看成以一组模型元素为节点,元素之间的连接关系为边构成的。UML 用图形的方式表示图。图可以用来表达软件系统或其片段在某一方面的特征,如通常表示系统的静态结构和动态行为。每种图都有其特定的构造规则和语义信息,这些规则规定了图的构造规则和方法,其语义也决定了这些图的使用范围、适用规则和使用方法。

UML 1.x 定义了九种图,我们称为基本的 UML 图。UML 2.0 给出了进一步的扩充,表 9.1 中列出了 UML 1.x 定义的 UML 基本图,并给出了它们通常所属的视图。

表 9.1　UML 1. x 定义的九种 UML 图

序　号	图	所 属 视 图
1	用例图	用例视图
2	对象图	用例和逻辑视图
3	顺序图	用例、逻辑和动态视图
4	通信图	逻辑和动态视图
5	类图	用例、逻辑、动态和构件视图
6	状态图	逻辑和动态视图
7	活动图	逻辑和动态视图
8	构件图	构件视图
9	部署图	部署视图

另外,UML 图与视图之间还存在着某种微妙的关系,即一种类型的图只能存在于某个或某几个特定的视图之中。例如,用例图仅可以存放在用例视图之中,而类图却可以同时存放在用例视图、逻辑视图、动态视图和构件视图等多种视图中。

9.5.1　用例图

用例图是一种由参与者、用例以及它们之间的连接关系组成的图。一个用例用于表示系统所具有的某种功能或对外提供的某种服务。每个用例都可以分解成一个或一组动作序列,这些动作序列描述了参与者与系统之间的交互,也表示了系统对这些交互的反应和行为。

一张用例图可以包括整个系统的用例,也可以仅包含系统的部分用例,如某个子系统的用例,甚至也可以仅仅是单个用例。另外,用例不仅用于描述期望的系统行为,还可以作为开发过程中设计测试用例的基础。图 9.13 给出了一个用例图的示例。

9.5.2　类图

类图是由若干类以及这些类之间的关系组成的图。通常用于描述系统或系统的某个局部的静态结构,也称为软件的结构模型。建模时,通常将结构模型存放在 UML 模型的结构视图中,它也是 UML 中最重要的模型之一,是建模过程所必须要完成的工作。

图 9.14 给出了某销售系统的实体类图,包含了这个系统中的各种实体类,如账户(Account)、商品(StockItem)、订单(Order)、订单明细(LineItem)、事务(Transaction)、购物车(ShoppingBasket)多个类,以及这些类之间的关联关系。

这张类图清晰地描述了这样一个系统中包含的主要实体:账户表示该系统的全体用户构成的集合;商品代表了该系统销售的商品目录集合;订单描述了该系统的销售记录;订单明细代表了每张订单的商品销售记录;事务代表了用户与系统之间的一次交易;购物车是一个与用户相关联的实体,用于存储用户选择的那些商品。

这张类图不仅描述了销售系统的相关概念,对这样的类图的进一步细化还可以得到这个销售系统的实体结构模型和数据模型,并可以以此为依据构建整个系统。

一个典型的系统模型通常需要建模多张类图。一个类图不一定要包含系统中所有的类,通常仅用于建模系统的某个局部。

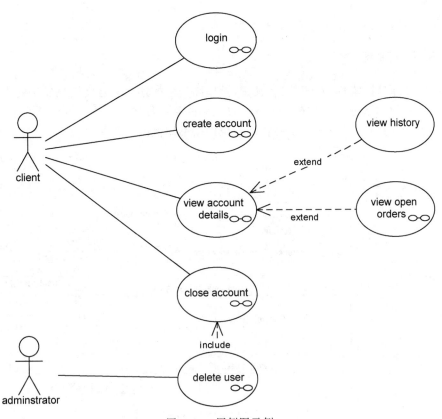

图 9.13　用例图示例

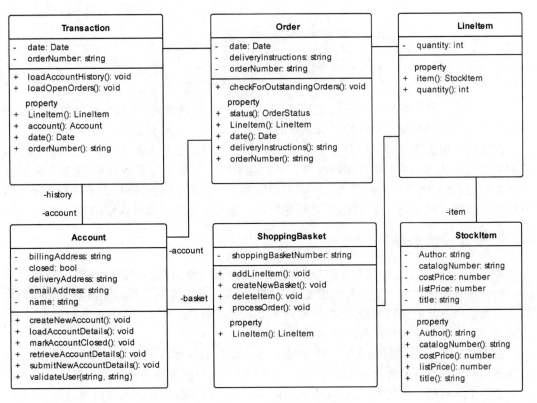

图 9.14　类图实例

一个类也可以出现在多个不同的类图中。

9.5.3　顺序图

顺序图和通信图统称为交互图。其中,顺序图用来描述对象之间消息发送的先后次序,阐明对象之间的交互过程以及在系统执行过程中的某一具体时刻将会发生什么事件。

图 9.15 中的顺序图描述了图书管理系统中借书用例的主要场景。

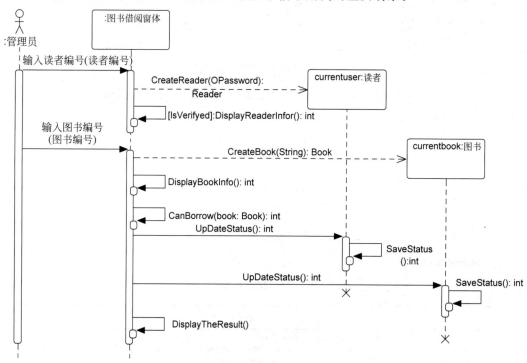

图 9.15　借书用例的顺序图实例

顺序图是一种强调时间顺序的交互图,其中,对象沿横轴排列,消息沿纵轴按时间顺序排列。顺序图中的对象生命线是一条垂直的虚线,它表示一个对象在一段时间内存在。

顺序图中的大多数对象都存在于整个交互过程中,因此这些对象全部排列在图的顶部,它们的生命线从图的顶部画到图的底部。每个对象的正下方有一个矩形条,它与对象的生命线相重叠,表示该对象的控制焦点。顺序图中的消息通常不带有序号,由于这种图上的消息已经在纵轴上按时间顺序排序,因此顺序图中消息的序号通常都被省略掉了。

9.5.4　状态图

如图 9.16 给出了描述某信息系统的登录用户页面对象的状态图。状态图是一种由状态、变迁、事件和动作组成的状态机模型。它描述的是一个对象在其生存期或某个生存期片段中的状态以及状态变迁的控制流,主要用于对系统的动态特性建模。在大多数情况下,它主要用来对反应型对象的行为进行建模。

在 UML 中,状态图可用来对一个对象按事件发生的顺序所触发的行为进行建模。状态图表示的是过程开始之前和之后的状态。输入用户名状态和输入验证码状态是用户页面对象的两个不同的工作状态,每个状态的内部还包含了必要的状态属性和相关动作,如入口动作、出口动作等。在所有状态之间,还定义了若干状态变迁,每个变迁都定义了触发变迁的事件、守卫条件和变迁时需要完成的动作。一般而言,状态图是对类所描述的模型元素的补充说明,它描述了这个类的对象可能具有的状态、引起状态变化的事件以及状态变迁时需要完成的动作。

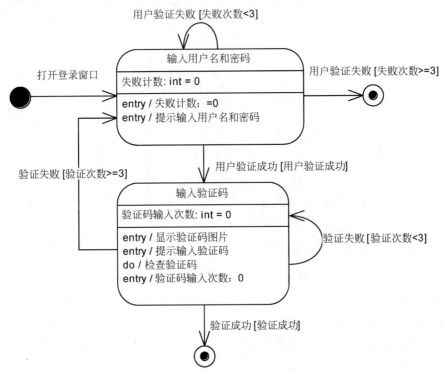

图 9.16　登录用户页面的状态机模型

9.5.5　活动图

与状态图不同的是,活动图通常描述的是多个对象共同参与的一项活动。

图 9.17 给出了一个描述用户登录过程的活动图,它与图 9.16 的状态图一样均讨论了登录问题,但二者的建模角度和描述方式却均不相同。状态图可视为对系统中某个特定对象(如登录用户页面)的动态行为的设计,而活动图描述的是这一过程(如登录过程)中的参与角色和职责分配这样的问题。二者既相互联系,又相互区别。

活动图主要关注的是系统在完成某项特定任务时所需要进行的活动和动作顺序,同时还关注参与此项活动的参与者或角色的划分,这将有助于建模人员找到系统所需要的对象或角色,并为活动中需要完成的动作找到合适的执行者。

活动图起源于结构化方法中的流程图,但扩充成为活动图之后,其语义发生了本质上的变化。也可以把活动图看作是新式样的交互图,但交互图观察的是传送消息的对象,而活动图观察的是对象之间传送的消息。尽管两者在语义上的区别很细微,但它们是用不同的方式来观察系统的。

9.5.6　构件图

构件图用于描述系统的构件组织和构件之间的各种依赖关系,主要用于建模系统的静

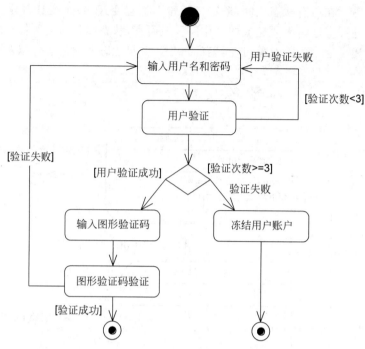

图 9.17   用户登录过程的活动图

态构件视图。构件图中也可以包括包或子系统,它们都用于将模型元素组织成较大的组块。构件可以是任何一个以可执行程序文件、库文件、数据库表、数据文件和文档等形式表示的系统构成成分。构件通常具有可更换性和可执行性,它实现特定的功能,符合一套接口标准并实现一组接口。

图 9.18 给出了一个构件图的例子,图中列出了 Firewall、LAN SQL Server、MS Exchange Server、Orders DataBase 和 BookStoreOrder 等五个构件,还列出了它们之间存在的聚合、关联和依赖关系。

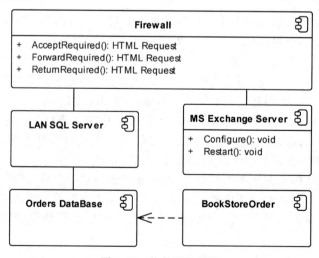

图 9.18   构件图的例子

第10章

用例建模

10.1　用例图的基本概念

用例图的基本构成元素主要包括参与者(actor)、用例(use case)两种基本元素,还包括参与者与用例之间的关联、参与者之间的泛化,以及用例之间的包含、扩充和泛化等关系。

10.2　参与者

10.2.1　参与者的定义

参与者是指系统外部为了完成某一项任务而与系统进行交互的某个实体,这个实体可以是系统的某个用户、外部进程或设备等。参与者的本质特征是:参与者必须位于系统外部,必须与系统有着某种形式的交互。

10.2.2　参与者的识别

从参与者的定义来看,参与者既可以是用户,又可以是其他计算机系统或正在运行的进程,还可以是承担了某种系统责任的外部设备。因此,参与者的一个主要特征就是总是处于目标系统的外部,它们并不是系统内部的组成部分。

在完成了参与者的识别之后,进一步需要考虑的问题是每个参与者需要系统完成什么功能,从而建模参与者所需要的用例。

一个系统通常有多个参与者,而不同的参与者与系统的关系以及在系统运作过程中所发挥的作用也都是不同的。将所有参与者按照他们与系统之间的关系和他们在系统运作中所发挥的作用分类将既有助于识别系统的参与者,又有助于发现分析的功能需求。

10.2.3　参与者之间的泛化关系

在参与者中,如果一个参与者拥有另一个参与者的所有行为,那么就说这两个参与者之间具有泛化关系。定义参与者之间泛化的实质是把某些参与者的共同行为抽取出来表示成通用行为,且把这些参与者描述成抽象参与者。

例如,图10.1中的读者和图书管理员、借阅管理员和读者管理员之间的泛化关系,图书管理员、借阅管理员和读者管理员是读者的派生参与者,他们都是读者,可以拥有读者的全部行为,同时他们还具有自己独特的系统行为。

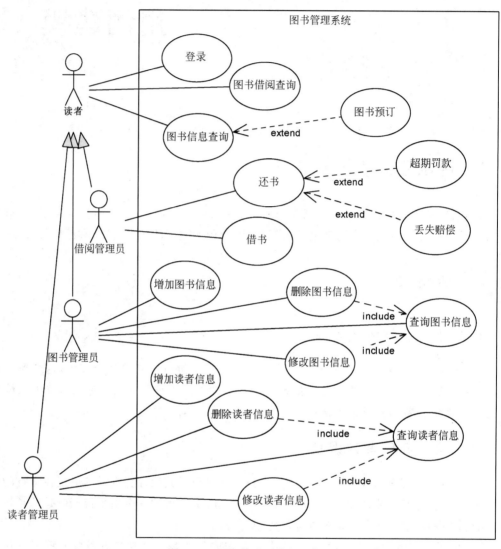

图10.1　图书管理系统的用例图

10.3　用例

10.3.1　用例的定义和表示

用例通常被定义为系统的参与者与系统之间的一次交互活动,活动结束后将使系统处于一个新的一致的状态。一个成功执行的用例应该为系统带来可预知的和确定的业务增量。任何用例都必须确保能够使系统从一个一致的状态迁移到另一个一致的状态,从而确保系统的状态不被环境中的任何因素所破坏。

10.3.2　参与者和用例的关联

UML 使用关联描述参与者和用例之间的关系,它表示了参与者与系统之间的通信关系,也表示了系统与外部环境之间的页面或边界。

图 10.1 中就出现了多个这样的关联关系,这些关联关系描述了系统与外部环境之间的接口。

有时参与者和用例之间的关联也可以表示成一种单向的关联关系,关联方向用于表示关联的双方当中哪一个才是用例过程的发起者。

10.3.3　用例之间的关系

用例的本质是参与者为了实现某种目的而与系统进行的一次交互活动,这个交互活动往往要被描述为一系列动作序列。因此,在不同的用例中就可能存在一些相似或相同的动作序列片段或子序列。分离这些公共的序列片段或子序列有助于建立更加清晰和更加有效率的用例模型。

在面向对象方法中,人们定义了包含、扩充和泛化等多种关系来描述用例之间的关系。

1. 包含关系

如果一个用例包含了另一个用例的所有行为,则称这两个用例之间存在着包含关系。并称前者为整体用例,后者为包含用例。显然,包含关系是一种从整体到部分的单向关系。

通常情况下,整体用例与部分用例之间的可访问性(执行顺序)通常也是单向的,整体用例可以访问部分用例的属性和操作,部分用例通过其外部可见的属性和操作提供了可被多个用例重用的特定行为。部分用例可以看到为它设置属性值的整体用例,但它不应该访问整体用例的属性和方法。

UML 使用一个带有 include 构造型的虚线箭头表示包含关系,它从整体用例指向包含用例。图 10.2 给出了一个包含用例的例子,其中的参与者可以使用添加项目或者删除项目两个用例,其中查找项目用例则是删除项目用例的一个包含用例。

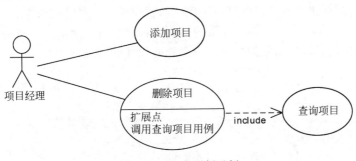

图 10.2　包含用例示例

与用例相关联的一个概念是扩展点,一个用例可以有多个扩展点。一个包含用例在它的整体用例中就体现为一个扩展点。扩展点指明了部分用例在整体用例中的执行位置。显然扩展点与包含关系之间应具有一定的对应关系,或者说,不论你是否在模型中标注扩展点,扩展点都应该是客观存在的。

2. 扩充关系

在用例中,有时会有某些活动可能是用例的一部分,但执行时却并不一定需要执行这部分活动用例才能成功。这时,我们可以把这部分活动定义成一个用例,并称这两个用例之间的关系是扩充关系。在扩充关系中,称原用例为基用例,称扩充部分为扩充用例。

图 10.3 给出了一个扩充用例的例子,容易看出扩充和包含的语义区别。

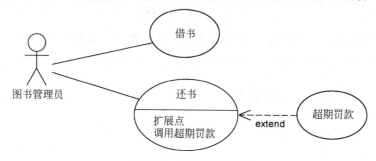

图 10.3　扩充用例示例

对于扩充用例来说,与扩充关系相对应的还应有扩充条件这一概念。当用例实例执行到扩充点并且满足该扩展点标注的扩充条件时,控制流将转入相应扩充用例的行为序列中。扩充用例执行完毕后,控制再从扩展点返回基用例。

一般情况下,扩充关系中的基用例与扩充用例之间的访问性也是单向的,基用例可以访问并修改扩充用例的属性和操作。而扩充用例则不能访问基用例的属性和操作。

一个扩充用例可以扩展多个基用例,一个基用例可以被多个扩充用例扩展。

从包含与扩充这两种关系的用例实例的执行过程来看,这两种关系中一个很重要的区别是:控制流从基用例转入扩充用例是有条件的,而控制流从基用例转入包含用例则是无条件的。

换个角度来看,包含关系可以视为一种特殊的扩充关系。

与类之间存在泛化关系类似,用例之间也存在泛化关系。和类一样,某些用例之间也可能存在一些共同或相似的行为,如果抽象出这些用例中的相似行为,那么抽象的结果就可以用一个抽象用例表示,此时,可以仅把这些用例的个性化的行为保留在各自的用例之中,这个拥有共同行为的抽象用例与这些具体用例之间就构成了一种泛化关系。

例如,图 10.4 展示了购买不同客票的用例之间的泛化关系。在一个实际的售票系统中,这样的用例泛化可以帮助我们找到一个更具通用性的解决方案。

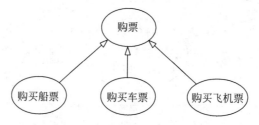

图 10.4　用例之间的泛化关系

如果一个用例拥有了另一个或一些用例的公共行为,那么称这个用例与其他用例之间具有泛化关系,称这个拥有共同行为的用例为父用例,其余的用例为子用例。子用例可以应用于任何使用父用例的地方。

10.3.4　用例描述

尽管建模人员可以用控制流图、顺序图、Petri 网或者程序设计语言等多种方式来描述用例,但文本方式仍然是最常用的描述形式。一般情况下,用例的主要用途是作为需求获取的工具和软件开发人员之间的交流,因此,文本描述就是一种最自然的选择。

详细描述用例的各方面细节并以结构化的方式来组织这些细节对理解系统的需求非常有益。研究人员为用例提供了各种各样的模板。表 10.1 给出了一个基本的用例模板,其具体内容如下。

表 10.1　用例模板

用例名称	具体名称	用例编号	具体编号	用例标识符	具体标识符
主要参与者	用例的所有参与者列表,使用该用例所提供的服务以实现某个目标的外部实体				
用例陈述	用例的功能陈述				
前置条件	用例在执行之前应具备的条件。用例假定这些条件为真,本身并不测试这些条件				
后置条件	用例执行之后系统应处的状态,这个状态应该满足所有受益人的需求				
基本流	描述用例能够实现所有受益人利益的主要成功场景,通常是一个由一系列动作组成的动作系列。基本流中一般不包括任何条件和分支,所有条件和分支都被推迟到扩充流部分				
扩充流	也称为可选流,描述用例中除基本流描述的主要成功场景之外的所有其他场景,包括所有成功或失败的场景; 扩展场景通常是主要成功场景的分支,其动作序列中的各个扩展动作应能够跟踪到基本流的动作序列之中				
特殊需求	用例的非功能需求、质量属性要求或者各种约束记录。其中,质量属性可以包括性能、可靠性和可用性等				
技术和数据约束	用例中某些动作或动作序列的约束				
尚未解决的问题	本用例遗留的一些问题				

另外,不同的建模软件(如 Rational Rose、Enterprise Architect 等)也给出了不同的用例模板,它们均给出了对这些描述方式的支持。表 10.2 提供了收银用例的基本内容。

表 10.2　超市销售管理系统的收银用例

用例名称	收银用例	用例编号	UC01
主要参与者	收银员		
用例陈述	本用例用于超市的收银业务,收银员应为顾客提供及时有效的商品销售服务		
用例目标	收银员应正确输入商品销售记录并正确完成顾客的支付 为顾客提供现金、信用卡等多种支付方式,使顾客得到及时、准确的服务 支持销售过程中的即时退货 能够及时更新相关销售账目和商品库存数据		

前置条件	收银员已经登录并打开商品销售页面
后置条件	正确地完成了商品销售,计算了商品的销售额,保存了本次销售的全部明细记录,同时更新了商品库存等相关账目,打印了商品销售收据
基本流	1. 顾客带着商品到收银台准备付款。收银员启动商品销售子系统,打开商品销售页面 2. 收银员开始新的商品销售,即清除页面中上一个顾客的销售信息,将系统置为开始销售的状态 3. 收银员输入商品标识码 4. 系统根据输入的商品识别码显示商品的名称、价格和数量,计算当前商品的金额 5. 系统累计并显示顾客应支付的商品总金额 重复 3、4 和 5,直到输完所有商品的识别码为止 6. 收银员请求顾客付款 7. 顾客付款,系统处理支付 8. 系统保存销售数据,并将销售数据发送给外部的账目系统和存货管理系统 9. 系统打印商品销售收据,收银员将商品销售收据交给顾客 10. 本次销售结束
扩充流	1. 若系统未启动,则收银需要重启系统和登录,并请求进入收银子系统 3a. 若输入的商品标识码无效,则系统显示出错信号并提示重新输入 3b. 顾客购买多件相同商品时,收银员可以输入商品标识码以及数量 　3b-1. 如果顾客希望从已经输入完识别码的商品中去掉某件商品,收银员可以修改该商品的数量或删除该件商品的销售明细记录,并及时收回顾客不要的商品。系统更新并显示商品总金额 　3b-2. 如果顾客要求取消本次销售,收银员应向系统提交取消本次销售请求,系统将自动清除本次销售的所有数据,并将系统重新置为可以进行商品销售的状态 7a. 顾客用现金支付: 　1. 收银员输入顾客支付的总金额数 　2. 系统自动计算并显示找零金额,弹出现金抽屉 　3. 收银员存放现金并将余额交给顾客 　4. 系统记录此次现金支付情况 7b. 顾客使用银联卡支付: 　1. 收银员刷卡,并提示顾客输入他的银联卡支付密码 　2. 系统向外部支付授权服务系统发出支付授权请求,并请求支付批准 　　2a. 系统检测到和外部系统之间协作上的失败: 　　　1. 系统向收银员发出一个出错信号 　　　2. 收银员请求顾客用其他方式支付 　　3. 系统收到支付回应并向收银员发出一个批准支付信号 　　　3a. 系统收到拒绝支付信号: 　　　　1. 系统向收银员发出一个出错信号 　　　　2. 收银员请求顾客用其他方式支付 　　　4. 系统记录银联卡支付情况,其中包括批准支付情况 　　　5. 系统给出银联卡支付签名输入机制 　　　6. 出纳员请顾客进行银联卡支付签名,客房输入签名

续表

特殊需求	应提供一个用于向顾客显示商品总金额的显示屏,以便顾客核对商品销售数据 银联卡方式的支付请求和支付回应应该能够在 30 秒之内做出正确响应 该问远程服务时,系统应具有较高的可靠性和恢复能力,以确保系统数据的一致性 系统界面应具备国际化支持
技术和数据约束	5a. 商品标识码的输入应支持条形码扫描器和键盘两种输入方式 7a. 银联卡账目信息由银联卡阅读器或者键盘输入 7b. 银联卡支付签名可以在纸上进行,也可以使用数字签名
尚未解决的问题	商品标识码的格式问题,采用何种格式? 远程服务的恢复机制问题,数据如何进行恢复? 现金抽屉的管理问题,是收银员管理还是由专门的管理员管理? 银联卡阅读器的使用权限问题,是顾客使用,还是收银员使用?

注:扩充流中 3a 和 3b 是基本流中第 3 条事件流的分支情况,3b-1 和 3b-2 是扩充流 3b 的分支情况,7a 和 7b 是基本流中第 7 条事件流的分支情况,7b 中第 2 条事件流有一种分支情况为 2a,包括事件流 1～3,第 3 条事件流有一种分支情况为 3a,包括事件流 1～6。扩充流中事件流的从属关系采用缩进表示。

图 10.5 给出了超市销售管理系统收银用例的一个活动图描述。用例基本流中的"查询商品信息"和"支付处理"就是两个活动节点,它们本身都是一个过程,也都可以建模成独立的活动子图。图 10.6 给出了"支付处理"活动的活动子图。用例描述中的其余节点则被表示成动作节点,它们可以被理解成是一个个简单的动作。

当然用例中的其他扩展流也可以通过向活动图中增加新节点的方式加以描述。图 10.5 中的活动节点"支付处理"就是这样一个节点。

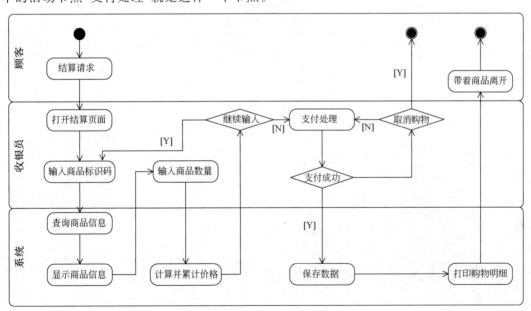

图 10.5　收银用例的活动图描述

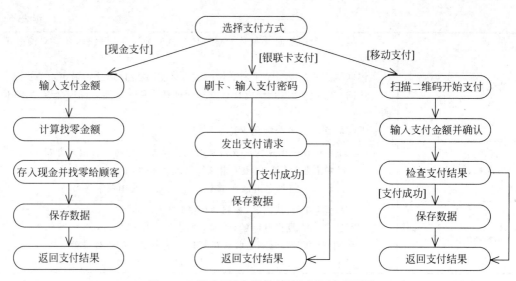

图 10.6 给出了"支付处理"活动的活动子图

第11章

类图建模

在第 10 章中，我们详细地介绍了用例图模型的概念和表示方法。这一章中，我们将主要讨论分析域中结构模型的建模方法。

分析域中的类图模型，也就是一个概念模型，并不过多地关注这些类的实现细节。这样的模型关心的是帮助分析人员获取完整的用户需求（包括功能需求和非功能需求），模型中的类包括实体类、业务逻辑类和边界类等，也包括各种业务逻辑、处理方法或计算方法及相关约束等方面内容。

本节主要讨论如何从系统的功能模型（用例模型）建立系统的结构模型，系统结构模型也就是类图模型，主要由类和类之间的关系构成。

分析阶段中的类模型仅仅是目标系统结构模型的初始阶段，这个阶段的类图模型仅关注问题域，不涉及具体的实现细节。具体细节可在设计阶段进行进一步的细化，并最终得到目标系统的结构模型。

本章将讨论分析域中结构模型的设计方法。

11.1 业务逻辑类、实体类和边界类的概念

分析域中的结构模型应由业务逻辑类（business logic class）、实体类（entity class）和边界类（boundary class）等三种类组成。业务逻辑类负责用例中的数据处理逻辑。实体类则是用例中操作的处理对象。从用例建模的观点出发，边界类主要用于在用例中控制系统与参与者之间所进行的交互，完成用例的目标。在这三种类中，起核心作用的是业务逻辑类。系统中的每一次运行都是在某个业务逻辑的控制下实施的，业务逻辑类负责控制边界类与参与者之间的交互过程，最终的运行结果被映射到对实体对象的操作之上。

业务逻辑类是一个封装了实现用例目标所需的属性和行为的类，主要用于实现用例执行过程的控制。通常可以和一个用例有结构性的对应关系。

实体类通常代表了用例中需要使用的各种实体对象，它们是用例中各种操作所要涉及实体对象。用例中各种操作的实质就是对这些实体对象所进行的各种操作，而这些操作的内容基本上最终可归结为对这些实体对象的创建、更新、修改、持久化和删除等操作。

边界类则代表了参与者与用例之间的中介，主要用于控制参与者与系统之间的过程或实现参与者与系统的通信协议。

当参与者是目标系统的某种用户时，边界类实际上就充当了系统的人机交互页面。边

界类可能最终会演化成一个由一组复杂的人机交互页面元素构成的复合对象(如窗体页面)。而当参与者是其他信息系统或某种信息处理设备时,边界类则代表了目标系统与其他系统或设备之间的通信协议等。

一般情况下,边界类和参与者与用例之间的关联也应该具有较强的结构性的对应关系。

综上所述,业务逻辑类实际上代表了一个完整的业务逻辑,负责控制整个交互的执行过程,其内容在实质上就代表了这个用例本身所具有的特征。边界类起到了承接参与者与系统之间交互的作用,主要用来处理系统的输入和输出。实体类实际上代表了需要持续存储和处理的信息。

11.2　用例模型到结构模型的映射

从总体上看,用例模型的主要内容就是参与者、用例以及参与者与用例之间的关联关系。从参与者构成的角度来看,用例模型也分析参与者之间的泛化关系。从用例角度来看,用例模型则需要关心用例的更多细节,这些细节包括用例名、标识符、用例目标、前置条件、后置条件、基本流、扩充流、特殊需求、约束以及用例建模遗留的问题等。所有这些内容构成了系统的需求模型,高质量的用例模型应该能够充分地表达系统的功能需求、非功能需求以及系统的约束。所有这些内容都应该能够映射到系统的结构模型中。

表 11.1 列出了用例模型到概念模型的映射关系,建模时,可以直接把用例模型映射为目标系统的结构模型。由于从用例模型到结构模型的映射并不一定是一对一的结构化映射关系,所以到了系统设计阶段,还需要对这个结构模型做进一步的细化。

表 11.1　用例模型与概念模型的映射

用 例 模 型	结构模型的元素	映 射 规 则
参与者	实体类	当参与者实例也是系统管理的对象时,需要将参与者建模成一个业务实体类
参与者之间关系	实体类之间的泛化	将参与者之间的继承关系建模成对应实体类之间的泛化关系
用例	业务逻辑类	用例代表了系统与其环境之间的交互,必须为每个用例建模一个业务逻辑类,来描述交互所包含的业务逻辑
包含和扩充	类之间的聚合关系	可把用例之间的包含和扩充关系建模成对应业务逻辑类之间的聚合关系
用例泛化	业务逻辑类之间的泛化	可把用例之间的泛化关系建模成对应业务逻辑类之间的泛化关系
前置和后置条件	类之间的关系	前置和后置条件,通常表述了用例之间的关系
基本流和扩充流中的名词	类或属性	可以把用例模型中出现的名词建模成业务实体类或业务实体类的属性
基本流和扩充流中的动词	消息	可以把用例模型中出现的动词建模成场景中相关对象之间的消息,也就是某个类的方法
计算方法、处理规则、技术和约束	业务规则	对用例模型中的计算方法、处理规则、处理技术和各种约束等进行分析,以便分离出合适的业务规则,并把它们封装成一个一个的业务规则类

用 例 模 型	结构模型的元素	映 射 规 则
遗留问题	设计约束	分析用例建模时未能解决的问题
参与者与用例关联	边界类	为每个参与者与用例之间的关联建立边界类。此时应注意,对于参与者与用例之间的间接关联也要建模一个边界类

在面向对象分析过程中,从用例模型出发建立概念模型的过程可分为识别类、定义相关类的属性和方法、识别类之间的关系等三个步骤进行。具体的步骤如下:

1. 识别类

从用例中,识别出目标系统的边界类、逻辑类和实体类等三种基本类。

建模时,可初步为每个用例建模一个业务逻辑类,为每个参与者与用例之间的关联建模一个或若干边界类,为与每个用例相关联的实体建模一个实体类。特别地,为每个参与者建模一个实体类。可将每个边界类、逻辑类和实体类分别命名为 View、Model 和 Entity 类,这三类综合在一起,就可以得到整个系统的初步结构模型,其中,所有的边界类称为系统的视图模型,业务逻辑类称为系统的逻辑模型,而所有实体类则称为系统的实体模型。

1) 识别边界类(人机交互/其他交互)

在用例模型中,参与者与用例间的每一个关联都应该至少对应着一个边界类。建模时,可为每个关联建模一个边界类。

2) 识别逻辑类(业务逻辑)

逻辑类是用例业务逻辑(处理数据的逻辑)的类形式的一种表示,承担着控制对相关实体访问的责任,即对相关实体进行增、删、改、查等操作。每个用例都有它的业务逻辑。

3) 识别实体类(数据持久类)

实体类通常表示系统中那些需要持久化的对象,通常是需要永久存在的。寻找实体类时可以考虑业务逻辑中操作需要管理、控制和访问的那些数据实体。

识别类时,可以参考的主要因素如下。

(1) 系统用户:系统需要保存的各种用户信息,如银行系统中的储户,图书馆系统中的读者等。

(2) 组织结构:目标组织中组织结构方面的信息。例如,银行系统中的分行、支行、各储蓄所等。

(3) 实物:目标系统管理的各种实际物品,如银行系统中的现金等,图书管理系统中的图书等。

(4) 设备:目标系统中需要使用的各种(非标准)设备。对于目标系统来说,这些设备通常被定义为系统的参与者。它们也是系统的重要组成部分,系统还要对这些设备的身份、数量和状态等进行有效的控制和管理。

(5) 事件:事件是指系统内部或系统的环境中发生的某件事情。一方面,外部事件的发生可能会触发系统状态的改变;另一方面,系统状态的改变可能会激活一些事件,从而刺激系统的其他部分或参与者产生某种响应。事件可包括内部事件、外部事件和系统事件等。

(6) 管理数据:目标组织中与项目目标相关的各种统计报表、业务凭证、账目等。这些数据是识别实体类和实体类属性的重要来源。

2. 定义相关类的属性和方法

实体类的实例往往是系统中各种操作的对象,它们所具有的方法通常取决于系统对它们所做的操作。所以对于实体类来说,最重要的是分析这些实体类应具有的属性。

业务逻辑类通常封装了系统的某个业务逻辑并承担了一定的系统责任,所以业务逻辑类是系统中最重要的类,它们的结构和行为直接决定了目标系统的行为、处理能力和各种质量特性。所以,对业务逻辑类的结构和行为的分析应该是面向对象分析的核心任务。

从结构上看,逻辑类可以看成一个能够合作完成某项系统任务的一组相关对象的集合。从行为上看,逻辑类的行为必然是在某项业务规则约束下的行为,其中的每一个操作均可以被看成对象之间的消息传递。

业务逻辑类就是这样通过一组对象并协调对象之间的协作来完成它的系统任务。

所以,对业务逻辑类的分析过程实际上就是一个找到能够在指定的业务规则约束下协作完成指定系统任务业务的对象的过程。

对于边界类来说,在分析阶段,我们可以仅关注边界类的概念结构,其具体实现细节可以推迟到设计和实现阶段来进行。

综上所述,OOA 中定义类属性和操作的基本方法归纳如下:

1) 定义类属性

对于识别出的每个类,可以从以下几个方面来分析并发现对象的属性。

(1) 一般常识,根据常识来分析对象应具有的属性。如人员的姓名、性别、年龄等自然属性。

(2) 问题域,考虑实体类在问题域中需要的属性,如银行系统中的储户账号,学生系统中的学生学号等,这些属性往往来自问题域中对实体对象的描述。

(3) 责任,通过分析对象所承担的系统责任来分析对象应有的属性。如储户账单必须有储户 ID、余额 Balance。

(4) 服务,当一个对象需要增加一些新的功能时,就有可能需要为对象增加新的属性。

(5) 状态,一个对象有时需要定义一组不同的状态,如图书管理系统中图书的状态就可以分为是否在库和是否预订等。为了记录和存储这些状态就需要为该对象增加必要的属性。

(6) 关系,考虑对象之间的关联、聚合和组合等关系,这些关系本身就要求把一个对象作为另一个对象的属性。

2) 定义类操作

定义类操作的基本方法是:通过分析系统的动态行为的方法来发现系统中的类和类操作。

具体做法是:用交互图(如状态图、时序图或通信图等)描述用例的交互过程,将用例中的行为落实到相关的类中去。通过这样的方法,一方面可以发现新的对象(类),另一方面,也可以分析出这些类的操作。交互图中列出的每一个对象都可能代表着目标系统中的一个角色,甚至是一个类,每一个消息则代表着接收消息的类的一个操作。

3. 识别类之间的关系

找出类之间存在的继承、关联和依赖关系是分析域中结构模型的重要组成部分。识别类之间的关系时可参考的主要因素包括：

（1）用例模型，建模时可参考用例模型中的各种关系，如参与者之间的继承关系；用例之间的继承、包含和扩充关系等。它们都可以映射为对应类之间的关系。

（2）问题域，分析问题域中各个实体类之间已经存在的关系，并把这些关系表示为相关实体类之间的关系。如银行系统中的储户和账户之间的关系，学生系统中学生和课程之间的关系，这些关系均来自问题域中实体对象之间的关系。

（3）系统的动态行为，通过分析对象之间的协作分析对象之间的关系。对系统行为建模时，已经描述了对象之间的协作，这些协作实际上也给出了对象之间关系的一些线索。

第12章 顺序图建模

12.1 顺序图的构成元素

顺序图是一种由对象和对象之间的消息构成的图,其最主要的特点是其消息传递的时间顺序,是对系统中的若干对象按照时间顺序所进行的交互所表现出来的行为的一种结构化表示。

顺序图的主要作用在于描述系统为实现某个目的而进行的一个过程、完成这个过程所需要的参与者,以及为实现这个过程所需要的这些对象之间的消息传递(合作)。

顺序图的构成元素包括:生命线(lifeline)、控制焦点(control focus)、消息(message)、分支(decision)、撤销(destroy)、组合片段(combine fragement)等。

对象是顺序图的主要构成元素,它表示参与顺序图所表示的过程中主体参与者。其表示与对象图中的表示基本相同。顺序图中可以出现各种对象,这些对象通常包括参与者、边界类、控制类、实体类和普通类等类型的对象。图 12.1 列出了顺序图中常见的对象。图 12.2 给出了一个包含了各种对象的顺序图的实例。

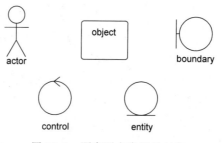

图 12.1 顺序图中常见的对象

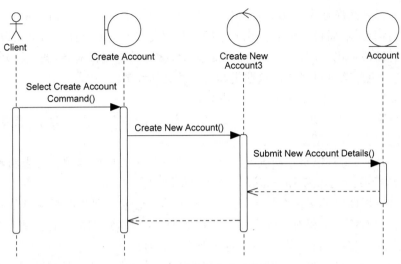

图 12.2 顺序图的应用实例

12.2 顺序图建模方法

顺序图的主要作用在于建模一个过程,这个过程可以是一个用例、场景或类的某个方法,所以顺序图建模可以用于软件开发过程的需求分析、设计和系统实现各个阶段。

无论使用顺序图用于描述什么或将顺序图用于软件开发的哪个阶段,顺序图的主要作用均主要体现在如下两个方面。

1. 找出新的职责、对象(类)和方法

顺序图中最主要的两种元素就是对象(或类)以及它们之间的消息。

顺序图建模时,每向图中添加一个新的对象(或类),就意味着有可能找到了新的对象、类或角色。每添加一条消息,就意味着可能为对应的对象(或类)添加了一个新的方法。

事实上,顺序图建模不仅可以用于描述系统的动态行为,同时也会给系统找到新的对象、类或角色,同时也可能找到新的方法。

2. 软件开发人员之间的交流

顺序图直观地表示了目标系统的动态行为,这使得它更适合作为软件开发人员之间的交流媒介,尤其是设计员与程序员之间的交流,并且这种方式的表达更易于阅读、理解、交流、评价和改进。

顺序图的建模过程可按照如下基本步骤进行。

(1) 明确顺序图的建模目标和范围。

顺序图的建模目标包括描述用例、描述一个或多个场景或建模一个方法。建模范围自然就可以是一个用例、场景,也可以是某个类的一个方法。建模目的和建模范围的不同,决定了建模的方法和粒度的不同。层次越高的过程,其粒度往往就粗略一些,涉及的细节就少一些,层次越低的过程,其粒度会更细致一些。

因此,建模顺序图时,首先应明确建模的目的和范围是什么。

在需求阶段使用顺序图建模时,建模的目的就可能是描述需求。此时,顺序图中的对象就可能仅来自问题域,而设计域和实现域中所需要的类或方法的具体细节就可以被忽略。

而在设计阶段使用的顺序图就可能需要包括大多数甚至全部对象(或类)和它们之间传递的消息,同时也应该尽可能给出这些类和消息的具体细节。

(2) 定义顺序图中可以出现的对象(或类)。

为顺序图找出能够实现建模目标所需要的全部对象(或类),这些对象(或类)可以是已知的对象(或类),也可以是新添加的对象(或类)。

建模顺序图时,为对象指定明确的类是一个值得关注的重要问题。对未明确分类的对象进行建模,并不能为建模工作带来实质性的模型增量。

对出现在顺序图中的每一个对象,还应该明确其生命期。即指明对象是临时对象还是一个全程参与的对象。全程对象的存在性及其状态构成了顺序图的前置条件。对于临时对象,还要标明这些对象的创建者、创建消息以及撤销符号。

顺序图中,对象可以按任意顺序从左向右排列,但排列时应注意排列顺序对图形布局的影响。一般情况下,顺序图中的对象可以按照参与者(或客户类)、边界类、控制类和实体类的顺序排列。

(3) 定义消息。

消息是顺序图中最重要的元素,每个消息都表示了两个对象之间的交互。对于每一个消息,需要明确消息的发送者、接收者、消息名称、消息内容、消息类型、守卫条件和约束等多方面的建模细节。

每条消息都需要明确地指定一个合适的名称,明确指定发出者和接收者,当在现有的对象中找不到合适的接收者时,就意味着发现了新的对象作为消息的接收者。

对于每一条消息,当消息表示方法调用时,消息名实际上就是接收者的一个方法名。当接收者没有合适的方法处理这种消息时,一种可能是选择的接收者不合适,需要更换接收者,另一种可能是需要在选择的接收者中添加一个新的合适的方法接收消息。

消息内容是指消息的参数,也可以看成传递消息的两个对象之间的通信协议。必要时需要为消息指明消息的形式和内容。

消息可以有多种不同的类型,建模时可根据建模目标标明消息的类型。不同的建模工具支持不同的消息类型,需要明确区分的包括:消息的同步方式和异步方式;对于同步消息还要区分是过程调用消息、创建消息,还是销毁对象消息;对于返回消息还要考虑是否有可能是一个回调消息等。

守卫条件指消息的发送条件,必要时需要指明消息的发送条件,UML 没有强制规定发送条件的结构化描述方式,但建模人员还是应该以易于理解的方式描述这些条件。

当你的建模工具支持组合片段时,还可以使用组合片段描述图中交互之间的各种关系。这有助于加强对模型一致性的理解。

总之,建模时可根据建模目标和建模对象,有选择地建模这些细节。有时为提高工作效率,不必描述所有具体细节。

例如,本书表 10.2 中所描述的收银用例的基本事件流,就可以建模成如图 12.3 所示的顺序图。

一个完整的用例将有多个事件流,如基本流、异常流和可选流。为一个用例的所有场景

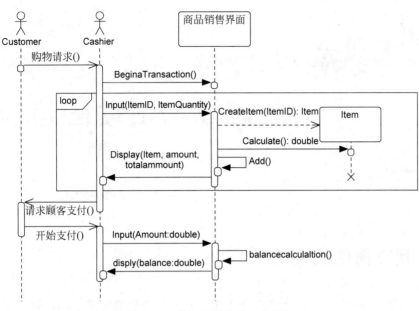

图 12.3　收银用例的基本事件流

建模将得到一个全景的用例描述。从中可以获得用例在某个抽象层次上需要的所有参与
者、对象以及对象之间的交互。

第13章
状态图与活动图建模

13.1 状态图的构成元素

在统一建模语言中,状态图主要由状态和迁移两大类模型元素组成。对于图中的每个状态,状态图定义了主体对象在该状态下需要完成的各个动作及其触发原因或机制。对于每个迁移,状态图还定义了迁移的触发事件、迁移条件以及迁移时所要完成的动作。

状态图还对状态进行了多种分类,同时也为这些分类提供了必要的支持。例如,把状态按照时间顺序分为初始态、中间状态和终止态,或按照状态的层次结构划分为简单状态、复合状态和子状态。对于子状态,还可以根据它们是否参与了并发活动而划分为串行子状态和并发子状态。另外,为简单地表达某种复杂语义,状态图中还定义了历史子状态等这样的特殊模型元素。为了表示不同状态与其行为之间的关系,UML还为每个状态和迁移定义了若干相关的动作。

本节将详细介绍状态图的构成元素及基本建模方法。

简单地说,状态可以定义为对象所处的当前状况或满足的某个条件,当然状态也可以被定义为对象某些属性的属性值。

在UML中,对象的状态通常包括状态名、需要完成的动作、等待的事件和完成的条件等。UML使用一个圆角矩形图形符号来表示状态,矩形内部被分成上下两栏,上栏存放状态名,下栏存放状态所要完成的动作。

状态名可以是任何一个满足UML命名规则的字符串,其内容可以由用户指定。

每个动作包含了触发动作的事件、事件参数、守卫条件以及伴发的动作序列。

所有这些动作可分成入口动作(on entry)、出口动作(on exit)、事件动作(on event)和动作(do)等四种类型。其中,入口动作和出口动作分别指对象在进入和离开当前状态时需要完成的动作。事件动作也称为内部迁移,是在指某种条件下,系统或环境中发生了某个事件时,对象需要完成的动作。其特点是在当前状态下,发生某种事件时对象所应完成的动作,并且这些事件并不改变对象的状态。如图13.1中的"按键"事件,"event 按键[第一次按键]/停止播放提示音…"描述了电话在拨号状态时发生了"按键"事件,并且满足[第一次按键]条件时,对象应完成的动作。最后,执行动作则表示对象在当前状态下,满足某种条件时,需要完成的动作。

例如,Windows 系统中的"进入屏幕保护"就是一种在系统进入空闲状态一定时间(如 30 秒)以后要完成的动作。

状态还可以进一步细分为多种不同类型的状态,如初始态、终止态、中间状态、组合状态和历史状态等。

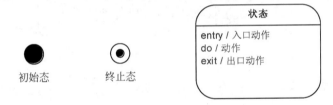

拨号状态
entry/ 播放长提示音 event按键[第一次按键]/ 停止播放提示音… exit/^发送连接信号

图 13.1　UML 中状态的图形符号表示

1. 初始态、终止态和中间状态

初始态用于表示状态图的起始位置,是对象的一个伪状态,仅表示一个与中间状态有连接的假状态。建模时,初始态可以有一个向外的迁出,但不能有指向初始态的迁入。可以为初始态命名,但不能也不需要为初始态添加任何动作。

终止态则用于表示状态图的终点,和初始态一样,终止态也是一个伪状态,对象可以保持在终点位置,但终止态不能有任何形式的迁出。

中间状态是指状态图中除了初始态和终止态之外的状态。这也是状态图中的需要建模的状态。

图 13.2 分别给出 UML 中这三种状态的图形符号表示,特别地,UML 规定每张状态图中只有一个初始态,但可以有多个中间状态和多个终止态。

初始态　　　　终止态

状态
entry / 入口动作 do / 动作 exit / 出口动作

图 13.2　初始态、终止态和中间状态的 UML 符号表示

2. 简单状态、复合状态和子状态

如果某个状态还可以进一步细分为若干子状态,则称这个状态为组合状态或复合状态,并称这些细分得到的状态为复合状态的子状态。由此,可进一步将没有子状态的状态称为简单状态。

图 13.3 给出了一个以嵌入方式表示的状态图。整个状态图包含了初始态、操作状态和终止态三个状态,其中的"操作状态"是一个复合状态,它又包含了计时、报警和暂停等三个子状态。

显然,对于任何一个对象来说,其状态图模型很有可能是一个具有某种层次结构的状态模型。对于含有复合状态的状态图来说,一般可以采用按不同的层次分别建模或将子状态嵌入组合状态这两种基本方式进行建模。

而图 13.4 和图 13.5 给出了以分层建模方式绘制的状态图。其中,图 13.4 给出了计时器的总体(高层)状态图,而图 13.5 则给出了计时器对象在"操作状态"下的各个子状态及其变迁的状态图。可以看出,图 13.4 和图 13.5 一同表达了与图 13.3 相同的语义。

引入了复合状态的概念之后,则出现了一个在高层状态图中,复合状态与其他状态之间如何进行转换的问题。这可以归结为如何进入和离开一个复合状态这两个问题。

从这两个问题出发,可引出如下概念。

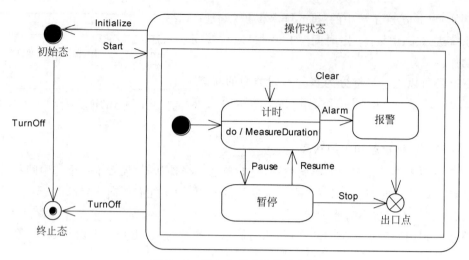

图 13.3　嵌入方式表示的状态图

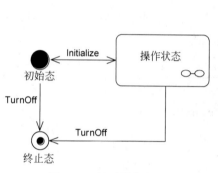

图 13.4　计时器状态图

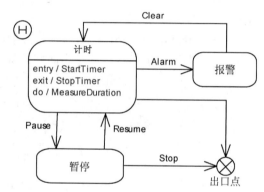

图 13.5　计时器在操作状态下的子状态图

（1）复合状态的初始态和终止态，在复合状态中也可以使用初始态和终止态来表示复合状态的入口状态和出口状态。这引申出来的一个问题就是，在不同层次的状态图中，每个状态图都可以拥有其自己的初始态和终止态。虽然，不同层次的状态图中初始态和终止态使用的符号都相同，但它们所表达的具体含义却是不同的。每张状态图中的初始态和终止态，表示的都是相对于图中不同层次的状态意义上的初始态和终止态，它们描述的是这些同层状态之间所进行的变迁的起点和终点。换句话说，初始态和终止态不仅是一个状态图的起点和终点，还是一个具有层次意义的概念，在同一层次的状态图中，起点和终点都应该是唯一的。

（2）历史子状态，一个对象上次离开某个复合状态时所处的那个子状态称为这个复合状态的历史子状态。显然，复合状态中的任何一个子状态都可能是这个复合状态的历史子状态。当子状态也是一个复合状态时，这将引出深历史子状态和浅历史状态这两个不同的概念。

如果期望一个对象在进入某个复合状态时直接进入它的历史子状态，则可以在状态图中使用历史子状态来表达这样的语义要求，或者说建模时，可以根据这样的语义要求为复合状态标注历史子状态。

图 13.6 中"操作状态"中带有小圆圈的 H 就是一个历史子状态。

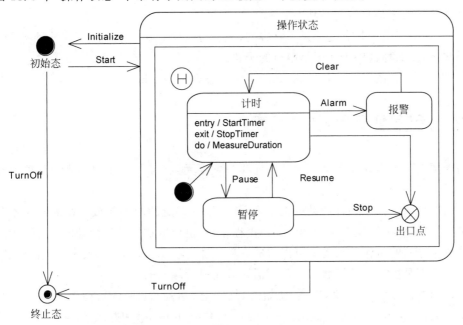

图 13.6　引入了历史和初始子状态的状态图

当计时器对象进入"操作状态"时,计时器对象将不再是简单地进入"操作状态"的初始态,而是检查上一次离开"操作状态"时所处的子状态,如果是第一次进入"操作状态",则进入"操作状态"的初始态,否则就要进入它的历史子状态。

另外,对于一个参与了并发活动的对象来说,对象在这些并发活动的过程中所呈现出来的状态也是一种复合状态,这种情况下的子状态不再是一个简单的状态划分,它们之间有相容的子状态和不相容的子状态之分。

例如,图 13.7 描述了一个学生对象在"读书"状态下所进行的各项活动和子状态图。图中描述的学生进行了读书、吃零食和听音乐等三项活动所处的状态,图中这三项活动是并发的且不需要同步。

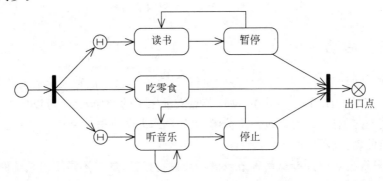

图 13.7　串行子状态和并行子状态

进行读书活动时,学生对象可处于读书和暂停读书两种不同的子状态;吃零食时,则只处于吃零食一种子状态;听音乐时,则又可处于听音乐和停止听音乐两种子状态。

这三组不同的子状态之间互不干扰,它们构成了所谓的并行子状态。

此时,如果多个子状态之间是相容的,或者说对象可以同时处于多个不同的子状态,那么称这样的子状态是并行的子状态。

相反,如果多个子状态之间是不相容的,或者说对象只能处于一组不同的子状态中的某一个子状态,那么称这些子状态是串行的子状态。

图 13.7 中的"读书"和"暂停读书"两个子状态就是串行的子状态。

13.2　活动图及其构成元素

活动图是一种由动作和动作之间的迁移为主要元素的图,主要用于描述某项活动的动作序列。

活动图可用于描述各种活动的工作流,具有十分广泛的应用领域。在面向对象分析领域,活动图可以用于描述系统用例的工作流程,当然也可以描述某项活动的参与对象以及这些参与对象之间的协作。活动图可以看成一种特殊的状态图,其状态大多处于活动状态,且大多数变迁都是由变迁的源状态中某项活动的完成所触发的。

活动图的构成元素主要包括:初始态、终止态、活动(activity)、动作(action)、控制流(control flow)、对象(object)、决策点(decision)、并出(fork in)和并入(fork out)等元素。

图 13.8 给出了活动图的主要构成元素。

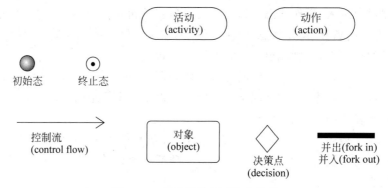

图 13.8　活动图的主要构成元素

13.2.1　活动

活动图中的活动表示系统某项任务的执行,活动图定义了两种表示活动的节点,一个是活动节点,另一个是动作节点。其中,动作节点表示原子的动作,是不可以再进一步分解的;而活动节点则与之相反,还可以进一步分解为若干活动或动作。活动节点一般用于表示系统的某个复杂的动作或活动。

建模时,可根据需要选择这两种节点对系统进行建模,如果不需要对系统的某个动作做进一步的细节建模分析,那么可以将这个动作建模为动作节点。反之,如果对某个系统动作的细节还有进一步的建模需求,那么就需要把这个系统动作建模为活动节点,之后在下一步的建模活动中为这个活动建模其动作方面的细节。

13.2.2　泳道

UML 中,泳道(swim line)被定义为活动图的一个区域,每个泳道需要有一个名字,表示它所代表的职责。一个泳道可能由一个类(对象)来实现,也可能由多个类(对象)来实现。

活动图通常表示的是系统需要完成的某项活动,或者说在履行的某项系统责任。系统中的大多数活动通常需要由多个对象共同参与和合作才能完成。这时,建模活动图就不仅要弄清楚系统完成某项任务需要执行的那些动作和活动,更重要的是,还要为这些动作或活动找到合适的责任者。泳道就发挥了这样的作用。在活动图中引进泳道,可以对活动图中的所有活动或动作进行划分,每一个泳道代表一种系统责任,而找到一种系统责任的实质就是找到了一个系统角色。大多数情况下,这个系统角色可能是目标系统中的某个或某些对象。图 13.9 给出了一个带有多个泳道的活动图的例子。图中包含了读者、管理员和图书系统三个泳道,分别表示了参与借书活动的三个参与者。

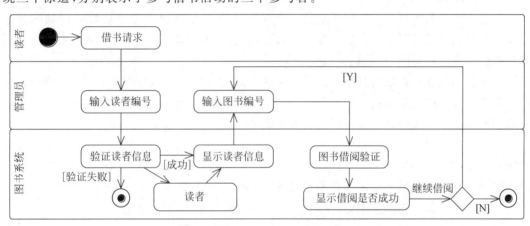

图 13.9　带有泳道的活动图

13.2.3　并入和并出

活动图使用并入和并出表示活动中可并发的控制流。并出表示一个并发活动的起点,并入表示一个或一组并发活动的终点。

在活动图中使用这两个元素,可以明确地为并发活动标注关键的控制点,从而为后续的设计提供良好的基础。

图 13.10 给出了一个描述了并发活动的例子。图中的打印订单和保存订单是两个可并发的活动,并入和并出这两个符号分别表示了并发活动的开始点和结束点。

图中并出符号的确切含义是创建订单活动完成

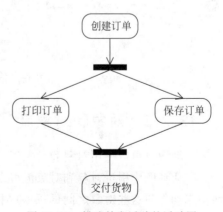

图 13.10　描述并发活动的活动图

后,两个并发的活动可以同时开始。并入的含义则是两个并发活动都完成后才可以进行下一个活动,即交付货物。

13.2.4　信号

信号(signal)是一种在对象之间以异步方式传递的某种请求的实例的规约,信号的具体内容由发送对象决定,接收者负责处理接收到的请求。

随信号发送的请求数据被表示为信号的属性,信号的每个属性可以是简单类型的数据,也可以是系统中任意类型的对象。信号的定义通常独立于处理信号发生的分类器。一般情况下,信号可以出现在类图或包图中。

对于信号的接收者来说,信号仅仅是以异步方式触发了接收者的一个反应,但不需要对此做出回应。当然,信号的发送者也不会等待接收者的回复。接收者可以指定其实例能够接收到哪些信号以及接受这些信号时的行为。

活动图中,定义了发送(send)和接收(receive)这两个与信号相关的模型元素。

发送表示对象将某个信号发送给另一个对象的动作,它可能会改变接收者的状态或触发接收者开始进行某项活动。信号发出后,请求者会立即继续其后续动作,接收者的任何回复都将被忽略并且不传递给请求者。

接收表示接收者在接收到某个信号时需要完成的动作。接收也可以看成一个声明,说明一个类需要对接收到的信号做出的反应、需要接收的信号和接收到信号的预期行为。信号处理的细节是由接收者本身关联的行为指定的。

发送和接收信号的图形符号表示如图 13.8 所示。图 13.11 给出了一个带有接收信号动作的活动图。图中包含了一个接收动作(order cancel request),其含义是接收"取消订单请求"信号,这个信号的有效区域是图中名为"InterruptibleActivityRegion"的虚线框。

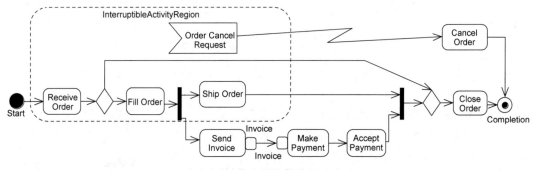

图 13.11　带有接收信号的活动图

13.2.5　对象和对象流

活动图也可以使用对象和对象流。

在活动图中引进对象和对象流可以显式地描述活动与对象之间的关系。在活动图中,活动或动作与这些对象之间的关系(对象流)不外乎可以归结为创建、更新、读取和撤销等四种。

(1) 创建,指一个活动完成的结果是创建了一个特定的对象,这个对象可以为后续动作或活动提供某种服务。

（2）更新，指一个活动在执行时访问了某个对象提供的服务，并且这次访问有可能修改了这个对象的状态。

（3）读取，指一个活动在执行时，以只读的方式访问了某个相关对象，使用了该对象提供的服务，但不修改该对象的状态。

（4）撤销，指一个活动在执行时，销毁了某个对象。

这四种关系的划分更明确地指明了活动与对象之间的关系，为后续或正在进行的设计活动提供了更详细的描述。图 13.12 给出了一个使用对象和对象流的活动图。其中的"借阅记录"是一个对象，指向和离开这个对象的两条虚线就是一个对象流，同时，它们也表示了一个从"创建借阅"记录到"保存借阅记录"的控制流。

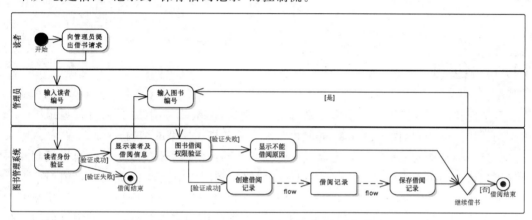

图 13.12　使用对象和对象流的活动图

对象流可以看作一种特殊的控制流。与控制流一样，对象流也可用于表示两个活动之间的关系。使用对象流的两个活动之间不需要再添加额外的控制流。

第14章
包图、组件图和部署图建模

14.1 包图

    一个完整的软件模型通常由多个部分组成,例如,模型的视图结构,为有效地组织一个模型的结构。UML 提供了包(package)机制来定义和描述模型的结构。

    包是一种基本的 UML 模型元素,也是一种用于存放或封装模型元素的通用机制。包元素不仅可以用于组织模型元素,还可以用于定义或控制包中元素的可见性和访问性。

    一个包可以拥有多个模型元素,但一个模型元素只能被一个包所拥有。如果从模型中删除一个包,那么这个包所拥有的元素也都将被删除。包中可以包含的元素类型取决于包所在的位置(如所属的视图),这在不同的建模软件中有不同的约定。

    UML 把不属于任何包的包称为根包(root package),根包的名称通常就是模型的名字。任何一个模型中都有且仅有一个根宝。除了根包之外,模型中任何一个包都必须唯一地从属于某一个包,称后者为前者的父包,前者为后者的子包。

    另外,包是一种纯概念元素,即它一般不会被映射成最终的目标系统中可运行的实例。换句话说,包是一种不能被实例化到最终的目标系统中的概念性元素。

    包图是一种用于描述包和包之间关系的图,包图建模关注的重点在于模型元素的组织结构,同时也关注包和包之间的关系。

    包图中的主要构成元素包括包和包之间的关系,当然也包括指向模型中任何一个图的链接或引用,还包括注释等公共元素。

1. 包

    包是包图中最基本的模型元素。每个包都有名字,在相同的上下文中,包应具有唯一的包名字。包命名的主要问题就是避免名字的冲突,命名时应避免不同元素使用相同的名字。当不同包中的两个模型元素取相同的名字时,可以使用路径名来加以区别。

    包中元素也有可见性问题,包的可见性主要用于控制包中元素的可见性和访问性。与类的可见性一样,包中元素的可见性也被分为公共(public)、私有(private)和保护(protected)等三种情况。具体含义如下:

    (1) 包中具有公共可见性的元素,对所有包都可见。

    (2) 包中具有私有可见性的元素,仅对包含这些元素的包可见,对其余任何包都不可见。这意味着,私有元素只能被拥有该元素的包中的元素使用和访问。

(3) 包中具有保护可见性的元素,仅对包含这些元素的包及其子包(有泛化关系的子包)可见,而对于其余的包均不可见。

图 14.1 给出了一个包图的例子,图中包含了一个名为 Package3 的包元素,这个包中包含了 A、B、C 和 D 四个公共可见性的类。图中还嵌入了一个描述这些类之间关系的类图。

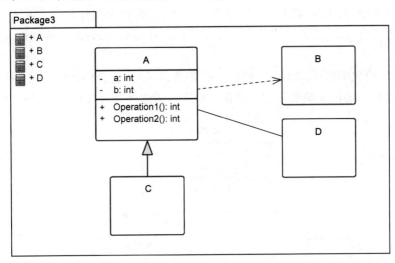

图 14.1 包图的例子

2. 包之间的依赖

包之间通常有依赖、精化和泛化等多种关系。除了结构性的关系以外,包之间的关系主要取决于这两个包中包含的元素之间的关系。

1) 包之间的依赖关系

在模型中使用包机制就不可避免地使模型的元素分布在多个不同的包里,同样不可避免一个包的元素引用另一个(或其他一些)包中的元素。也就是说,不同包中元素之间的关系导致了包之间的关系。

如果一个包中的元素使用了另一个包中的元素,则称这两个包之间也存在着某种依赖关系。

为了清楚地描述包之间的关系,UML 还可以使用构造型机制描述包之间的不同依赖关系。常见的构造型有导入(import)依赖、访问(access)依赖和合并(merge)依赖等。

(1) 导入依赖。

导入依赖表示一个包可以引用导入包中的可引用元素,可引用元素不仅包括导入包中的元素,还包括导入包从其他包导入的可引用元素,并且导入包可以不使用完全路径名称就能使用这些引入的元素。在包图中,可以使用带有构造型 import 的依赖表示导入依赖。

(2) 访问依赖。

与导入依赖关系类似,访问依赖关系主要用于指定包之间元素的访问关系,其含义是包中的元素也可以访问被导入包中的公共元素,但只能访问被导入的元素,并且不能省略元素名的路径。在包图中,使用带有构造型 access 的依赖表示访问依赖。

（3）合并依赖。

合并依赖是使用构造型 merge 表示的依赖，其含义是将指定包中的元素合并到当前包中，合并的元素还包括从其他包中合并到导入包中的元素。合并时，如果当前包中已经包含了要合并的模型元素，那么这些合并过来的元素将被定义成原有元素的某种扩展，并且所有合并导入的新元素都将被标记为源包的泛化。

在建模过程中，如果希望将一些包合并成一个包时，就可以使用 merge 依赖来描述这样的建模意图。合并时，必须要考虑解决元素的命名冲突问题，解决方法要视这些元素的具体情况而定。

图 14.2 中的包图就使用了这三种形式的依赖。另外，包之间的细化关系（refine）也是一种形式的依赖。细化依赖的主要作用在于描述不同软件开发阶段之间模型的进化。

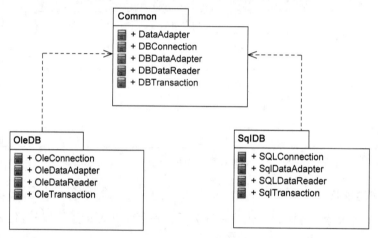

图 14.2　包之间的依赖

最后要说明的是，包之间依赖关系的最终实现依赖具体的程序设计语言。例如，在 C♯和 Java 程序设计语言中都明确定义了包和导入的概念，Java 程序员经常将需要的 Java 包导入他们的程序，以便直接引用他们需要的 Java 类（如 vector 类）而不必使用任何限定符。而 C++ 中则使用了名字空间（namespace）、使用（using）和包含（include）等语句实现包的导入。

同样，建模时使用什么样的模型元素或构造型还与选择的程序语言有关。

2）包之间的泛化

如果一个包中元素继承了另一个包中某些公共或保护的元素时，我们就称两个包之间具有泛化关系。包间泛化的表示方法与类的泛化的表示方法相同。图 14.3 给出了一个描述了包间泛化的例子。图 14.2 中的 Common、SqlDB 和 OleDB 分别是. NET 中的三个类包，这三个包中类之间的泛化关系（如图 14.3 所示）导致了这些包之间存在泛化关系。需要时，可以将这些关系绘制在包图中。

3. 超链接

包图中还有一种常见的元素是超链接，其代表一种对模型中另一资源的引用形式，如模型中的某个 UML 图等。建模时，可以将模型中已经存在一张图拖放到当前包图中，再将其设置成超链接的形式。

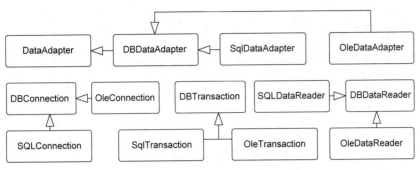

图 14.3　包内元素之间的泛化

超链接是包图中包含的除了包和包关系之外最重要的模型元素,它起到了在模型中导航的重要作用。双击这一元素,即可直接导航到它所指向的软件模型。

图 14.4 中的包图中就给出了一个指向某类图的超链接(association between reader and books)。

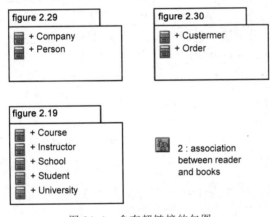

图 14.4　含有超链接的包图

14.2　构件图

在面向对象方法中,软件体系结构一般可以使用构件图进行建模。在 UML 中,描述软件体系结构的包又可以有若干构件。构件图通常被定义成若干构件及这些构件之间的关系构成的集合,构件可以看成系统逻辑结构模型中定义的概念和功能(如类、对象及它们间的关系和协作)在物理体系结构中的实现,它通常是开发环境中的实现性文件。

构件图的最基本构成元素主要包括构件和构件之间的链接两大类。构件图中通常可以使用构件、类、接口、端口(port)、对象和工件(artifat)等实体元素,以及关联、泛化、代理(delegate)、实现(realize)和聚合等连接元素,这些连接元素主要用于连接实体元素。

图 14.5 给出了构件图中各种基本实体元素的 UML 符号表示。

1. 构件

构件可以看成系统中遵从一组接口并提供实现的一个物理的、可替换的单元,构件的图形符号表示如图 14.5 所示。目标系统中的任何一组对象、一个可执行程序、一个可重用的

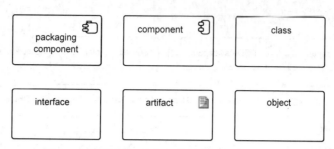

图 14.5   构件图中基本实体元素的图形符号表示

组件(如 COM＋组件等),甚至是一组源程序代码都可以描述成构件。

构件包是一种用包的形式表示的构件,用来描述包的构成元素的层次结构。

2. 端口

端口是一个类、子系统或构件与其环境之间的交互,用于描述控制这个交互所需要的接口。任何一个指向一个端口的连接必须提供端口所需要的接口。建模时,端口可放置在类或构建的边界上。与其他模型元素一样,每个端口都需要有一个名字。

图 14.6 给出了构件图中端口的图形符号表示,图中构件上的小圆角矩形就是一个端口,它直观地描述了构件对外提供的可进行的交互。

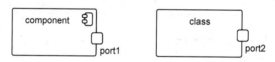

图 14.6   构件图中端口的图形符号表示

3. 工件

工件的含义是人工制品,在构件图中,表示软件开发过程中产生的中间或最终产品,包括文档、模型和程序等。

4. 聚合

聚合表示构件图中的实体元素(构件或类)之间通过接口连接起来的连接关系。图 14.7 给出了两个构件之间的聚合关系,描述的是构件和构件之间存在的某种聚集(接口依赖)关系。

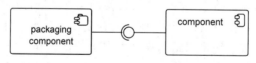

图 14.7   构件之间的聚合关系

除了聚集关系,构件图中还可以使用关联、聚合、实现和代理等关系。这些关系的表示和含义与类图中是完全一样的。

5. 接口

构件的接口分为供接口(provider interface)和需接口(required interface)两种。供接口是由构件定义并向外发布的接口,环境可以通过接口访问构件并获得构件提供的服务。需接口也是有构件定义的并向外发布的接口,环境中实现了该接口的对象可以通过这个对象与构件合作完成系统功能。图 14.8 给出了构件的供接口和需接口的图形符号表示。

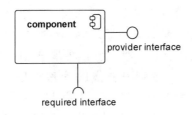

图 14.8　供接口和需接口的图形符号表示

供接口和需接口之间是有细微区别的,主要在于:供接口代表了构件为其客户提供的服务;而需接口代表了构件在为其客户提供这些服务的过程中,反过来需要客户提供的某些协作。供接口和需接口为构件与其客户之间的协作提供了一个完整的合作机制。这种协作的本质特征是实现了客户需要的某些功能。图 14.8 给出了一个构件及其与环境之间的接口(供接口和需接口)。

除了聚集关系,构件图中还可以使用关联、聚合和实现等关系。这些关系的表示方法和含义与类图中的这些关系是完全一样的。

14.3　部署图

组成部署图的基本元素主要有节点、构件、节点之间的关系等。

1. 节点

部署图中,最基本的构成元素就是节点。节点用于表示某种计算资源的物理(硬件)对象,包括计算机、外部设备(如打印机、读卡机和通信设备)等。

部署图定义的节点可分为普通节点和设备节点两种。普通节点是指可以部署软件构件或具有一定计算能力的节点;设备节点则表示具有一定输入和输出能力的非标准设备,其特点是设备节点上不需要部署任何软件构件。图 14.9 给出了节点的图形符号表示。其中,图 14.9(a)给出了一个带有某些属性的节点,这些属性描述了设备应具有的状态,图 14.9(b)描述了一个普通节点,图 14.9(c)则描述了一个设备节点。

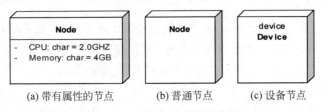

(a) 带有属性的节点　(b) 普通节点　(c) 设备节点

图 14.9　节点的图形符号表示

每个节点都必须带有一个名字作为标识符,写在立方体中间。节点名还可以带有路径且应具有唯一性。每种节点都可以带有某些属性,用于描述设备应具有的状态或应满足的约束条件。节点还可以带有方法,用于描述需要在该节点上部署的构件。

2. 构件

可执行构件的实例可以出现在部署图中的节点实例图形符号中,表示构件实例与节点实例之间的部署关系。

图 14.10 描述了一个图书管理系统的部署图实例。图中包含 6 个节点和 3 个设备节点。其中,Database Server 是数据库服务器,其部署的构件是数据库和数据库管理系统。Application Server 是一个应用服务器,用于部署 Web 服务程序。Book Borrowing Terminal 是一个图书借阅终端,部署图书借阅管理程序,主要负责借书和还书业务。Information Inquiry Terminal 为图书信息查询终端,与应用服务器相连,主要提供各种信息查询。Information Collection Terminal 为图书信息采编终端,主要用于图书采编等业务。另外,图中还包含了图书借阅系统(Book Borrowing System)、数据库管理系统(Database Management System)、图书信息采编系统(Book Information Collecting System)和图书信息查询系统(Book Information Inquiry System)等四个子系统。

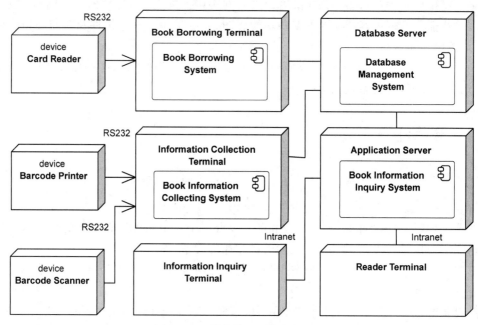

图 14.10　图书管理系统的部署图

3. 节点之间的关系

实际的系统中,各个节点之间是通过物理连接发生联系的,以便从硬件方面保证系统各节点之间的协同运行,连接方式可以多种多样,例如,RS232 等。

部署图中的连接元素主要包括:节点之间的关联、节点与构件之间的依赖两种关系。

1) 节点之间的通信关联

用一条直线表示节点之间存在某种通信路径。通过这条通信路径,节点间可交换对象或发送信息。通信关联上可以带有标明其某种特殊语义的(如连接方式)构造型,如 TCP/IP 和 Ethernet 等。图 14.10 中给出了一个关于多个节点之间通信关联的实例。

2) 依赖关系

部署图中的依赖关系主要描述构件图中各要素之间的依赖,主要包括:节点和构件之间部署关系的依赖,不同节点上构件或对象之间的迁移依赖。部署依赖表示构件是否可以或是否需要部署到某个节点的依赖,可以使用带有 deploy 或 support 构造型的依赖表示。对于分布在不同节点上的构件或对象之间的迁移关系可以使用带有 become 构造型的依赖加以描述。

如图 14.11 所示的部署图中描述了节点之间的关联关系和构件与节点之间的 deploy 依赖关系。

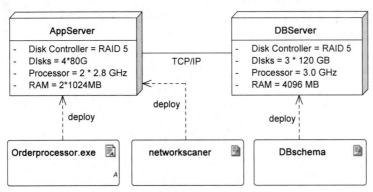

图 14.11 部署图中的依赖关系

本部分介绍了面向对象分析和设计方法的基本思想,概述了面向对象分析和设计的全过程,包括面向对象的开发方法、用例模型的建模、类图的建模、顺序图的建模、状态图与活动图的建模和包图、组件图及部署图的建模。下一部分则通过五个项目实例介绍如何使用面向对象分析和设计的思想和工具对软件系统进行分析、设计。

第 **三** 部分   计算机类专业各方向毕业设计参考实例

第15章　项目一　基于Java的植物花卉网站的设计与实现

第16章　项目二　基于PHP的在线教育平台的设计与实现

第17章　项目三　基于ASP.NET的购物商城的设计与实现

第18章　项目四　智慧园区办公网络的设计与实现

第19章　项目五　智能家居室内场景控制的研究与应用

本部分概要

- 基于 Java 的植物花卉网站的设计与实现；

- 基于 PHP 的在线教育平台的设计与实现；

- 基于 ASP. NET 的购物商城的设计与实现；

- 智慧园区办公网络的设计与实现；

- 智能家居室内场景控制的研究与应用。

本部分导言

项目一是基于 Java 技术开发的 B/S(Browser/Server,浏览器/服务器模式)结构的网站系统,可作为计算机科学与技术、软件工程、网络工程、物联网工程和数据科学与大数据技术等专业学生毕业设计的参考项目；项目二是基于 PHP 技术开发的 B/S 结构的网站系统,可作为计算机科学与技术、网络工程等专业学生毕业设计的参考项目；项目三是基于 ASP. NET 技术开发的 B/S 结构的网站系统,可作为计算机科学与技术、软件工程、网络工程等专业学生毕业设计的参考项目；项目四是基于路由交换相关技术的智慧园区办公网络,可作为计算机科学与技术、网络工程等专业学生毕业设计的参考项目；项目五是基于 Python 语言开发的智能家居室内场景控制系统,可作为计算机科学与技术、物联网工程等专业学生毕业设计的参考项目。

第15章

项目一 基于Java的植物花卉网站的设计与实现

项目简介

本系统采用了 SSM(Spring＋Spring MVC＋MyBatis)框架,使得开发变得更加简洁,使用了 Java 语言、MySQL 数据库以及 Eclipse、Navicat、Tomcat 8.0 开发工具。系统有四种角色:游客、会员、店铺、管理员。游客可以注册、浏览网站信息。会员可以登录、注册、留言、查看订单、搜索、管理个人信息、购买商品。店铺可以登录、注册、管理订单、管理货品、管理仓库、管理视频、管理个人信息。管理员具有用户管理、新闻管理、商品管理、视频管理、留言管理、个人信息管理的功能。本系统功能齐全、使用便捷,可以为植物花卉销售商家和用户提供方便。

15.1 绪论

15.1.1 项目背景

互联网的发展使人们的生活发生了根本性的变化,人们享受着互联网时代带来的好处与便捷。网络存在于我们身边各处,成了人们目前最直接、最方便、最容易接触的购物工具。以往,由于不同商品结构的不同,用户需要亲身去商店选品,有着很大的空间和时间限制,而目前国内大多数流行的网购系统,如淘宝、京东、天猫等,吸引了绝大多数的用户,网购市场已占据主导地位。传统购物模式中,人们会去花卉市场挑选植物花卉,店铺无法将商品的更新及时告知用户,而植物花卉网站可以做到,同时,也节省了用户的时间,让用户体验到了网购的优势。

15.1.2 相关性研究

国内外对于植物花卉的研究都很重视。在欧洲花卉资讯的发布和花卉的交易方面,网络已成为最先进的手段。配销资讯网(Distributed Datenet)是一个独立的组织,目的是提供花卉交易的基本设施。目前国际上著名的鲜花电子交易网还有荷兰的花卉采购网(Flower Purchase Net,FPN),比利时的维德资讯(Dataverde),丹麦的丹麦盆栽网(DANPOT),美国的花卉网(Floraplex)。配销资讯网是在 1997 年 10 月在丹麦和荷兰同时开始运营的,现在也有比利时和德国的种植者与贸易商,甚至还有意大利的公司加入,共近 300 家公司。

我国植物花卉相关网站主要有中国花卉网、养花人社区、园林网等。在网络盛行的时代里,用户并不满足于当下网站所提供的服务需求,所以就市场调查,从经济、技术等方面的研究和分析来看,植物花卉网站还应得到巨大的改善。开发植物花卉网站具有科学性、可行性,能够满足大部分用户的需求,为用户带来极大的便利,节省用户时间的同时也帮助用户挑选出自己心仪的植物花卉。

15.1.3　项目的目的和意义

此系统实现了基于 Web 的植物花卉网站,使用户通过网站购买植物花卉,节约用户采购时间,为用户提供了便利。管理者可以改变植物花卉信息管理方式,节省资金支出,提高效率。

本系统主要根据用户和管理者的实际需求,通过互联网来实现用户对植物花卉的了解、多重比较以及交易。

15.1.4　相关技术介绍

1. SSM 框架

SSM 框架是 Spring＋Spring MVC＋MyBatis 框架的整合,是标准的 MVC 模式。使用该框架会让整个程序变得整洁、清晰、明了,使程序编写变得更具逻辑性。MVC 思想将一个应用分成三部分,即 Model(模型)、View(视图)、Controller(控制器),让这三部分以最低的耦合进行协同工作,从而提高应用的可扩展性及可维护性。Spring MVC 负责请求的转发和视图的管理,Spring 实现业务对象管理,MyBatis 作为数据对象的持久化引擎,与 Hibernate 一样,也是一种 ORM 框架。

本系统使用 SSM 框架开发,主要是因为其使用方便、操作简洁。

2. Java 语言

Java 语言是该植物花卉网站开发的主要技术,可以满足不同用户的需求,以及不同软件的设计开发要求,给软件的应用带来很好的操作体验。Java 操作简单、安全性高,除了受市场欢迎之外,还能为开发者提供动态模型,该模型还具有共同机制,对使用的平台没有任何限制而且具有很好的面向对象性,面向对象可以使得计算机解决问题的方式更加符合人类的思维方式,有助于解决软件开发中的实际问题。因此,将它运用到本次系统的开发是完全可以的。

3. MySQL 数据库介绍

MySQL 数据库拥有着强大的存储功能,并且可以随时使用,因此 MySQL 数据库被广泛地应用。随着互联网技术的高速发展,2023 年我国网民的数量超过 10 亿,网民数量的增加同时带动了网上购物、微博、网络视频等新产业的发展,产生了大量数据。系统要想存储数据,数据库必不可少。MySQL 数据库使用起来简单,易于理解。它的一些操作指令也易于记忆,例如,创建表、对表进行增删改查处理,将符合条件的数据记录显示出来,这些操作有着很好的连通性。

MySQL 数据库有很多的优点,跨平台支持性好,提供了多种语言的调用 API,对 Java 有很好的支持。本系统属于中小型网站,使用了 MySQL 数据库。

15.2　系统需求分析

15.2.1　可行性分析

1. 经济可行性

本系统是通过 SSM 框架和 MySQL 数据库开发实现的,二者均为开源软件,开发成本低,前期投入风险极小、收益多、维护方便,并且本网站的实际收益大于投资成本,人力方面个人可独自开发完成。因此在经济上是可行的。

2. 技术可行性

本系统属于中小型网站,此类网站的开发更适合使用 Java 语言和 MySQL 技术。学生在校期间学习过 Java 语言基础、SSM 框架整合和 MySQL 数据库技术,以上技术开发能够满足本系统的功能需求,因此具有技术可行性。

3. 操作可行性

系统投入运行后,仅需浏览器和网络计算机。本系统为了帮助用户获取各类植物花卉信息和店铺信誉等级等相关信息,在首页上添加了导航栏,页面布局十分清晰,用户可以快速地找到自己想要的商品或某一家店铺的商品,操作简单,因此用户可以轻松、愉快地选购商品,且系统操作是可行的。

4. 社会可行性

本系统开发符合开源协议,符合法律法规,是独立开发设计的,不存在抄袭行为,不存在政治敏感问题和侵权问题。因此,本系统具有社会可行性。

15.2.2　系统需求分析

系统前台分为游客、会员和店铺三种角色。游客可以查看网站信息和注册。会员可以登录、注册、搜索、评论、留言、购买商品、查看订单、个人信息管理。店铺具有登录、注册,以及订单、货品、仓库、视频、个人信息管理的功能。

系统后台是管理员,具有登录、留言,以及视频、商品、新闻、用户、个人信息管理的功能。

1. 游客功能需求描述

(1) 游客可以浏览植物花卉详情、留言板、站内新闻、种植视频。通过关键字或类别对信息进行搜索查询。

(2) 游客可以注册为会员用户或店铺用户。

2. 会员功能需求描述

(1) 登录:输入正确的用户名、密码。登录成功后可以进入首页,并显示登录的用户名,执行会员用户相关操作。

(2) 注册:用户可以通过会员注册填写会员信息,并提交表单,会员用户信息将存储到数据库中。

(3) 搜索：会员用户可以根据关键字以及日期对商品、店铺、种植视频、站内新闻进行搜索。

(4) 评论：会员用户可以对种植视频、站内新闻发表评论。

(5) 留言：会员用户可以进行留言。

(6) 购买商品：会员用户可进入商品详情页，更改商品数量并加入购物车，在会员中心进行商品的结算。

(7) 查看订单：会员用户可以在商品订单页，查看订单状态，以及是否需要确认收货。

(8) 个人信息管理：会员用户可以修改个人信息、密码。

3. 店铺功能需求描述

(1) 登录：店铺用户登录需要用户名、密码。成功后可以进入首页，并显示登录的用户名，执行店铺用户相关操作。

(2) 注册：用户可以通过店铺注册填写店铺信息，并提交表单，店铺用户信息将存储到数据库中。

(3) 订单管理：店铺用户可以查看会员用户的购买详情，也可以对商品订单进行删除，对会员用户购买的状态进行处理和更改(待发货、已发货)。

(4) 货品管理：店铺用户可以上架、下架商品，搜索、修改、删除商品信息。

(5) 仓库管理：店铺用户可以搜索仓库、修改仓库名称、添加或删除仓库。

(6) 视频管理：店铺用户可以对上传的视频进行搜索，修改、删除以及添加视频。

(7) 个人信息管理：店铺用户可以修改个人信息和密码。

4. 管理员功能需求描述

(1) 管理员登录需要用户名、密码。登录成功后进入管理页面，执行管理员相关操作。

(2) 留言管理：管理员可以回复、删除和查询留言内容。

(3) 视频管理：管理员可以搜索、查看视频详细信息，以及删除视频。

(4) 商品管理：管理员可以搜索、查看商品详细信息，以及删除商品。

(5) 新闻管理：管理员可以搜索、修改、发布、删除新闻内容。

(6) 用户管理：管理员可以创建用户和店铺，以及删除、查询用户信息。

(7) 个人信息管理：管理员可以修改个人信息和密码。

15.2.3　需求模型

1. 用户用例分析

1) 用户用例图

系统用户用例图如图 15.1 所示。

会员用例图如图 15.2 所示。

店铺用例图如图 15.3 所示。

2) 用例描述

(1) 会员用例描述如表 15.1～表 15.6 所示。

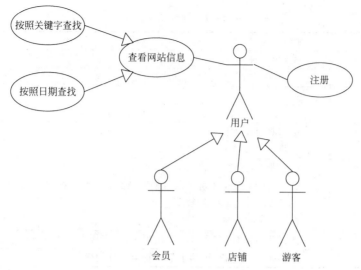

图 15.1　用户用例图

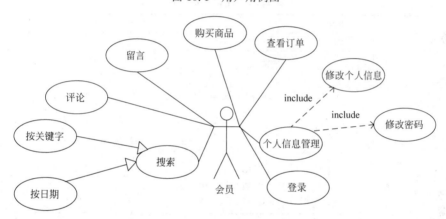

图 15.2　会员用例图

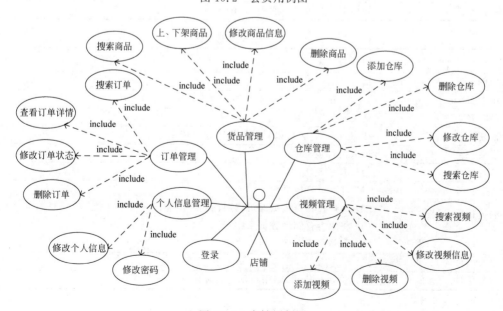

图 15.3　店铺用例图

表 15.1　搜索用例描述

项目	内容
用例名称	搜索
用例 ID	1
参与者	会员
描述	可以对商品、店铺、种植视频、站内新闻进行搜索
启动	进入具有搜索栏的页面
前置条件	会员登录成功
基本事件流	（1）进入具有搜索栏的页面 （2）用户可根据关键字及日期对商品、店铺、种植视频、站内新闻进行搜索 （3）查询数据库中的数据记录 （4）显示符合条件的信息
可选事件流	如无相应信息，则系统将给出提示，用户接受，用例结束
后置条件	用例执行成功，在页面上显示符合条件的信息

表 15.2　评论用例描述

项目	内容
用例名称	评论
用例 ID	2
参与者	会员
描述	在站内新闻页面、种植视频页面可进行评论
启动	进入站内新闻详细或视频详细页面
前置条件	会员登录成功
基本事件流	（1）进入站内新闻详细或是视频详细页面 （2）用户可以写评论 （3）将内容存储到数据库表中 （4）刷新当前页面
可选事件流	无
后置条件	如用例执行成功，则用户评论将显示在页面上

表 15.3　留言用例描述

项目	内容
用例名称	留言
用例 ID	3
参与者	会员
描述	在留言板页面，可以对网站提出建议或意见
启动	进入留言板页面
前置条件	会员登录成功
基本事件流	（1）进入留言板页面 （2）用户在留言板页面可以对网站提出建议或意见 （3）将内容存储到数据库中 （4）刷新留言页面
可选事件流	无
后置条件	如用例执行成功，则用户留言将显示在页面上

表 15.4　购买商品用例描述

项目	内容
用例名称	购买商品
用例 ID	4
参与者	会员
描述	在商品详情页面,会员用户可以购买商品,并进行结算操作
启动	进入商品详情页面
前置条件	会员登录成功
基本事件流	(1) 进入商品详情页面 (2) 用户选择数量并加入购物车,选择支付方式,填写支付密码,进行结算 (3) 将购物信息存储到数据库表中 (4) 清空购物车
可选事件流	无
后置条件	如用例执行成功,则生成订单

表 15.5　查看订单用例描述

项目	内容
用例名称	查看订单
用例 ID	5
参与者	会员
描述	在商品订单页面,查看订单状态,以及是否需要确认收货
启动	进入商品订单页面
前置条件	会员登录成功
基本事件流	(1) 进入商品订单页面 (2) 查看订单状态 (3) 将更改内容存储到数据库表中 (4) 刷新当前页面信息
可选事件流	无
后置条件	如用例执行成功,则订单信息将更新

表 15.6　个人信息管理用例描述

项目	内容
用例名称	个人信息管理
用例 ID	6
参与者	会员
描述	在会员中心页面,可以修改个人信息和密码
启动	进入会员中心页面
前置条件	会员登录成功
基本事件流	(1) 进入会员中心页面 (2) 用户可以修改个人信息和密码 (3) 将修改后的信息存储到数据库表中 (4) 刷新当前页面信息
可选事件流	无
后置条件	如用例执行成功,则个人信息将更新

（2）店铺相关用例描述，如表 15.7～表 15.11 所示。

表 15.7　订单管理用例描述

项目	内容
用例名称	订单管理
用例 ID	7
参与者	店铺
描述	在店铺中心页面，可以删除订单、修改订单状态、查看订单详情、搜索订单
启动	进入店铺中心页面
前置条件	店铺登录成功
基本事件流	（1）进入店铺中心页面 （2）用户可以删除和搜索订单、修改订单状态、查看订单详情 （3）实现不同的功能对数据库表进行不同的操作 （4）刷新当前页面信息
可选事件流	如无相应订单，则系统将给出提示，用户接受，用例结束
后置条件	如用例执行成功，则订单信息将更新

表 15.8　货品管理用例描述

项目	内容
用例名称	货品管理
用例 ID	8
参与者	店铺
描述	在店铺中心页面，对商品进行上架、下架、删除、修改
启动	进入店铺中心页面
前置条件	店铺登录成功
基本事件流	（1）进入店铺中心页面 （2）用户可以上架、下架、修改、删除商品 （3）实现不同的功能对数据库表进行不同的操作 （4）刷新当前页面信息
可选事件流	如无相应货品信息，则系统将给出提示，用户接受，用例结束
后置条件	如用例执行成功，则货品信息将更新

表 15.9　仓库管理用例描述

项目	内容
用例名称	仓库管理
用例 ID	9
参与者	店铺
描述	在店铺中心页面，可以添加、删除、修改、搜索仓库
启动	进入店铺中心页面
前置条件	店铺登录成功
基本事件流	（1）进入店铺中心页面 （2）用户可以添加、删除、修改、搜索仓库 （3）实现不同的功能对数据库表进行不同的操作 （4）刷新当前页面信息
可选事件流	如无相应仓库信息，则系统将给出提示，用户接受，用例结束
后置条件	如用例执行成功，则仓库信息将更新

表 15.10　视频管理用例描述

项目	内容
用例名称	视频管理
用例 ID	10
参与者	店铺
描述	在店铺中心页面,可以搜索、修改、删除、添加视频
启动	进入店铺中心页面
前置条件	店铺登录成功
基本事件流	(1) 进入店铺中心页面 (2) 用户可以搜索、修改、删除、添加视频 (3) 实现不同的功能对数据库表进行不同的操作 (4) 刷新当前页面信息
可选事件流	如无相应视频信息,则系统将给出提示,用户接受,用例结束
后置条件	如用例执行成功,则视频信息将更新

表 15.11　个人信息管理用例描述

项目	内容
用例名称	个人信息管理
用例 ID	11
参与者	店铺
描述	在店铺中心页面,可以修改个人信息和密码
启动	进入店铺中心页面
前置条件	店铺登录成功
基本事件流	(1) 进入店铺中心页面 (2) 用户可以修改个人信息和密码 (3) 将修改后的信息存储到数据库表中 (4) 刷新当前页面信息
可选事件流	无
后置条件	如用例执行成功,则个人信息将更新

2. 管理员用例分析

1) 管理员用例

管理员登录后可对系统信息进行管理和维护,包括留言、视频、商品、新闻、个人信息等。管理员用例图如图 15.4 所示。

2) 用例描述

管理员用例描述如表 15.12～表 15.17 所示。

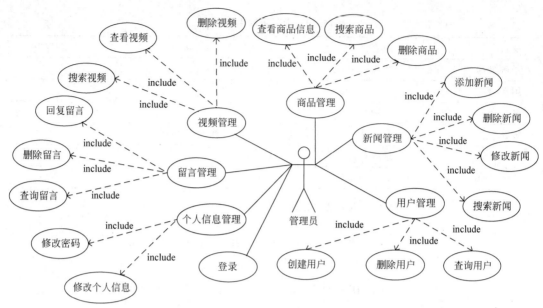

图 15.4　管理员用例图

表 15.12　留言管理用例描述

项目	内容
用例名称	留言管理
用例 ID	12
参与者	管理员
描述	管理员在留言管理页面可以对留言进行查询、回复以及删除
启动	进入留言管理页面
前置条件	管理员登录成功
基本事件流	（1）进入留言管理页面 （2）管理员可以根据条件查询或是直接对留言进行回复,也可以删除留言 （3）将处理的数据记录存储到数据库表中 （4）刷新当前页面信息
可选事件流	如无相应留言信息,则系统将给出提示,用户接受,用例结束
后置条件	如用例执行成功,则留言信息将更新

表 5.13　视频管理用例描述

项目	内容
用例名称	视频管理
用例 ID	13
参与者	管理员
描述	管理员在视频管理页面,可以查看视频信息、删除视频、查询视频
启动	进入视频管理页面
前置条件	管理员登录成功
基本事件流	（1）进入视频管理页面 （2）管理员可以查看视频信息、删除视频、查询视频 （3）将处理的数据记录存储到数据库表中 （4）刷新当前页面信息

续表

可选事件流	如无相应视频信息,则系统将给出提示,用户接受,用例结束
后置条件	如用例执行成功,则视频信息将更新

表 15.14 商品管理用例描述

项目	内容
用例名称	商品管理
用例 ID	14
参与者	管理员
描述	管理员在商品管理页面,查询商品信息、搜索商品、删除商品
启动	进入商品管理页面
前置条件	管理员登录成功
基本事件流	(1) 进入商品管理页面 (2) 管理员可以查询商品信息、搜索商品、删除商品 (3) 将处理的数据记录存储到数据库表中 (4) 刷新当前页面信息
可选事件流	如无相应商品信息,则系统将给出提示,用户接受,用例结束
后置条件	如用例执行成功,则商品信息将更新

表 15.15 新闻管理用例描述

项目	内容
用例名称	新闻管理
用例 ID	15
参与者	管理员
描述	管理员在新闻管理页面对新闻进行添加、修改、删除、搜索
启动	进入新闻管理页面
前置条件	管理员登录成功
基本事件流	(1) 进入新闻管理页面 (2) 管理员可以添加、修改、删除、搜索新闻 (3) 将处理的数据记录存储到数据库表中 (4) 刷新当前页面信息
可选事件流	如无相应新闻信息,则系统将给出提示,用户接受,用例结束
后置条件	如用例执行成功,则新闻信息将更新

表 15.16 用户管理用例描述

项目	内容
用例名称	用户管理
用例 ID	16
参与者	管理员
描述	管理员在用户管理页面对会员、店铺、管理员信息进行修改、删除、查询、添加以及解锁或锁定账户
启动	进入用户管理页面
前置条件	管理员登录成功

续表

基本事件流	（1）进入用户管理页面 （2）管理员可以对会员、店铺、管理员进行修改、删除、查询、添加以及解锁或锁定账户 （3）将处理的数据记录存储到数据库表中 （4）刷新当前页面信息
可选事件流	如无相应用户信息，则系统将给出提示，用户接受，用例结束
后置条件	如用例执行成功，则用户信息将更新

表 15.17　个人信息管理用例描述

项目	内容
用例名称	个人信息管理
用例 ID	17
参与者	管理员
描述	在管理员中心页面可以修改个人信息和密码
启动	进入管理员中心页面
前置条件	管理员登录成功
基本事件流	（1）进入管理员中心页面 （2）管理员可以修改个人信息和密码 （3）修改后的信息将存储到数据库表中 （4）刷新当前页面信息
可选事件流	无
后置条件	如用例执行成功，则个人信息将更新

15.2.4　实体模型分析

实体对象是一些数据实体，用于实现对数据的持久化操作。本系统的实体类是用户的基本信息和系统的功能信息。经分析，系统中所有的实体类及其封装信息如表 15.18 所示。

表 15.18　系统实体类

实体类	封装信息说明
sysuser	用户信息（用户名、用户密码、用户类型、店铺名、性别、微信、电话、电子邮箱、地址、状态、头像、保存时间、店铺信誉等级）
bases	仓库信息（店铺用户名、仓库名、店铺等级）
hbnews	站内新闻（新闻标题、新闻所属种类、新闻图片、新闻内容、新闻上传时间）
messages	留言板（留言者、头像、留言内容、回复内容、留言时间）
mixinfo	首页信息（标题、内容、图片）
pinglun	对站内新闻、种植视频的评论
porders	商品订单详情（店铺编号、用户名、商品信息、商品总价格、支付方式、收货方式、订单状态、订单提交时间）
pros	商品信息（用户名、店铺名、商品名称、商品所属大类别、商品所属小类别、价格、状态、商品简介、商品图片、仓库名称、保存时间、大类别编号、小类别编号、仓库编号、店铺等级、数量、已售数量）
proscar	购物车明细（用户名、店铺名、商品名称、商品 ID、购买商品数量）

续表

实　体　类	封装信息说明
ptype	商品类别(类别 ID、类别名称)
slist	已销售清单(商品名、商品 ID、商品所属大类别、商品所属小类别、商品价格、购买商品数量、清单生成日期、店铺编号)
tots	总销售列表(年、月、总价格)
videos	种植视频(发布人、视频标题、视频类型、封面图片、视频文件、视频内容简介、上传时间、店铺等级)

系统的实体类属性,如图 15.5 所示。

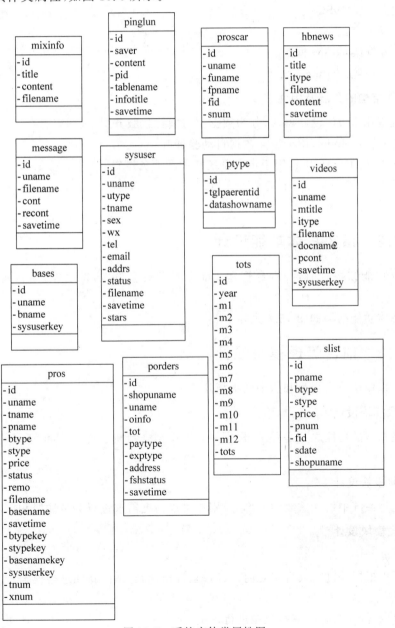

图 15.5　系统实体类属性图

15.3　系统总体设计

15.3.1　系统结构设计

1. 开发平台配置

(1) 操作系统：Windows 10。

(2) 开发工具：Eclipse。

(3) 数据库：MySQL。

(4) 开发语言：Java。

(5) 开发框架：SSM 框架。

(6) 开发环境：Tomcat 8.0。

2. 软件结构的分层及组件

本系统采用 MVC 设计模式，分为数据层、逻辑层、服务层、视图层。

(1) 数据层：Model，用于定义数据自动验证等。

(2) 逻辑层：Controller，用于定义系统相关的业务逻辑。

(3) 服务层：Service，用于定义系统相关的服务接口等。

(4) 视图层：View，用于显示页面信息。

15.3.2　系统总体功能设计

本系统功能结构有前台、后台管理。前台管理有会员、店铺功能，后台管理有管理员功能。

系统总体功能结构如图 15.6 所示。

15.3.3　前台管理模块设计

前台管理模块分为会员和店铺两大模块。

1. 登录模块设计

网站最基本的功能之一是登录，根据用户的类型来判断是会员、店铺还是管理员来进行登录。

2. 注册模块设计

注册也是系统中极为重要的一部分，用户可以根据需求进行会员注册和店铺注册。

3. 会员模块设计

(1) 搜索。

会员可以根据关键字或日期对商品、店铺、种植视频、站内新闻进行搜索。

(2) 评论。

会员可以对站内新闻、种植视频进行评论。

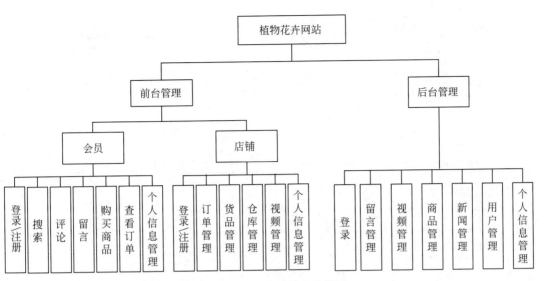

图 15.6　系统总体功能结构图

（3）留言。

会员可进行留言。

（4）购买商品。

会员可以进入商品详情页面，更改商品数量并加入购物车，在会员中心进行商品的
结算。

（5）查看订单。

会员可以在商品订单页查看订单状态以及更改订单状态。

（6）个人信息管理。

会员可以修改个人信息和密码。

个人信息管理模块如图 15.7 所示。

① 修改个人信息：会员进入个人信息管理页
面，进行信息详情的修改，将变更的数据存储到数据
库中，返回修改信息的页面。

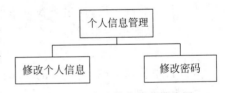

图 15.7　个人信息管理模块图

② 修改密码：会员进入个人信息管理页面，对
密码进行修改，将变更的密码存储到数据库中，返回
修改密码的页面。

修改个人信息的顺序图如图 15.8 所示。

4. 店铺模块设计

1）订单管理

店铺可以查看会员购买了哪些植物花卉，也可以对商品订单进行删除，对会员购买的状
态进行处理和更改（待发货、已发货）。会员也可以看到自己的订单状态。

订单管理模块如图 15.9 所示。

（1）查询订单。

进入订单管理页面可以根据关键字来查询相关订单信息，调用数据库信息，将符合条件

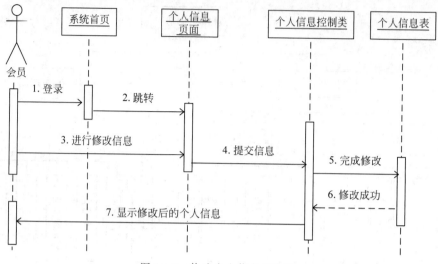

图 15.8　修改个人信息顺序图

图 15.9　订单管理模块图

的记录显示在当前页面。

（2）修改发货状态。

进入订单管理页面可修改订单状态，如待发货、已发货。

（3）删除订单。

进入订单管理页面，通过查找订单信息进行删除或者直接对当前页面数据进行删除，同时，能将数据从数据库中成功删除。

（4）查看订单明细。

进入订单管理页面，对当前的订单记录进行查看。

2）货品管理

店铺可以对商品进行上架、下架操作，并能修改、删除、搜索商品信息。

货品管理模块如图 15.10 所示。

图 15.10　货品管理模块图

（1）上架。

进入货品管理页面对商品进行上架操作，将修改的数据存储到数据库中。此时，商品可以被购买。

（2）下架。

进入货品管理页面对商品进行下架操作，将修改的数据存储到数据库中。此时，商品无法购买，并且在商品页中不显示该商品。

（3）修改信息。

进入货品管理页面对商品进行修改操作，将修改的数据存储到数据库中，更新当前页面信息，返回货品管理页面可查看结果。

（4）删除商品。

进入货品管理页面对商品进行删除操作，将数据从数据库中成功删除。

（5）搜索商品。

进入货品管理页面可以根据条件对商品进行搜索，调用数据库信息，并将符合条件的数据记录显示在当前页面中。

3）仓库管理

店铺可以进行修改仓库、删除仓库、添加仓库和搜索仓库的操作。

仓库管理模块如图 15.11 所示。

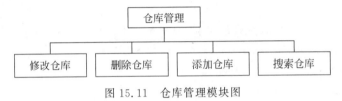

图 15.11　仓库管理模块图

（1）修改仓库。

进入仓库管理页面可以修改仓库名，将更改的信息存储到数据库中，返回仓库管理页面可查看结果。

（2）删除仓库。

进入仓库管理页面可以删除仓库信息，将删除的信息更新数据库表，返回仓库管理页面可查看结果。

（3）添加仓库。

进入仓库管理页面，将更改的信息存储到数据库中，返回仓库管理页面可查看结果。

（4）搜索仓库。

进入仓库管理页面可以根据关键字来查询相关仓库信息，调用数据库信息，将符合条件的记录显示在当前页面中。

仓库管理顺序图如图 15.12 所示。

4）视频管理

店铺可以对上传的视频进行修改、删除、查询的操作，还可以添加视频信息。

视频管理模块如图 15.13 所示。

（1）修改。

进入视频管理页面，可修改视频详细信息，将修改的信息存储到数据库中，返回视频管理页面可查看结果。

（2）删除。

进入视频管理页面可删除视频信息，更新数据库中信息，返回视频管理页面可查看

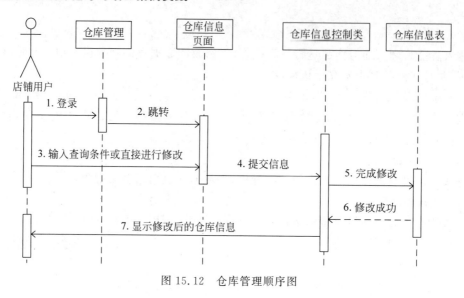

图 15.12　仓库管理顺序图

结果。

（3）查询。

进入视频管理页面可以查询视频信息，调用数据库信息，将符合条件的记录显示在当前页面中。

（4）添加视频信息。

店铺用户进入视频管理页面，可添加视频，将添加的信息存储到数据库中，返回视频管理页面查看结果。

5）个人信息管理

用户可以修改个人信息和密码。

个人信息管理模块如图 15.14 所示。

图 15.13　视频管理模块图　　　　　　　图 15.14　个人信息管理模块图

（1）修改个人信息。

用户进入个人信息管理页面，进行信息详情的修改，将更改的数据存储到数据库中，然后返回修改信息的页面。

（2）修改密码。

用户进入个人信息管理页面，可对密码进行修改，将更改的密码存储到数据库中，然后返回修改密码的页面。

15.3.4　后台管理模块设计

1. 留言管理

管理员可回复留言、删除留言和查询留言。留言管理模块如图 15.15 所示。

（1）回复留言。

管理员进入留言的信息修改页面，将回复的内容存储到数据库中，更新当前页面，返回留言管理页面可查看结果。

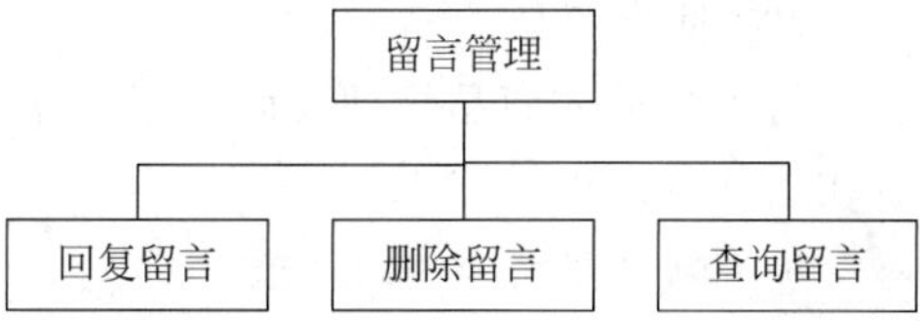

（2）删除留言。

管理员进入留言管理页面可以删除留言信息，更新数据库中信息，返回视频管理页面可查看结果。

（3）查询留言。

管理员进入留言管理页面可以查询留言信息，调用数据库信息，将符合条件的留言信息显示在当前页面。

留言管理顺序图如图 15.16 所示。

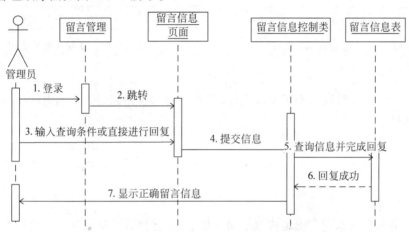

图 15.15　留言管理模块图

图 15.16　留言管理顺序图

2．视频管理

管理员可以查看视频信息、删除视频、搜索视频。视频管理模块如图 15.17 所示。

（1）查看视频信息。

管理员进入视频管理页面可查看当前视频的详细信息。

（2）删除视频。

管理员进入视频管理页面可删除视频，更新数据库中的信息，返回视频管理页面可查看结果。

图 15.17　视频管理模块图

（3）搜索视频。

管理员进入视频管理页面可搜索视频信息，调用数据库信息，将符合条件的记录显示在当前页面中。

3．商品管理

管理员可以查看商品信息、搜索商品、删除商品。商品管理模块如图 15.18 所示。

（1）查看商品信息。

管理员进入商品管理页面可查看当前的商品信息。

（2）搜索商品。

管理员进入商品管理页面可搜索商品信息，调用数据库信息，将符合条件的商品信息显示在当前页面中。

（3）删除商品。

管理员进入商品管理页面可对商品进行删除操作，更新数据库中信息，返回商品管理页面可查看结果。

4．新闻管理

管理员可以添加新闻、删除新闻、修改新闻、搜索新闻。新闻管理模块如图 15.19 所示。

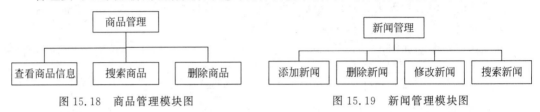

图 15.18　商品管理模块图　　　　图 15.19　新闻管理模块图

（1）添加新闻。

管理员进入新闻管理页面可添加新闻，将添加的内容存储到数据库中，返回新闻管理页面可查看结果。

（2）删除新闻。

管理员进入新闻管理页面可删除新闻，更新数据库中信息，返回新闻管理页面可查看结果。

（3）修改新闻。

管理员进入新闻管理页面可修改新闻详细信息，将修改的信息存储到数据库中，返回新闻管理页面可查看结果。

（4）搜索新闻。

管理员进入新闻管理页面可搜索新闻信息，将符合条件的新闻信息显示在当前页面中。

5．用户管理

管理员可以对会员、店铺、管理员进行锁定、解锁、创建、删除的操作。用户管理模块如图 15.20 所示。

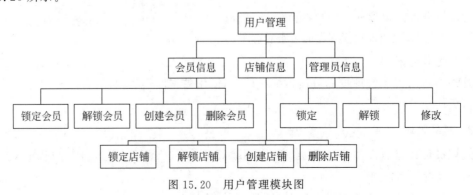

图 15.20　用户管理模块图

（1）会员信息。

锁定会员：管理员进入会员信息管理页面可锁定会员，在数据库中更新会员状态，返回会员信息管理页面可查看结果。

解锁会员：管理员进入会员信息管理页面可解锁会员，在数据库中更新会员状态，返回会员信息管理页面可查看结果。

创建会员：管理员进入会员信息管理页面，将添加的信息存储到数据库中，更新当前页面信息，返回会员信息管理页面可查看信息。

删除会员：管理员进入会员信息管理页面可对会员进行删除操作，更新数据库中信息，返回会员信息管理页面可查看结果。

（2）店铺信息。

锁定店铺：管理员进入店铺信息管理页面可锁定店铺，在数据库中更新店铺状态，返回店铺信息管理页面可查看信息。

解锁店铺：管理员进入店铺信息管理页面可解锁店铺，在数据库中更新店铺状态，返回店铺信息管理页面可查看结果。

创建店铺：管理员进入店铺信息管理页面，将添加的店铺存储到数据库中，更新当前页面信息，返回店铺信息管理页面可查看信息。

删除店铺：管理员进入店铺信息管理页面可对店铺用户进行删除操作，更新数据库中信息，返回店铺信息管理页面可查看结果。

（3）管理员信息。

锁定：管理员进入管理员信息管理页面可锁定管理员，在数据库中更新管理员状态，返回管理员信息管理页面可查看信息。

解锁：管理员进入管理员信息管理页面可解锁管理员，在数据库中更新管理员状态，返回管理员信息管理页面可查看结果。

修改：管理员进入管理员管理页面可对管理员详细信息进行修改，将修改的信息存储到数据库中，返回管理员管理页面可查看结果。

6. 个人信息管理

管理员可以修改个人信息或是密码。个人信息管理模块如图 15.13 所示。

（1）修改个人信息：管理员进入个人信息管理页面进行信息详情的修改，将更改的数据存储到数据库中，返回到修改信息页面。

（2）修改密码：管理员进入个人信息管理页面对密码进行修改，将更改的密码存储到数据库中，返回到修改密码页面。

15.3.5 数据库设计

1. 实体类设计

实体类设计是系统设计的关键一步，涉及系统操作的每个部分。系统中每个数据库表定义为一个实体类，将这些数据库表转换为 Java 类对象进行操作，从而就能够使用这种方式来操作数据库了。经过分析,本系统的实体类之间的关系如图 15.21 所示。

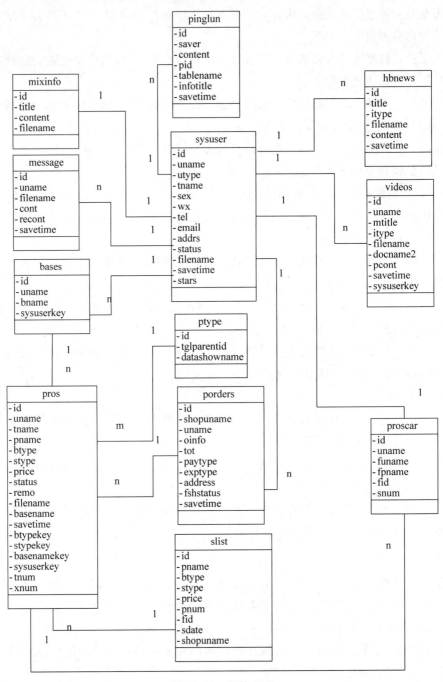

图 15.21　实体类图

2. 数据库物理设计

(1)用户信息表如表 15.19 所示。

表 15.19 用户信息表（sysuser）

字 段 名	数 据 类 型	长度/字节	主　键	允 许 为 空	信 息 备 注
id	int	4	是	否	主键
uname	varchar	20	否	是	用户名
upass	varchar	10	否	是	用户密码
utype	varchar	20	否	是	用户类型
tname	varchar	30	否	是	店铺名
sex	varchar	2	否	是	性别
wx	varchar	20	否	是	微信
tel	varchar	11	否	是	电话
email	varchar	25	否	是	邮箱
addrs	varchar	50	否	是	地址
status	varchar	2	否	是	状态
filename	varchar	255	否	是	头像照片
savetime	varchar	10	否	是	保存时间
stars	varchar	10	否	是	店铺信誉等级

（2）仓库信息表如表 15.20 所示。

表 15.20 仓库信息表（bases）

字 段 名	数 据 类 型	长度/字节	主　键	允 许 为 空	信 息 备 注
id	int	11	是	否	主键
uname	varchar	20	否	是	用户名
bname	varchar	30	否	是	仓库名
sysuserkey	varchar	10	否	是	店铺 ID

（3）站内新闻信息表如表 15.21 所示。

表 15.21 站内新闻信息表（hbnews）

字 段 名	数 据 类 型	长度/字节	主　键	允 许 为 空	信 息 备 注
id	int	11	是	否	主键
title	varchar	30	否	是	新闻标题
itype	varchar	10	否	是	新闻类别
filename	varchar	255	否	是	新闻图片
content	text	0	否	是	新闻内容
savetime	varchar	10	否	是	新闻上传时间

（4）留言板信息表如表 15.22 所示。

表 15.22 留言板信息表（messages）

字 段 名	数 据 类 型	长度/字节	主　键	允 许 为 空	信 息 备 注
id	int	20	是	否	主键
uname	varchar	20	否	是	留言者
filename	varchar	255	否	是	头像
cont	varchar	255	否	是	留言内容
recont	varchar	255	否	是	回复内容
savetime	varchar	10	否	是	留言时间

（5）首页信息表如表 15.23 所示。

表 15.23　首页信息表（mixinfo）

字　段　名	数据类型	长度/字节	主　键	允许为空	信息备注
id	int	20	是	否	主键
title	varchar	30	否	是	标题
content	text	0	否	是	内容
filename	varchar	255	否	是	图片

（6）评论区信息表如表 15.24 所示。

表 15.24　评论区信息（mixinfo）

字　段　名	数据类型	长度/字节	主　键	允许为空	信息备注
id	int	20	是	否	主键
saver	varchar	20	否	是	评论人
content	text	0	否	是	评论内容
pid	varchar	10	否	是	评论内容 ID
tablename	varchar	255	否	是	表名
infotitle	varchar	30	否	是	标题
savetime	varchar	10	否	是	保存时间

（7）商品订单信息表如表 15.25 所示。

表 15.25　商品订单信息表（porders）

字　段　名	数据类型	长度/字节	主　键	允许为空	信息备注
id	int	20	是	否	主键
shopuname	varchar	10	否	是	店铺编号
uname	varchar	20	否	是	用户名
oinfo	varchar	255	否	是	商品信息
tot	varchar	255	否	是	商品总价格
paytype	varchar	255	否	是	支付方式
exptype	varchar	255	否	是	收货方式
address	varchar	255	否	是	收货地址
fshstatus	varchar	2	否	是	订单状态
savetime	varchar	10	否	是	订单提交时间

（8）商品信息表如表 15.26 所示。

表 15.26　商品信息表（pros）

字　段　名	数据类型	长度/字节	主　键	允许为空	信息备注
id	int	20	是	否	主键
uname	varchar	20	否	是	用户名
tname	varchar	30	否	是	店铺名
pname	varchar	30	否	是	商品名
btype	varchar	10	否	是	大类别
stype	varchar	10	否	是	小类别
price	varchar	255	否	是	商品价格

续表

字　段　名	数据类型	长度/字节	主　　键	允许为空	信息备注
basename	varchar	30	否	是	仓库名
savetime	varchar	10	否	是	保存时间
btypekey	varchar	255	否	是	大类别 ID
stypekey	varchar	255	否	是	小类别 ID
basenamekey	varchar	10	否	是	仓库 ID
sysuserkey	varchar	10	否	是	店铺 ID
tnum	varchar	25	否	是	数量
xnum	varchar	25	否	是	已售数量

（9）购物车信息表如表 15.27 所示。

表 15.27　购物车信息表（proscar）

字　段　名	数据类型	长度/字节	主　　键	允许为空	信息备注
id	int	20	是	否	主键
uname	varchar	20	否	是	用户名
funame	varchar	30	否	是	店铺名
fpname	varchar	30	否	是	商品名
fid	varchar	10	否	是	商品 ID
snum	varchar	25	否	是	购买商品数量

（10）商品类别表如表 15.28 所示。

表 15.28　商品类别表（ptype）

字　段　名	数据类型	长度/字节	主　　键	允许为空	信息备注
id	int	20	是	否	主键
tglparentid	varchar	10	否	是	类别 ID
datashowname	varchar	30	否	是	类别名称

（11）已销售清单信息表如表 15.29 所示。

表 15.29　已销售清单信息表（slist）

字　段　名	数据类型	长度/字节	主　　键	允许为空	信息备注
id	int	20	是	否	主键
pname	varchar	30	否	是	商品名
btype	varchar	255	否	是	大类别
stype	varchar	255	否	是	小类别
price	varchar	25	否	是	商品单价
pnum	varchar	25	否	是	购买商品数量
fid	varchar	10	否	是	商品 ID
sdate	varchar	10	否	是	清单日期
shopuname	varchar	10	否	是	店铺编号

（12）总销售清单信息表如表 15.30 所示。

表 15.30　总销售清单信息表（tots）

字　段　名	数据类型	长度/字节	主　　键	允许为空	信息备注
id	int	20	是	否	主键
year	varchar	10	否	是	年份
m1	varchar	10	否	是	1 月
m2	varchar	10	否	是	2 月
m3	varchar	10	否	是	3 月
m4	varchar	10	否	是	4 月
m5	varchar	10	否	是	5 月
m6	varchar	10	否	是	6 月
m7	varchar	10	否	是	7 月
m8	varchar	10	否	是	8 月
m9	varchar	10	否	是	9 月
m10	varchar	10	否	是	10 月
m11	varchar	10	否	是	11 月
m12	varchar	10	否	是	12 月
tots	varchar	20	否	是	总额

（13）种植视频信息表如表 15.31 所示。

表 15.31　种植视频信息表（videos）

字　段　名	数据类型	长度/字节	主　　键	允许为空	信息备注
id	int	20	是	否	主键
uname	varchar	20	否	是	发布人
mtitle	varchar	255	否	是	视频标题
itype	varchar	10	否	是	视频类型
filename	varchar	255	否	是	封面图片
docname2	varchar	255	否	是	视频文件
pcont	varchar	255	否	是	视频内容简介
savetime	varchar	10	否	是	上传时间
sysuserkey	varchar	10	否	是	店铺 ID

15.4　系统详细设计与实现

15.4.1　前台功能模块详细设计与实现

用户登录成功后，单击"首页"按钮，进入页面。用户可以在首页进行商品查询、店铺查询。首页如图 15.22 所示。

1. 登录模块

网站最基本的功能之一是登录，单击"用户登录"，即可进入 login. jsp，获取登录页面，填写用户名、密码，并选择用户类别，然后登录。此时，通过表单的跳转路径"/plantsite/plantsite/login. do"进入 controller 层，将前台输入的数据与数据库表中信息进行匹配，匹配

图 15.22　首页

成功后,进入 index.jsp 页面。用户登录页面如图 15.23 所示。

2. 注册管理模块

单击"会员注册",进入 hysysuserregedit. jsp,获取会员注册页面,然后填写会员信息并提交。若用户名为空或用户名重复,或联系电话未输入时,可通过 JS 的 checkform()方法来检查。通过路径"/plantsite/sysuser/hysysuserregedit. do"进入 controller 层,更新会员注册页,重新回

图 15.23　用户登录页面

到注册 hysysuserregedit. jsp 页面。会员注册页面如图 15.24 所示。

单击"店铺注册",进入 dpsysuserregedit. jsp,获取店铺注册页面,然后填写店铺信息并提交信息。若用户名为空,或用户名重复,或联系电话未输入时,可通过 JS 的 checkform()方法来检查。通过路径"/plantsite/sysuser/dpsysuserregedit. do"进入 controller 层,更新店铺注册页面,重新回到注册 dpsysuserregedit. jsp 页面。店铺注册页面如图 15.25 所示。

3. 会员模块

1)搜索

会员按照关键字或者日期对商品、店铺、种植视频、站内新闻以及留言板进行搜索。例如,对商品进行搜索时,先进入会员首页 index.jsp,单击导航栏下的"商品查询",显示商品查询页 spcxs. jsp,根据路径"/plantsite/pros/spcxs. do"跳转到 controller 层,导入 service 层,用 findByParamWithPages()方法进行分页,根据 ID 进入 mapper 层,调用 spcxs()方法进入 pros. xml 文件,然后调用 select 查询语句,最后将获取的数据信息传给前台页面。搜索商品页面如图 15.26 所示。

会员注册

用户名	Andy
密码	789456
会员姓名	安迪
性别	○男 ●女
微信	AD
联系电话	15698******
邮箱	1635******@qq.com
地址	辽宁省鞍山市辽宁科技大学
头像	

提交信息　返回首页

图 15.24　会员注册页面

店铺注册

用户名	dp.66
密码	666666
店铺名	洛阳花卉
微信	luo******
联系电话	18536******
邮箱	1236******@qq.com
地址	辽宁省鞍山市辽宁科技大学
相片	

提交信息　返回首页

图 15.25　店铺注册页面

图 15.26　搜索商品页面

2）评论

会员可以对站内新闻和种植视频发表评论。例如,进入站内新闻页面 znxws.jsp,根据路径"/plantsite/hbnews/toznxwx.do?id=${sdata.id}"跳转到 controller 层,导入 service 层的 findID()方法进入 mapper 层,调用 select 查询语句,然后进入站内新闻详情页面 znxwx.jsp,此时,可以发表评论,最后进入 controller 层获取当前用户名、评论内容并在 pinglun.jsp 页面显示。评论页面如图 15.27 所示。

3）留言

会员进入留言页面可对网站提出建议或意见。首先进入 guestbook.jsp 页面,根据路径"/plantsite/plantsite/guestbookopr.do"进入 controller 层,调用 service 层的 insert()方法,然后进入 mapper 层做 insert 插入语句操作,最后回到 controller 层再次对内容进行分

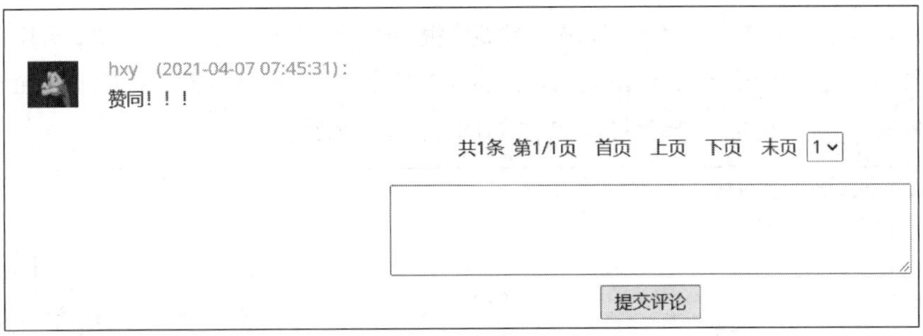

图 15.27　评论页面

页处理,并显示在 guestbook.jsp 页面中。留言页面如图 15.28 所示。

图 15.28　留言页面

4)购买商品

会员进入商品详情页面 spcxx.jsp,修改购买数量,并将商品加入购物车。首先根据跳转路径"/plantsite/plantsite/sipapply.do"进入 controller 层,调用 service 层的 commInsert()方法,然后进入 mapper 层做 insert 插入语句操作,最后成功将商品加入购物车,提示"操作成功",并返回 spcxx.jsp 页面。购买商品页面如图 15.29 所示。

图 15.29　购买商品页面

5)查看订单

会员可以查看商品订单,并进行搜索、查看详情以及修改状态的操作。首先进入商品订单页面 porderscx. jsp,单击"查看",进行跳转,根据路径进入 controller 层,调用 service 层的 findByID()方法,然后进入 mapper 层做 select 查询语句操作,最后将查询到的结果返回给 pvipordersxg. jsp 页面。查看订单页面如图 15.30 所示。

您当前的位置：信息查看	
用户	hxy
商品信息	暗紫脆蒴 数量：1 安祖花 数量：1 白花蛇舌草 数量：1
总金额	800.0
支付方式	银行转账
收货方式	快递
收货信息	辽宁省鞍山市辽宁科技大学
订单状态	已发货
	返回上页

图 15.30　查看订单页面

6) 个人信息管理

会员进入个人信息管理页面,可以对个人信息以及密码进行修改。首先进入 adminindex. jsp 页面,根据跳转路径进入 controller 层,调用 service 层的 findID()方法,通过 mapper 层的 select 查询语句查询出当前用户信息,然后进入 perhysysuserxg. jsp 页面,修改信息并提交,再进入 controller 层,调用 service 层的 update()方法,通过 mapper 层的 update 更新语句,对当前用户信息进行修改,最后页面提示"操作成功",并刷新当前修改信息页面 perhysysuserxg. jsp。修改个人信息页面如图 15.31 所示。

会员进入 upass. jsp 页面,根据跳转路径进入 controller 层,调用 service 层的 update()方法,然后通过 mapper 的 update()方法修改语句,更新当前用户密码,最后页面提示"操作成功",并刷新当前修改信息页面 upass. jsp。修改会员密码页面如图 15.32 所示。

4. 店铺模块

1) 订单管理

进入订单管理页面,店铺可以搜索订单、查看订单详情、处理订单状态、删除订单。例如,处理订单状态操作时,店铺先进入 fshporderscx. jsp 页面,根据跳转路径进入 controller 层,然后调用 service 层的 findID()方法进入 mapper 层,利用 select 语句查询出当前订单详细信息,并显示在当前页面,最后进入修改信息页面 fshpordersxg. jsp,调用 service 层的 update()方法,利用 update 修改语句进行修改信息,修改成功后刷新当前页面 fshpordersxg. jsp。订单管理页面如图 15.33 所示。

2) 货品管理

首先通过货品管理页面 proscx. jsp,进入 controller 层,调用 service 层分页查询方法,利用 mapper 层的 select 语句查询所有信息,并显示在当前页面,然后单击"删除",进入 controller 层,调用 service 层的 delete()方法,进入 mapper 层做 delete 删除操作,最后前台

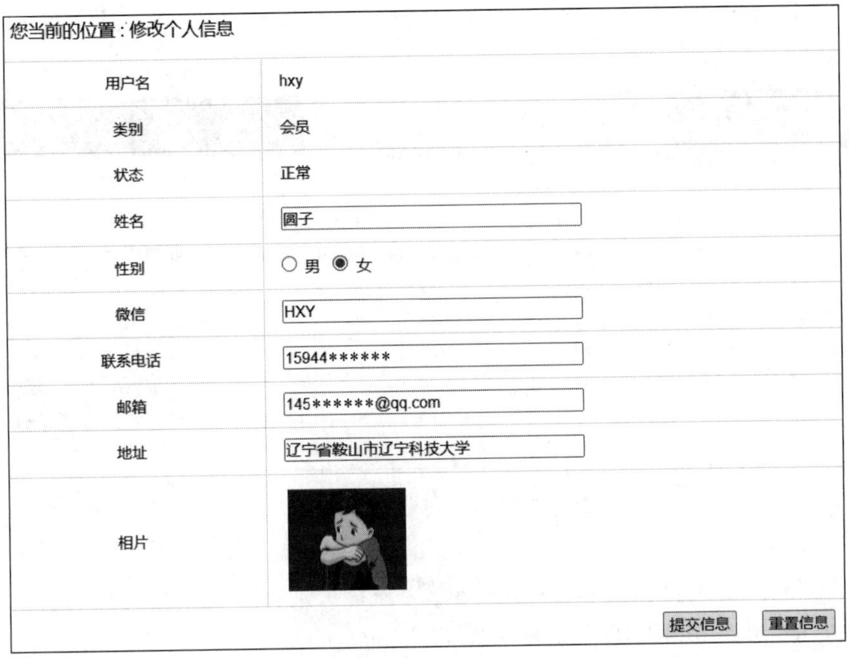

您当前的位置：修改个人信息	
用户名	hxy
类别	会员
状态	正常
姓名	圈子
性别	○ 男 ● 女
微信	HXY
联系电话	15944******
邮箱	145******@qq.com
地址	辽宁省鞍山市辽宁科技大学
相片	

提交信息　重置信息

图 15.31　修改个人信息页面

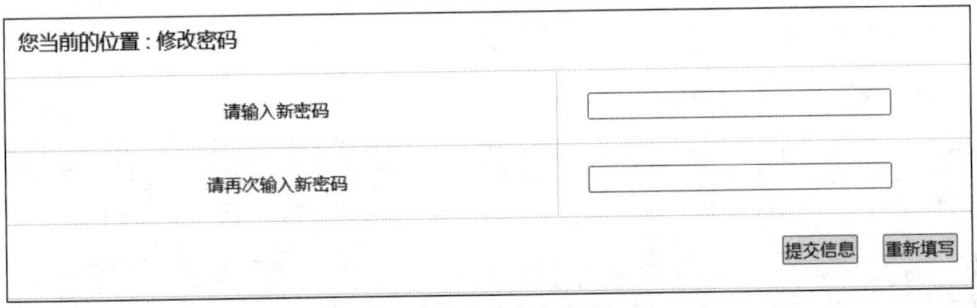

您当前的位置：修改密码	
请输入新密码	
请再次输入新密码	

提交信息　重新填写

图 15.32　修改会员密码页面

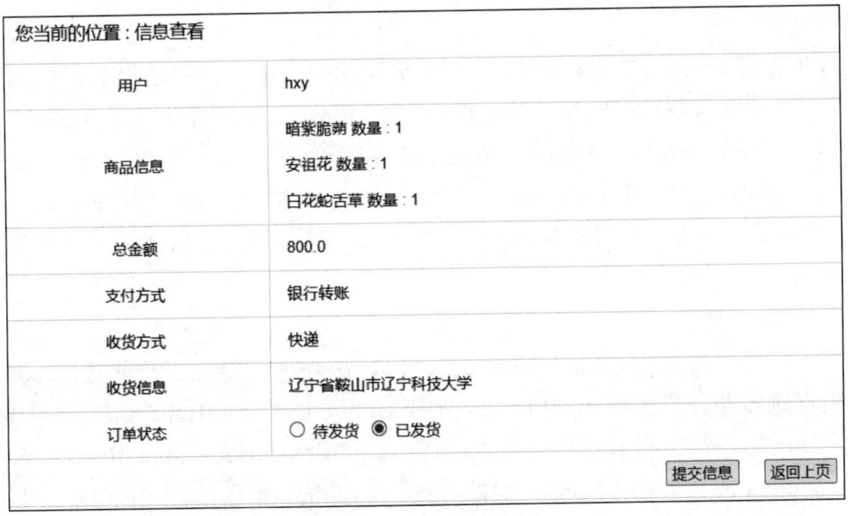

您当前的位置：信息查看	
用户	hxy
商品信息	暗紫脆菊 数量：1 安祖花 数量：1 白花蛇舌草 数量：1
总金额	800.0
支付方式	银行转账
收货方式	快递
收货信息	辽宁省鞍山市辽宁科技大学
订单状态	○ 待发货 ● 已发货

提交信息　返回上页

图 15.33　订单管理页面

页面提示"确定要删除这条记录吗?",此时单击确定,操作成功,刷新当前页面 proscx.jsp。货品管理页面如图 15.34 所示。

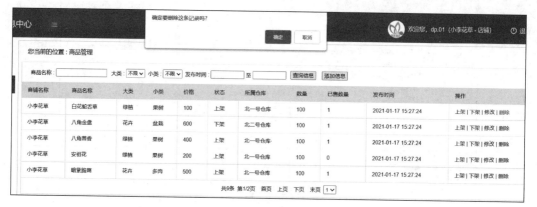

图 15.34　货品管理页面

3)仓库管理

首先进入仓库管理页面 basescx.jsp,单击"查看",进行跳转,根据路径进入 controller 层,调用 service 层的 findByID()方法,然后进入 mapper 层做 select 查询语句操作,最后将查询到的结果返回给 basescx.jsp 页面。仓库管理页面如图 15.35 所示。

图 15.35　仓库管理页面

4)视频管理

进入视频管理页面,店铺可以对视频进行查看、搜索、删除、添加操作。例如,店铺上传种植视频,首先进入 admin 下的 index.jsp 页面,根据跳转路径进入 controller 层,调用 service 层的 findByParamWithPages()方法,将视频信息显示在视频管理页面 videoscx.jsp,然后单击"添加信息",进入 videostj.jsp 页面,最后调用 service 层的 insert()方法,通过 mapper 层的 insert 插入语句对视频信息进行添加,并刷新信息添加页面。视频管理页面如图 15.36 所示。

5)个人信息管理

进入个人信息管理页面,店铺可以对个人信息、密码进行修改。首先进入 adminindex.jsp 页面,根据跳转路径进入 controller 层,调用 service 层的 findID()方法,通过 mapper 层的 select 查询语句查询出当前用户信息,然后进入 perdpsysuserxg.jsp 页面,修改信息并提交,再进入 controller 层,调用 Service 层的 update()方法,通过 mapper 层的 update 更新语句,对当前用户信息进行修改,最后页面提示"操作成功",并刷新当前修改信息页面 perdpsysuserxg.jsp。修改店铺信息页面如图 15.37 所示。

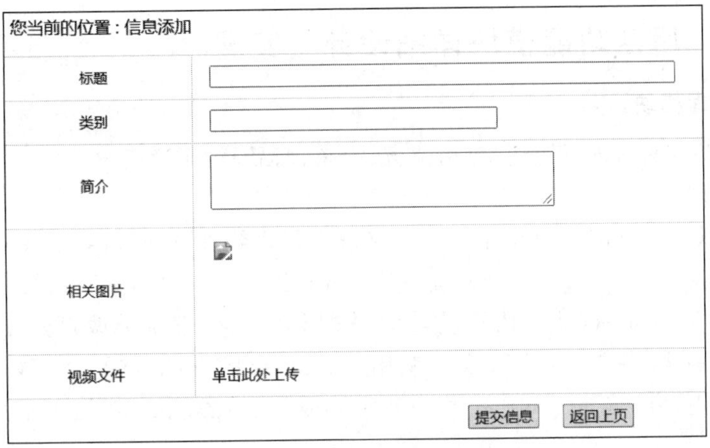

您当前的位置：信息添加

标题	
类别	
简介	
相关图片	
视频文件	单击此处上传

提交信息　返回上页

图 15.36　视频管理页面

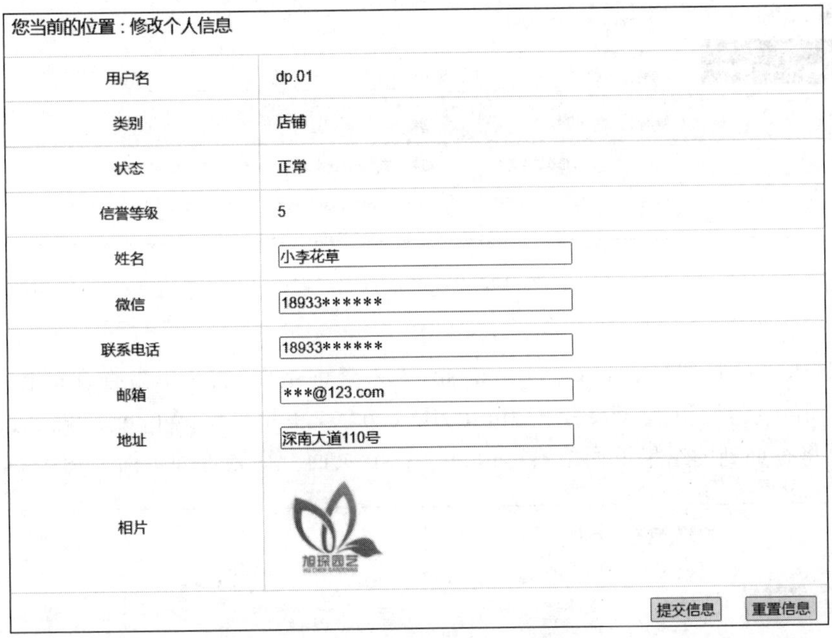

您当前的位置：修改个人信息

用户名	dp.01
类别	店铺
状态	正常
信誉等级	5
姓名	小李花草
微信	18933******
联系电话	18933******
邮箱	***@123.com
地址	深南大道110号
相片	

提交信息　重置信息

图 15.37　修改店铺信息页面

进入 upass.jsp 页面，根据跳转路径进入 controller 层，调用 service 层的 update()方法，通过 mapper 层的 update 修改语句更新当前用户密码。页面提示"操作成功"，并刷新当前修改信息页面 upass.jsp。修改店铺密码页面如图 15.38 所示。

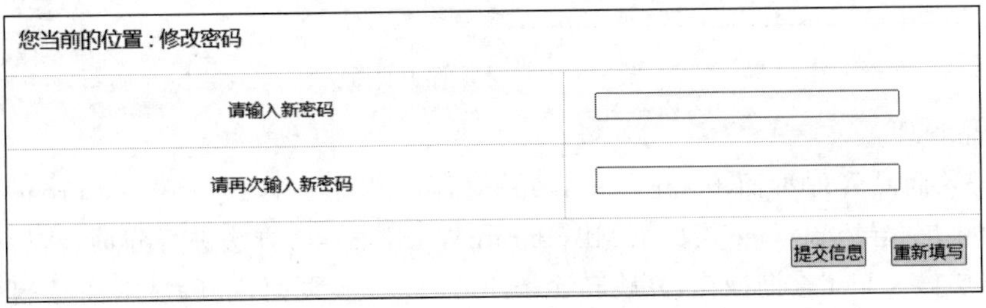

您当前的位置：修改密码

请输入新密码	
请再次输入新密码	

提交信息　重新填写

图 15.38　修改店铺密码页面

15.4.2　后台功能模块详细设计与实现

1. 网站管理模块

管理员可以对网站进行管理,包括留言、视频、商品、新闻管理。

1）留言管理

管理员可以对留言进行回复操作。首先进入留言管理页面 messagescx.jsp,根据路径"/plantsite/hbnews/messagescx.do"跳转到 controller 层,导入 service 层的 findID()方法,进入 mapper 层调用 select 查询语句,然后单击"回复",进入信息修改页面 messagesxg.jsp,此时,可以回复留言,单击"提交",最后调用 service 层的 update()方法进入 mapper 层做update 更新语句操作,完成后,刷新当前页面 messagesxg.jsp。留言管理页面如图 15.39所示。

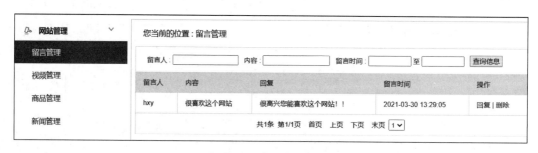

图 15.39　留言管理页面

2）视频管理

首先进入视频管理页面 fshvideoscx.jsp,输入查询条件,然后单击查询信息,根据路径进入 controller 层,调用 service 层的 findByID()方法,最后进入 mapper 层做 select 查询语句操作,并将查询到的结果返回给 fshvideoscx.jsp 页面。视频管理页面如图 15.40 所示。

网站管理						
留言管理	您当前的位置：视频管理					
视频管理	发布人：	标题：	类别：	发布时间：	至	查询信息
商品管理	发布人	标题	类别	视频文件	发布时间	操作
新闻管理	dp.02	满天星	花卉	202103271251530002.mp4	2021-03-27 12:51:54	查看|删除
基础信息	dp.01	阳台绿植怎么选 绿植的种植技巧	培土技术	1.mp4	2021-01-12 19:44:47	查看|删除
用户管理	dp.01	室内种植这几盆绿植,赏心悦目还实用	培土技术	1.mp4	2021-01-12 19:44:47	查看|删除
个人信息	dp.01	阳台绿植怎么选 绿植的种植技巧	培土技术	1.mp4	2021-01-12 19:44:47	查看|删除
	dp.01	室内种植这几盆绿植,赏心悦目还实用	培土技术	1.mp4	2021-01-12 19:44:47	查看|删除

共8条 第1/2页 首页 上页 下页 末页 1∨

图 15.40　视频管理页面

3）商品管理

首先进入商品管理页面 fshproscx.jsp,根据路径"/plantsite/pros/fshproscx.do"跳转到 controller 层,导入 service 层的 findByParamWithPages()方法进行分页,然后根据 ID 进入 mapper 层做 select 查询操作,并跳转至 pviprosxg.jsp 页面,最后显示商品的详细信息。商品管理页面如图 15.41 所示。

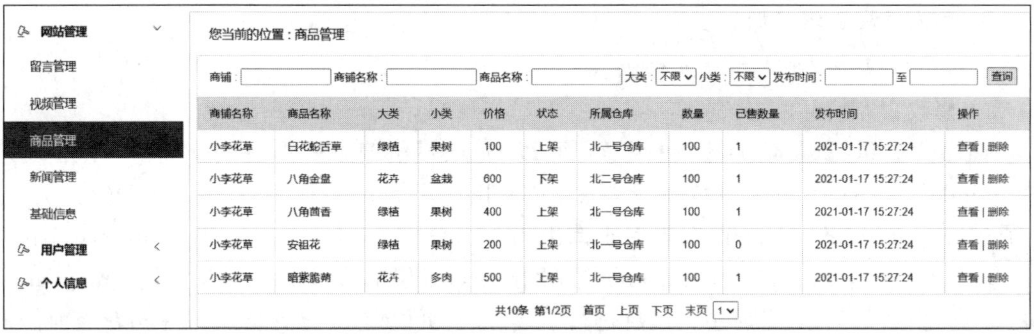

图 15.41　商品管理页面

4）新闻管理

首先进入新闻管理页面 hbnewscx. jsp，根据路径跳转至 controller 层并进入新闻添加页面 hbnewstj. jsp，输入新闻详细信息并提交，然后，由 controller 层进入 service 层，调用 insert()方法在 mapper 层中进行 insert 插入语句操作，并刷新 hbnewstj. jsp 页面。新闻管理页面如图 15.42 所示。

图 15.42　新闻管理页面

2. 用户管理模块

管理员可以对用户进行创建、删除、锁定、解锁操作。例如，对会员的操作如下：

管理员进入会员信息管理页面 hysysusercx. jsp 对会员进行锁定操作。首先进入 controller 层，调用 service 层的 update()方法在 mapper 层中做 update 修改操作，然后将 sysuser 表中会员的状态进行修改。结果是使该会员无法登录。会员信息管理页面如图 15.43 所示。

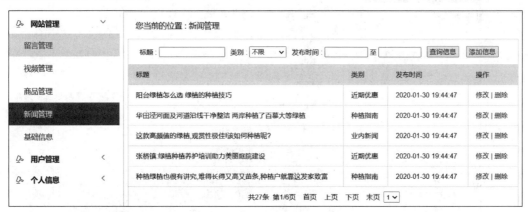

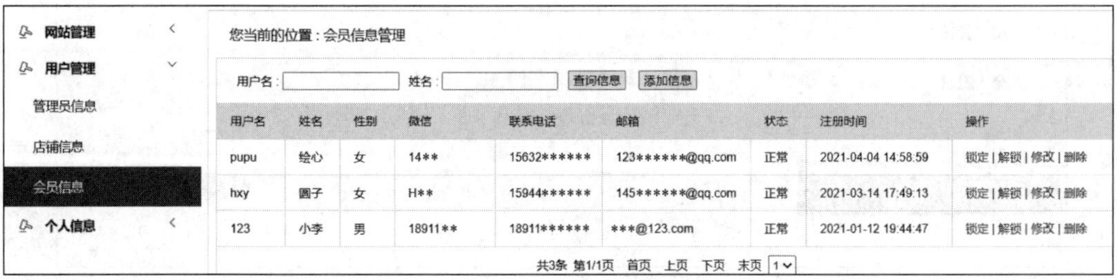

图 15.43　会员信息管理页面

3．个人信息管理模块

管理员可以修改个人信息或密码。

1）修改个人信息

管理员进入个人信息管理页面，可以对个人信息、密码进行修改。首先进入 adminindex.jsp 页面，根据跳转路径进入 controller 层，调用 service 层的 findID( )方法，然后通过 mapper 层的 select 查询语句查询出当前用户信息，并进入 perglysysuserxg.jsp 页面，修改信息并提交，再进入 controller 层调用 service 层的 update( )方法，通过 mapper 层的 update 更新语句，对当前用户信息进行修改，最后页面提示"操作成功"，并刷新当前修改信息页面 perglysysuserxg.jsp。修改管理员个人信息页面如图 15.44 所示。

图 15.44　修改管理员个人信息页面

2）修改密码

首先进入 upass.jsp 页面，根据跳转路径进入 controller 层，调用 service 层的 update( )方法，然后通过 mapper 层的 update 修改语句更新当前用户密码，最后页面提示"操作成功"，并刷新当前修改信息页面 upass.jsp。修改管理员密码页面如图 15.45 所示。

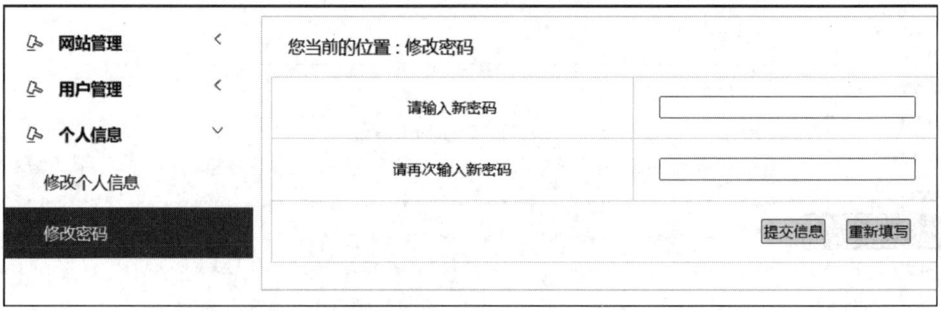

图 15.45　修改管理员密码页面

15.5　系统测试

软件测试的目的是发现程序中的错误,是为了证明程序有错,而不是证明程序无错。不仅要测试程序,还应该对开发过程中所有的产品进行测试,包括文档,其目的是尽早地、尽可能多地发现和排除软件中潜在的错误。

15.5.1　系统的测试实例

1. 会员购买商品功能测试

会员购买商品功能测试内容如表 15.32 所示。

表 15.32　会员购买商品功能模块测试

分　类	测 试 数 据	期 望 结 果	实 际 结 果	测 试 状 态
无效等价类	输入数量大于库存量	库存不足	库存不足	正常
	数量为空	请输入数量	请输入数量	正常
	非法字符	请输入合法字符	请输入合法字符	正常
有效等价类	输入数字	正常使用	正常使用	正常
	数量小于库存量	正常使用	正常使用	正常

2. 店铺注册功能测试

店铺注册功能测试内容如表 15.33 所示。

表 15.33　店铺注册功能模块测试

分　类	测 试 数 据	期 望 结 果	实 际 结 果	测 试 状 态
无效等价类	注册名为空	请输入用户名	请输入用户名	正常
	注册名重复	用户名已存在	用户名已存在	正常
	密码为空	请输入密码	请输入密码	正常
有效等价类	输入正确信息	正常使用	正常使用	正常

3. 查询留言功能测试

查询留言功能测试如表 15.34 所示。

表 15.34　查询留言功能模块测试

分　类	测 试 数 据	期 望 结 果	实 际 结 果	测 试 状 态
无效等价类	关键字为空	显示全部留言信息	显示全部留言信息	正常
有效等价类	输入关键字	正常使用	正常使用	正常

15.5.2　测试总结

通过对本系统的一系列测试,发现系统的功能较完整,且系统各个功能都可以正常运行,测试数据较为准确。但是,再严密的数据也会出现差错,所以仍需要不断地去发现问题并对问题加以改善,这样才能使系统更加完善。

项目小结

植物花卉网站基本上满足了商家和用户的日常使用。本系统通过 Java 语言、MySQL 数据库查询等技术开发,具有非常好的行业应用前景。植物花卉网站是线下店铺销售渠道的一种补充,为商家和消费者提供了方便。本系统可以统计和对比各类植物花卉的具体信息,让消费者便捷地对各类植物花卉进行比较,从而择优选择。

第16章

项目二　基于PHP的在线教育平台的设计与实现

项目简介

此平台基于 ThinkPHP 框架与 MySQL 数据库实现,采用 B/S 开发模式,做到前后端分离。开发过程均在 CentOS 7.3 服务器上运行,利用宝塔面板进行服务器的可视化管理并配合 phpMyAdmin 进行数据库管理。系统前端分为游客、学生用户两种角色。游客即未登录用户,可以注册、浏览网站信息;学生用户为已登录用户,学生用户具有浏览网站信息、课程购买及观看、评论、做笔记等功能。后端管理员账户由超级管理员建立,各管理员在登录后台系统后可按照相应的权限对网站进行管理和维护,包括权限、用户、视频、目录、新闻、公告、网站配置等方面。平台旨在提高教学的灵活性和质量,丰富学生的学习渠道,做到随时随地都能使用,在保证课堂质量的前提下丰富课余生活。

16.1　绪论

16.1.1　项目背景

在电子信息飞速发展的 21 世纪,教育的方式逐渐由传统模式向着信息化建设的方向发展,这已然成了一个显著的趋势。发达国家基础教育信息化工作可以概括为三个阶段:第一是硬件建设阶段,主要是大范围地在学校的教室中配备计算机、投影仪、智能屏幕等现代化设施;第二是网络发展阶段,将第一阶段部署的电子信息设施,尤其是计算机接入互联网;第三便是普及阶段,从 1999 年开始,发达国家开始发挥信息技术领域的优势,将各学科课程与教学资源进行分类整合。如今,线上教育的重点发展方向是在线教育平台。越来越多的老师与学生获得了互联网带来的便捷和高效。目前,我国的教育信息化建设取得了初步进展,整体上处在第二个发展阶段,不少一线、二线城市的校园网和教育城域网硬件建设已经配套齐全,正逐步迈入第三个阶段。

市场现存学习通、腾讯课堂、CCtalk、雨课堂等多种在线教学平台并面向全社会师生服务。本教育平台旨在服务本校师生,抛弃社会性质、商用性质,是针对本校的情况进行定制的。疫情期间学生在家上课须下载多种平台以满足课堂需要,十分不便,本项目以整合教学资源为目的,为我校师生提供更高效、更便捷的教学平台。故此,本教育平台是学校教学资源的拓展。

16.1.2　相关性研究

目前市场现存的网课平台各有各的优势,而且教学侧重点不一样,规模大小有别,无法进行非常详细的横向对比。具体要选择什么样的网课平台,主要看学生的学习需求是什么,投入多少时间去学习,以及可以接受的学费预算是多少。教师资源也非常重要,要找一些教师条件比较好的网课平台。首先,要求这家机构的师资储备量大,这样一来可以选择的老师很多;其次,要了解所选老师的授课方式是什么,是由自己决定,还是由平台安排。

大多数网课平台,收费标准不一样,一些著名机构的价位定得很高,有些机构则很划算,不管如何,价格收费应与实际教学成正比。针对目前对外开放式网课平台存量较少,且教师资质无从考究的情况,本项目开发的在线教学系统从大学一线授课教师的精品类课程中选择性地上传相关内容以供同学们学习。

16.1.3　项目的目的和意义

随着互联网的发展,在线教育平台得到了空前的繁荣发展,在线教育是教育行业的一次重大变革,它具有以下几种特点:①利用在线教育平台,一方面学生可大幅度地降低自身学习压力,在放松且舒适的环境中安心学习,另一方面节约了许多的时间,这是利用互联网优势将课程的多元化、多样化充分地展现出来,使学生真正地融入课堂,把注意力牢牢集中在知识的学习上;②随着新时代的发展,以教师、教材为核心的传统教育模式在被逐渐淘汰,取而代之的是以学生为中心,遵从"因材施教"的教育理念;③打破时空界限,使老师与学生之间的交流不受地理因素的约束,学习时间也不必与日常的工作、生活时间产生冲突;④在线教育平台的重要意义取决于教育资源的平等性,"教室里"没有了"前排同学"的优势,对待每一位同学都是公平的;⑤优秀的交互操作使师生之间的交流可以及时地进行,学生可以随时在互联网上请教学科领域的优秀教师;⑥教师教学手段与方法更为灵活,在真正意义上起到了帮助学生、督促学生的作用,充分地发挥学生自身的主观能动性。

16.1.4　相关技术介绍

1. ThinkPHP 框架

ThinkPHP 框架是一款性能优秀、迭代稳定的开源网站开发部署工具,具有简单易用、稳定高效、社区活跃等特点。ThinkPHP 框架初次发布于 2006 年初,至今已经更新迭代 30个版本。其遵循的 Apache 2.0 开源协议拥有全球范围的发布权以及授权免费、无版税、无排他性的特点,这也是 ThinkPHP 如此普及的原因之一。ThinkPHP 拥有众多独创机制、富模型支持、大量的高效易用插件、活跃的社区氛围及二次创作开发条件,这使得项目开发成本低、操作性强,特别适合个人开发者使用。

2. 宝塔 Linux 面板

宝塔 Linux 面板是基于服务器平台的可视化管理工具,可提升运维效率,支持一键"LAMP"安装等 100 多项服务器管理功能。其有专业团队进行研发及维护,经过 200 多个版本的逐步迭代,已然是一个性能十分优越的网站开发环境。宝塔 Linux 面板功能全、出错少、运维高效并且在安全方面也做到了足够的优秀,因此已得到了全球百万开发者的青睐。

本系统搭建测试环境均在阿里云轻量服务器上运行,使用 CentOS 7.3 系统,搭建宝塔面板实现了服务器管理的可视化操作。通过面板的一键式操作搭建 LAMP 环境,通过面板控制端口及域名访问实现 FTP、SSH、文件等多方数据的管理。

3. MySQL 数据库介绍

MySQL 是数据行业中部署范围广且相当易用的关系型数据库,在选择数据库软件时 MySQL 便是最好的选择之一。尤其是采用 PHP 开发语言时,MySQL 的兼容性是最优的。其拥有体积小、运行速度快的特点,又因其开源的属性使得项目开发成本变得极为可控。

使用 Linux(CentOS、Ubuntu 等)系统、配合 Apache 与 MySQL 的组合进行建站,使用 PHP 作为开发语言即可实现“0”成本的项目搭建解决方案,被业界称为“LAMP”。

16.2　系统需求分析

16.2.1　可行性分析

1. 经济可行性

本在线教育平台通过 ThinkPHP 框架和 MySQL 数据库开发实现,二者均为开源软件,做到在经济上的开发“0”成本,开发者只需投入一定的时间成本,在人力成本上也仅需一人便可以完成,因此可以说这是仅在一人环境下的“0”成本开发。在后期运维方面,本平台采用 ThinkPHP 框架实现了前后端分离的模式,使得管理与维护更加简单。综上所述,本项目在经济可行性上有着无可辩驳的竞争力。

2. 技术可行性

本平台属于中小型网站,此类网站的开发更适合使用 PHP 和 MySQL 技术,学生在校期间学习过 PHP 语言基础和 MySQL 数据库技术,并在此基础上,深入研究 ThinkPHP 框架技术。系统的开发工具是 PhpStorm 和 phpMyAdmin,这两种工具操作起来都非常简单,经过对 ThinkPHP 框架的不断深入理解与学习,学生对搭建网站的能力不断提升,在具备了一定的技术实力下,也让思路不断地开阔。目前使用的软件与硬件足以完美支持项目的开发。综上所述,本项目在技术可行性上是没有障碍的。

3. 操作可行性

本平台针对学生用户而设计与开发,现阶段大部分学生均已接触过一种乃至几种在线教育平台,前端设计的交互模式完全符合现阶段学生的使用习惯。ThinkPHP 框架采用的 MVC 架构易于实现模块化操作,在代码编写上简洁易懂,在后期维护上快捷高效。综上所述,在操作可行性上本平台均符合开发者与用户的使用习惯,不存在额外的学习成本。

4. 社会可行性

在线教育系统开发中使用的 ThinkPHP 框架、服务器端使用的 CentOS 系统,以及搭建 PHP＋MySQL＋Apache 环境均为开源项目,均遵循国际开源协议,遵循并符合版权保护条例等法律法规。系统在开源框架下进行自主二次开发,符合社会利益。在线教育平台为普及教育行业所做的贡献符合社会主义核心价值观,有利于文化与知识的传播。综上所述,本项目在社会可行性方面是可行的。

16.2.2　系统需求分析

在线教育系统需要为学生用户及教师用户提供一个完善的、易操作的在线教育平台(前台),为后台管理员提供功能明确、模块清晰、方便快捷的管理平台(后台)。

1. 前台功能分析

系统前端分为游客、学生用户两种角色。游客即未登录用户,可以注册、浏览网站信息;学生用户为已登录用户,可以浏览网站信息、购买及观看课程等功能。

(1) 用户中心:学生用户可以在此处查看自己所学课程。

(2) 课程信息浏览:学生用户可以查看课程目录、课程简介、售价、教师信息、课程的学生评论参与课程的人数、问答精选及精选笔记。

(3) 视频播放:学生用户通过浏览器(Chorme、Firefox、Edge 等主流浏览器)采用 Flash 播放方式进行课程教学视频播放,这种视频播放方式具有高稳定性、支持跨平台、跨浏览器硬件译码等优点。

(4) 购买:学生用户可在课程详情页查看课程价格并购买课程。

2. 后台功能分析

管理员登录后对系统的各项信息进行管理和维护,管理内容包括后台首页管理、权限管理、用户管理、视频管理、合作机构管理、讲师管理等。

(1) 后台首页管理:管理员可显示热门课程、下载次数、视频观看次数、视频总数。

(2) 权限管理:管理员可查看管理员列表及管理组列表、添加管理员或管理组、查看权限列表或添加权限,可为不同需求的教师、不同等级的管理员提供不同的权限。

(3) 用户管理:管理员可查看用户列表、添加用户。

(4) 视频管理:管理员可添加、删除、修改视频。

(5) 合作机构管理:管理员可添加、删除、修改合作机构的信息、网址链接等。

(6) 讲师管理:管理员可添加、删除、修改讲师信息。

(7) 其他方向:管理员可对网站的各种信息进行管理,其中包括目录管理、新闻管理、广告管理、网站信息配置、用户反馈管理、下载管理以及公告管理。

16.2.3　需求模型

本系统角色分为游客、学生用户和管理员三类。

1. 用户用例分析

1) 用户用例图

游客即未登录用户,可以注册、登录、浏览网站信息,注册后可以登录成为学生用户;学生用户为已登录用户,学生用户可以学习课程、查看课程信息。用户用例图如图 16.1 所示。学生用户用例图如图 16.2 所示。

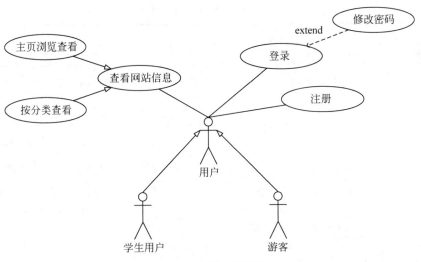

图 16.1　用户用例图

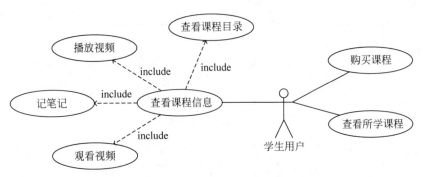

图 16.2　学生用户用例图

2）用例描述

（1）用户相关用例的描述如表 16.1～表 16.3 所示。

表 16.1　登录用例描述

项目	内容
用例名称	登录
用例 ID	User01
参与者	用户
描述	用户输入正确的用户名和密码,登录系统
启动	进入用户登录页面
前置条件	无
基本事件流	（1）进入或转入用户登录页面 （2）用户输入用户名及密码 （3）检查用户名是否存在,验证密码是否正确 （4）将用户信息放在网站主页面显示
可选事件流	登录信息验证不通过,提示失败信息并重新输入
后置条件	显示网站主页面,用户信息也显示在网站主页面

表 16.2　用户注册用例描述

项目	内容
用例名称	用户注册
用例 ID	User02
参与者	用户
描述	用户输入正确的邮箱和密码,并二次密码确认
启动	进入用户注册页面
前置条件	无
基本事件流	(1) 进入或转入用户注册页面 (2) 用户输入正确的邮箱及密码,且密码须二次确认 (3) 检查该邮箱是否已经存在,验证密码是否一致且符合规定的格式 (4) 提示注册成功跳转登录页面
可选事件流	注册信息验证不通过,提示失败信息并重新输入
后置条件	显示登录主页面

表 16.3　查看网站信息用例描述

项目	内容
用例名称	查看网站信息
用例 ID	User03
参与者	用户
描述	用户在网站上浏览课程信息
启动	网站主页
前置条件	用户登录成功
基本事件流	(1) 单击课程链接 (2) 查看课程目录、课程信息、教师信息
可选事件流	单击购买链接后进入教学视频观看页面
后置条件	如果用例执行成功,显示网站信息

(2) 学生用户相关用例的描述如表 16.4～表 16.7 所示。

表 16.4　查看所学课程用例描述

项目	内容
用例名称	查看所学课程
用例 ID	User04
参与者	学生用户
描述	学生用户在个人主页中查看
启动	学生用户登录后单击"个人主页"
前置条件	学生用户登录成功
基本事件流	(1) 进入"我的头像"下的个人主页 (2) 查看所学课程信息
项目	内容
可选事件流	无
后置条件	如果用例执行成功,则显示正在学习的课程

表 16.5　查看课程信息用例描述

项目	内容
用例名称	查看课程信息
用例 ID	User05
参与者	学生用户
描述	学生用户在课程主页浏览课程信息
启动	进入网站任意课程主页
前置条件	无
基本事件流	（1）进入网站主页 （2）单击任意课程 （3）查看课程简介、课程目录、教师资料等
可选事件流	无
后置条件	如果用例执行成功,则显示课程所有相关信息

表 16.6　评论用例描述

项目	内容
用例名称	评论
用例 ID	User06
参与者	学生用户
描述	学生用户在已购买课程下发表评论
启动	进入任意课程主页
前置条件	学生用户登录成功
基本事件流	（1）进入网站主页 （2）选择已购买课程 （3）进行评价
可选事件流	发表信息不成功,重新填写
后置条件	如果用例执行成功,则显示此条评论

表 16.7　购买用例描述

项目	内容
用例名称	购买
用例 ID	User07
参与者	学生用户
描述	学生用户在课程详情页购买课程
启动	进入任意课程主页
前置条件	学生用户登录成功
基本事件流	（1）进入任意课程主页 （2）购买课程
可选事件流	购买失败,重新购买
后置条件	如果用例执行成功,则此课程已购买

2. 管理员用例分析

1）管理员用例

管理员登录后台页面可对系统的各项内容进行管理和维护,内容包括目录、类型、视频、权限、讲师、用户、新闻、广告、公告、用户反馈、网站信息以及合作机构等。管理员用例图如图 16.3 和图 16.4 所示。

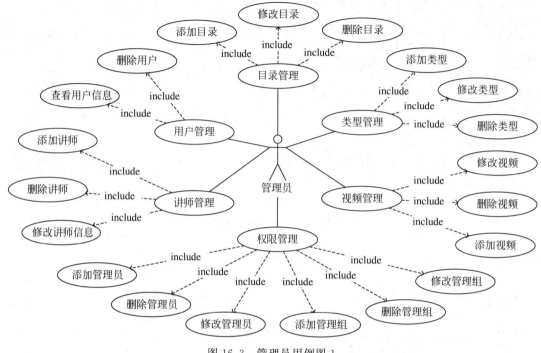

图 16.3 管理员用例图 1

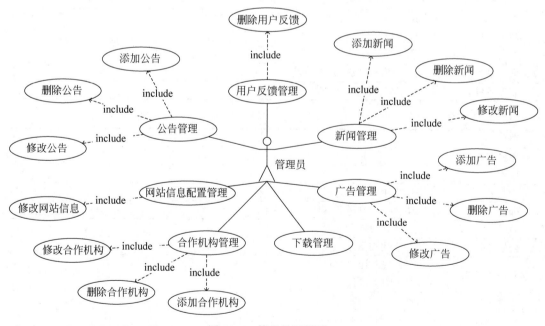

图 16.4 管理员用例图 2

2) 用例描述

管理员用例描述见表 16.8~表 16.20 所示。

表 16.8 用户管理用例描述

项目	内容
用例名称	用户管理
用例 ID	Admin01
参与者	管理员
描述	管理员创建或删除用户
启动	管理员进入用户管理页面
前置条件	管理员登录成功,进入用户管理页面
基本事件流	(1) 管理员选择添加用户,进入添加用户信息页面 (2) 填写用户信息,创建新用户 (3) 管理员选择想要删除的用户,进行删除,确认
可选事件流	添加用户信息不成功,重新输入
后置条件	如果用例执行成功,则系统提示创建或删除用户成功,否则,系统状态不变

表 16.9 讲师管理用例描述

项目	内容
用例名称	讲师管理
用例 ID	Admin02
参与者	管理员
描述	管理员添加或删除讲师
启动	管理员进入用户管理页面
前置条件	管理员登录成功,进入讲师管理页面
基本事件流	(1) 管理员选择添加讲师,进入添加用户信息页面 (2) 填写讲师信息,创建新讲师 (3) 管理员选择想要删除的讲师,进行删除,确认
可选事件流	添加讲师信息不成功,重新输入
后置条件	如果用例执行成功,则系统提示添加或删除讲师成功,否则,系统状态不变

表 16.10 权限管理用例描述

项目	内容
用例名称	权限管理
用例 ID	Admin03
参与者	管理员
描述	管理员添加或删除次级管理员权限
启动	管理员进入用户管理页面
前置条件	管理员登录成功,进入权限管理页面
基本事件流	(1) 管理员为次级管理员创建管理权限 (2) 组管理员选择为权限组添加权限 (3) 管理员选择想要删除的管理员权限,进行删除,确认
可选事件流	无
后置条件	如果用例执行成功,则系统提示权限操作成功,否则,系统状态不变

表 16.11　类型管理用例描述

项目	内容
用例名称	类型管理
用例 ID	Admin04
参与者	管理员
描述	管理员添加或删除视频类型
启动	管理员进入类型管理页面
前置条件	管理员登录成功,进入权限管理页面
基本事件流	(1) 管理员选择添加类型,进入添加视频类型信息页面 (2) 填写类型名称,创建新的视频类型 (3) 管理员选择想要删除的视频类型,进行删除,确认
可选事件流	添加类型信息不成功,重新输入
后置条件	如果用例执行成功,则系统提示添加类型成功,否则,系统状态不变

表 16.12　视频管理用例描述

项目	内容
用例名称	视频管理
用例 ID	Admin05
参与者	管理员
描述	管理员添加或删除视频
启动	管理员进入视频管理页面
前置条件	管理员登录成功,进入视频管理页面
基本事件流	(1) 管理员选择添加视频,进入添加视频信息页面 (2) 填写视频名称及链接 (3) 管理员选择想要删除的视频,进行删除,确认
可选事件流	添加视频信息不成功,重新输入
后置条件	如果用例执行成功,则系统提示添加视频成功,否则,系统状态不变

表 16.13　下载管理用例描述

项目	内容
用例名称	下载管理
用例 ID	Admin06
参与者	管理员
描述	管理员添加或删除移动端软件的下载文件
启动	管理员进入下载管理页面
前置条件	管理员登录成功,进入下载管理页面
基本事件流	(1) 管理员选择添加文件,进入添加文件信息页面 (2) 填写文件链接 (3) 管理员选择想要删除的文件,进行删除,确认
可选事件流	添加文件信息不成功,重新输入
后置条件	如果用例执行成功,则系统提示添加文件成功,否则,系统状态不变

表 16.14　网站信息管理用例描述

项目	内容
用例名称	网站信息管理
用例 ID	Admin07
参与者	管理员
描述	管理员修改公告、合作机构、广告、新闻等主页信息
启动	管理员进入后台管理页面
前置条件	管理员登录成功,进入后台管理页面
基本事件流	(1) 管理员选择要修改网站信息,进入相关信息的修改页面 (2) 填写需要修改的信息内容 (3) 管理员选择想要删除的信息,进行删除,确认
可选事件流	修改信息不成功,重新输入
后置条件	如果用例执行成功,则系统提示信息修改成功,否则,系统状态不变

表 16.15　合作机构管理用例描述

项目	内容
用例名称	合作机构管理
用例 ID	Admin08
参与者	管理员
描述	管理员添加或删除合作机构
启动	管理员进入合作机构管理页面
前置条件	管理员登录成功,进入合作机构管理页面
基本事件流	(1) 管理员选择添加合作机构,进入添加合作机构信息页面 (2) 填写合作机构信息,创建新合作机构 (3) 管理员选择想要删除的合作机构,进行删除,确认
可选事件流	添加合作机构信息不成功,重新输入
后置条件	如果用例执行成功,则系统提示添加或删除合作机构成功,否则,系统状态不变

表 16.16　目录管理用例描述

项目	内容
用例名称	目录管理
用例 ID	Admin09
参与者	管理员
描述	管理员添加或删除目录
启动	管理员进入目录管理页面
前置条件	管理员登录成功,进入目录管理页面
基本事件流	(1) 管理员选择添加目录,进入添加目录信息页面 (2) 填写目录信息,创建新目录 (3) 管理员选择想要删除的目录,进行删除,确认
可选事件流	添加目录信息不成功,重新输入
后置条件	如果用例执行成功,则系统提示添加或删除目录成功,否则,系统状态不变

表 16.17　新闻管理用例描述

项目	内容
用例名称	新闻管理
用例 ID	Admin10
参与者	管理员
描述	管理员添加或删除新闻
启动	管理员进入新闻管理页面
前置条件	管理员登录成功,进入新闻管理页面
基本事件流	(1) 管理员选择添加新闻,进入添加新闻信息页面 (2) 填写新闻信息,创建新新闻 (3) 管理员选择想要删除的新闻,进行删除,确认
可选事件流	添加新闻信息不成功,重新输入
后置条件	如果用例执行成功,则系统提示添加或删除新闻成功,否则,系统状态不变

表 16.18　广告管理用例描述

项目	内容
用例名称	广告管理
用例 ID	Admin11
参与者	管理员
描述	管理员添加或删除广告
启动	管理员进入广告管理页面
前置条件	管理员登录成功,进入广告管理页面
基本事件流	(1) 管理员选择添加广告,进入添加广告信息页面 (2) 填写广告信息,创建新广告 (3) 管理员选择想要删除的广告,进行删除,确认
可选事件流	添加广告信息不成功,重新输入
后置条件	如果用例执行成功,则系统提示添加或删除广告成功,否则,系统状态不变

表 16.19　公告管理用例描述

项目	内容
用例名称	公告管理
用例 ID	Admin12
参与者	管理员
描述	管理员添加或删除公告
启动	管理员进入公告管理页面
前置条件	管理员登录成功,进入公告管理页面
基本事件流	(1) 管理员选择添加公告,进入添加公告信息页面 (2) 填写公告信息,创建新公告 (3) 管理员选择想要删除的公告,进行删除,确认
可选事件流	添加公告信息不成功,重新输入
后置条件	如果用例执行成功,则系统提示添加或删除公告成功,否则,系统状态不变

表 16.20　用户反馈管理用例描述

项目	内容
用例名称	用户反馈管理
用例 ID	Admin13
参与者	管理员
描述	管理员删除用户反馈
启动	管理员进入用户反馈管理页面
前置条件	管理员登录成功,进入用户反馈管理页面
基本事件流	管理员选择想要删除的用户反馈,进行删除,确认
可选事件流	无
后置条件	如果用例执行成功,则系统提示删除用户反馈成功,否则,系统状态不变

16.2.4　实体模型分析

实体对象在系统中主要是一些数据实体,本系统主要的实体类是前台各功能模块与后台的各管理模块。通过上述用例分析,列出全部的实体类及其封装的信息。系统实体类如表 16.21 所示。系统实体类属性图如图 16.5 所示。

表 16.21　系统实体类

实　体　类	说　明
admin	管理员信息(用户名、密码)
adv	广告(链接、标题)
advice	意见反馈(标题、建议)
app	移动端应用下载信息(时间、版本、IP 地址)
auth_group	管理员组(组名称,允许操作的规则)
auth_group_access	管理员组的权限
auth_rule	权限规则
config	网站信息(网站标题、网站关键字、网站描述、网站版权)
course	课程(名称、链接)
coursenote	课程笔记
coursereply	课程下的问题
coursetalk	课程下的问题解答
info	公告(标题、内容)
news	新闻(标题、内容)
organ	讲师机构(链接、名称、描述)
teacher	讲师信息(姓名、所属机构、简介)
type	视频分类类型(名称)
user	用户(用户名、密码)
userdetail	用户信息(昵称、个性签名、QQ 号、学历)
video	视频(标题、价格、链接、参与人数、简介)

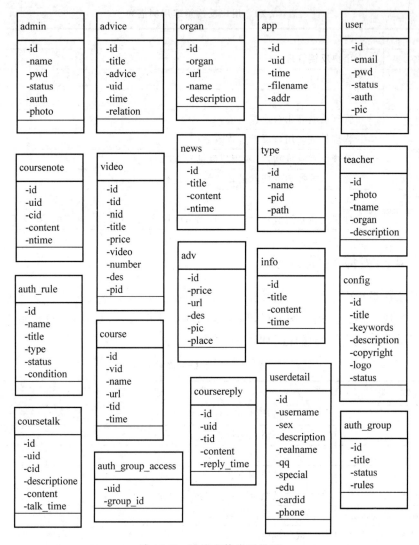

图 16.5 系统实体类属性图

16.3 系统总体设计

16.3.1 系统结构设计

1) 开发平台配置

(1) 操作系统：CentOS 7.3。

(2) 开发工具：PhpStorm。

(3) 数据库：MySQL。

(4) 开发语言：PHP。

(5) 开发框架：ThinkPHP。

(6) 开发环境：Apache 2.4.46、PHP 7.3。

2) 软件结构的分层及组件

本系统采用 ThinkPHP 框架,采用 MVC 设计模式进行开发,分为数据层、逻辑层、服务层。①数据层:Model/UserModel,用于定义数据相关的自动验证、自动完成和数据存取接口。②逻辑层:Logic/UserLogic,用于定义系统相关的业务逻辑。③服务层:Service/UserService,用于定义系统相关的服务接口等。

16.3.2 系统总体功能设计

本系统采用 ThinkPHP 框架进行开发,拥有 MVC 设计架构的性能及开发优势,便于实现前后端分离。经过上述的用例分析,此系统分为前台应用模块和后台管理模块。系统总体功能结构如图 16.6 所示。

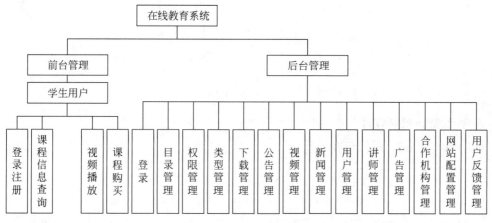

图 16.6　系统总体功能结构图

16.3.3 前台管理模块设计

前台模块是为学生用户设计的。浏览网站的用户可以通过浏览器浏览网站中存在的课程信息。用户可以根据自己的需要查看课程视频内容。

1. 登录注册模块设计

登录注册模块最基本的网站功能是登录和注册,是一切功能的开始。本系统中,学生用户具有登录注册功能。本系统的登录注册模块如图 16.7 所示。

图 16.7　登录注册模块图

2. 课程信息查询模块设计

学生用户在主页中单击任意课程即可进入课程信息页面,其中包含课程目录、课程简介、售卖价格、讲师信息。课程信息查询模块时序图如图 16.8 所示。

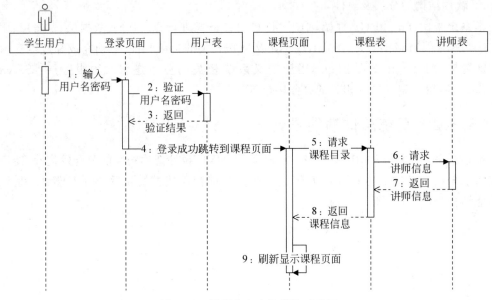

图 16.8　课程信息查询模块时序图

3．视频播放模块设计

学生用户购买课程后,可在课程详情页中查看课程目录,单击任意标题即可进入对应的教学视频播放页面。视频播放模块时序图如图 16.9 所示。

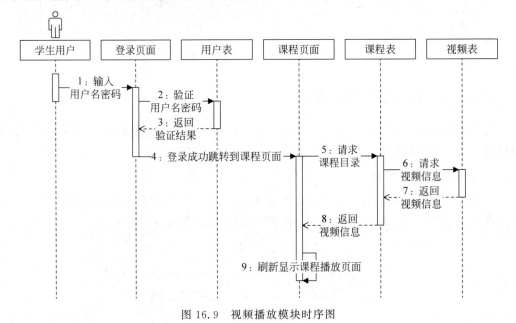

图 16.9　视频播放模块时序图

4．课程购买模块设计

学生用户可在课程信息页面购买课程。课程购买模块时序图如图 16.10 所示。

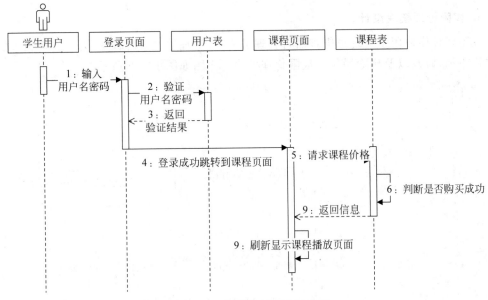

图 16.10　课程购买模块时序图

16.3.4　后台管理模块设计

1. 登录模块设计

管理员后台仅提供登录模块,管理员账号创建须有超级管理员在后台新建账号并给予相应的管理权限。

2. 目录管理模块设计

目录管理模块用于管理员管理前台目录,可对目录进行添加、修改以及删除操作。目录管理模块时序图如图 16.11 所示。

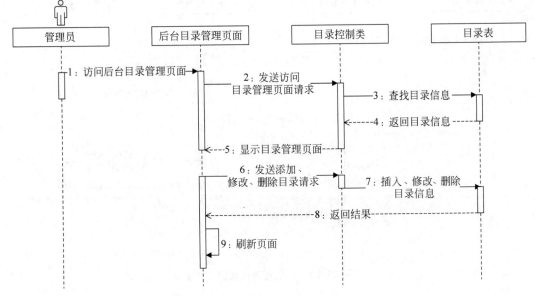

图 16.11　目录管理模块时序图

3. 权限管理模块设计

权限管理模块用于管理员管理后台管理员账号、管理组的管理权限,可对管理权限的范围进行添加、修改以及删除操作。权限管理模块时序图如图 16.12 所示。

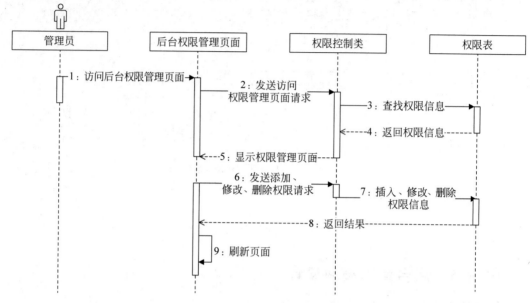

图 16.12　权限管理模块时序图

4. 类型管理模块设计

类型管理模块用于管理员管理教学科目类型,可对课程类型进行添加、修改以及删除操作。类型管理模块时序图如图 16.13 所示。

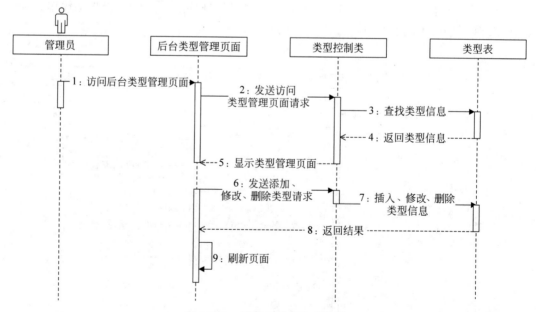

图 16.13　类型管理模块时序图

5. 下载管理模块设计

下载管理模块用于管理员查看移动端应用的下载情况。下载管理模块时序图如图 16.14 所示。

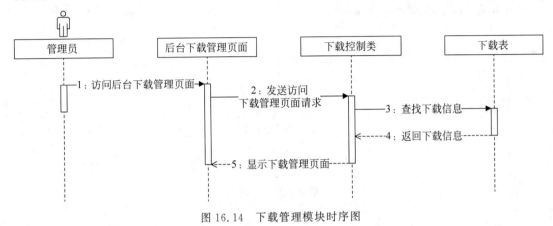

图 16.14 下载管理模块时序图

6. 公告管理模块设计

公告管理模块用于管理员管理网站前台公告,可对公告信息进行添加、修改以及删除操作。公告管理模块时序图如图 16.15 所示。

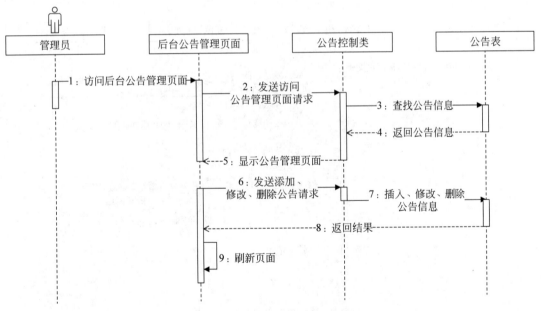

图 16.15 公告管理模块时序图

7. 视频管理模块设计

视频管理模块用于管理员管理课程视频,可对课程视频进行添加、修改以及删除操作。视频管理模块时序图如图 16.16 所示。

8. 新闻管理模块设计

新闻管理模块用于管理员管理前台页面的新闻信息,可对新闻内容进行添加、修改以及

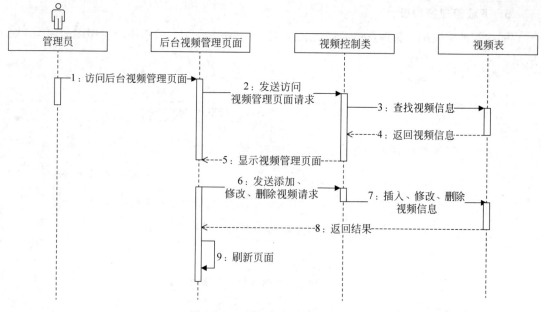

图 16.16　视频管理模块时序图

删除操作。新闻管理模块时序图如图 16.17 所示。

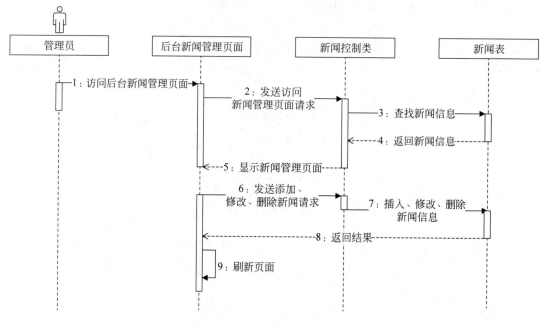

图 16.17　新闻管理模块时序图

9. 用户管理模块设计

用户管理模块用于管理员管理学生用户账号,可对学生用户账号进行修改或删除操作。用户管理模块时序图如图 16.18 所示。

10. 讲师管理模块设计

讲师管理模块用于管理员管理讲师信息,可对讲师信息进行添加、修改以及删除操作。

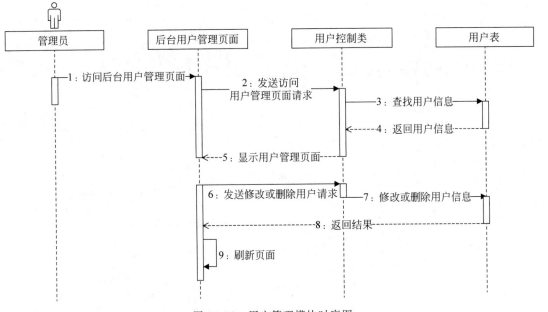

图 16.18 用户管理模块时序图

讲师管理模块时序图如图 16.19 所示。

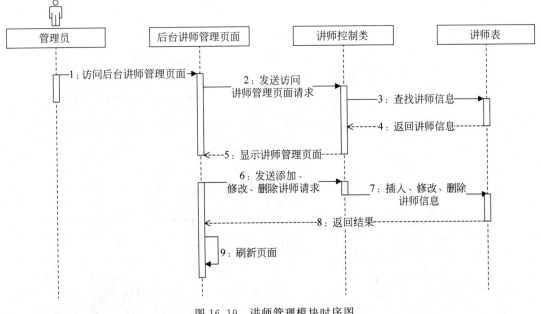

图 16.19 讲师管理模块时序图

11. 广告管理模块设计

广告管理模块用于管理员管理前台广告信息,可对广告内容进行添加、修改以及删除操作。广告管理模块时序图如图 16.20 所示。

12. 合作机构管理模块设计

合作机构管理模块用于管理员管理前台展示的合作机构信息,可对合作机构进行添加、

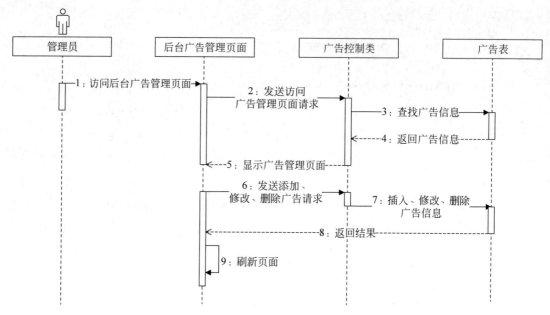

图 16.20　广告管理模块时序图

修改以及删除操作。合作机构管理模块时序图如图 16.21 所示。

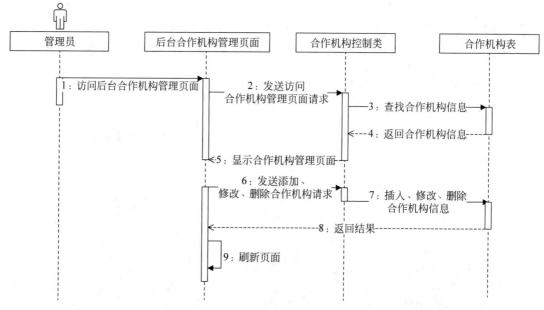

图 16.21　合作机构管理模块时序图

13. 网站配置管理模块设计

网站配置管理模块用于管理员管理网站信息,可对网站标题、网站关键字、网站描述、网站版权、网站标志进行修改。网站配置管理模块时序图如图 16.22 所示。

14. 用户反馈管理模块设计

用户反馈管理模块用于管理员管理用户反馈信息,可对用户反馈信息进行删除操作。

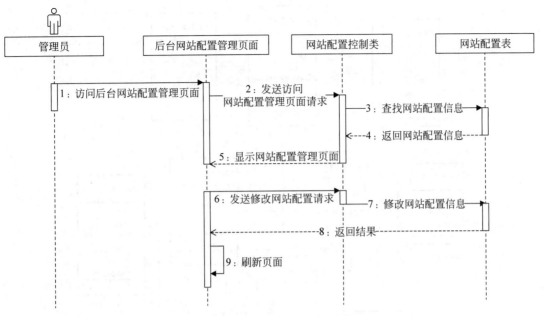

图 16.22　网站配置管理模块时序图

用户反馈管理模块时序图如图 16.23 所示。

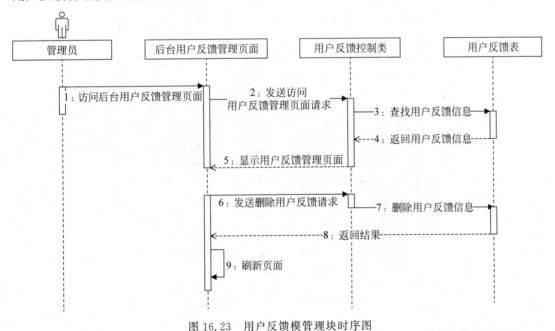

图 16.23　用户反馈模管理块时序图

16.3.5　数据库设计

1. 实体类设计

将这些数据库表转变为 ThinkPHP 框架下的类对象进行操作,以便通过面向对象的方式对数据库进行操作。本系统实体类之间的关系如图 16.24 所示。

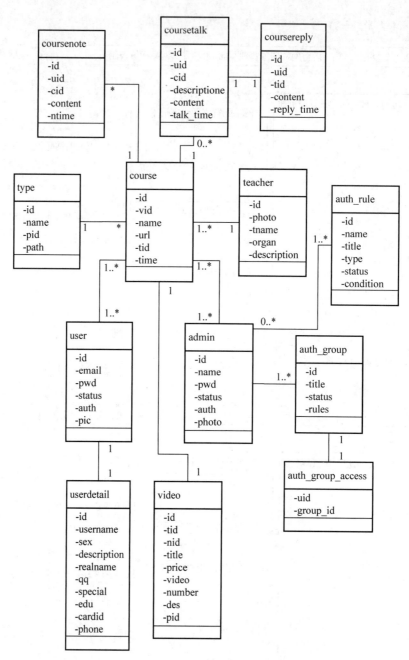

图 16.24 实体类的类图

2. 数据库表设计

（1）新闻表如表 16.22 所示。

表 16.22 新闻表（study_news）

字 段 名	数据类型	主　　键	外　　键	可否为空	信 息 备 注
id	int(10)	Yes	No	Not null	主键
title	char(50)	No	No	Not null	标题

字 段 名	数据类型	主 键	外 键	可否为空	信息备注
content	char(50)	No	No	Default null	内容
ntime	int(10)	No	No	Default null	时间戳

（2）管理员账户表如表 16.23 所示。

表 16.23 管理员账户表（study_admin）

字 段 名	数据类型	主 键	外 键	可否为空	信息备注
id	int(10)	Yes	No	Not null	主键
name	char(50)	No	No	Not null	账号名
pwd	char(50)	No	No	Default null	密码
status	tinyint(10)	No	No	Default null	状态
auth	tinyint(10)	No	No	Default null	所属组名
photo	char(10)	No	No	Default null	头像

（3）权限规则表如表 16.24 所示。

表 16.24 权限规则表（study_auth_rule）

字 段 名	数据类型	主 键	外 键	可否为空	信息备注
id	int(10)	Yes	No	Not null	主键
name	char(50)	No	No	Not null	规则
title	char(50)	No	No	Default null	标题
type	tinyint(10)	No	No	Default null	编号
status	tinyint(10)	No	No	Default null	状态
condition	char(10)	No	No	Default null	条件

（4）视频信息表如表 16.25 所示。

表 16.25 视频信息表（study_video）

字 段 名	数据类型	主 键	外 键	可否为空	信息备注
id	int(10)	Yes	No	Not null	主键
tid	char(50)	No	No	Not null	视频子类 ID
nid	char(50)	No	No	Default null	讲师 ID
title	tinyint(10)	No	No	Default null	视频名称
price	tinyint(10)	No	No	Default null	价格
video	char(10)	No	No	Default null	视频点击量
number	int(10)	No	No	Default null	视频点击量
des	char(10)	No	No	Default null	描述
pid	int(10)	No	No	Default null	视频父类 ID

（5）讲师信息表如表 16.26 所示。

表 16.26 讲师信息表（study_teacher）

字 段 名	数据类型	主 键	外 键	可否为空	信息备注
id	int(10)	Yes	No	Not null	主键
photo	char(50)	No	No	Not null	头像

字　段　名	数 据 类 型	主　　键	外　　键	可 否 为 空	信 息 备 注
tname	char(50)	No	No	Default null	姓名
organ	tinyint(10)	No	No	Default null	所属机构
description	tinyint(10)	No	No	Default null	介绍

（6）课程问题表如表 16.27 所示。

表 16.27　课程问题表（study_coursereply）

字　段　名	数 据 类 型	主　　键	外　　键	可 否 为 空	信 息 备 注
id	int(10)	Yes	No	Not null	主键
content	char(50)	No	No	Default null	标题
reply_time	int(10)	No	No	Default null	内容

（7）网站信息表如表 16.28 所示。

表 16.28　网站信息表（study_config）

字　段　名	数 据 类 型	主　　键	外　　键	可 否 为 空	信 息 备 注
id	int(10)	Yes	No	Not null	主键
title	char(50)	No	No	Not null	网站标题
keywords	char(50)	No	No	Default null	网站关键字
description	tinyint(10)	No	No	Default null	网站描述
copyright	tinyint(10)	No	No	Default null	网站版权
logo	tinyint(10)	No	No	Default null	网站 LOGO
status	tinyint(10)	No	No	Default null	网站状态

（8）下载信息表如表 16.29 所示。

表 16.29　下载信息表（study_app）

字　段　名	数 据 类 型	主　　键	外　　键	可 否 为 空	信 息 备 注
id	int(10)	Yes	No	Not null	主键
time	int(10)	No	No	Default null	时间戳
filename	varchar(50)	No	No	Default null	下载版本
addr	varchar(50)	No	No	Default null	IP 地址

（9）课程信息表如表 16.30 所示。

表 16.30　课程信息表（study_course）

字　段　名	数 据 类 型	主　　键	外　　键	可 否 为 空	信 息 备 注
id	int(10)	Yes	No	Not null	主键
vid	int(10)	No	No	Not null	视频 ID
name	char(50)	No	No	Default null	视频名称
url	char(50)	No	No	Default null	链接
tid	int(10)	No	No	Default null	视频子类 ID
time	int(10)	No	No	Default null	时间戳

（10）管理组权限表如表 16.31 所示。

表 16.31　管理组权限表（study_auth_group_access）

字　段　名	数 据 类 型	主　　键	外　　键	可 否 为 空	信 息 备 注
uid	Mediumint(10)	Yes	No	Not null	主键
group_id	Mediumint(10)	No	No	Not null	管理组 ID

（11）用户反馈表如表 16.32 所示。

表 16.32　用户反馈表（study_advice）

字　段　名	数 据 类 型	主　　键	外　　键	可 否 为 空	信 息 备 注
id	int(10)	Yes	No	Not null	主键
title	char(50)	No	No	Not null	标题
advice	text	No	No	Default null	内容
time	int(10)	No	No	Default null	反馈时间
relation	varr(50)	No	No	Default null	用户账号

（12）课程笔记表如表 16.33 所示。

表 16.33　课程笔记表（study_coursenote）

字　段　名	数 据 类 型	主　　键	外　　键	可 否 为 空	信 息 备 注
id	int(10)	Yes	No	Not null	主键
uid	char(50)	No	No	Not null	课程 ID
cid	int(10)	No	No	Default null	目录 ID
content	char(50)	No	No	Default null	内容
ntime	int(10)	No	No	Default null	时间

（13）用户表如表 16.34 所示。

表 16.34　用户表（study_user）

字　段　名	数 据 类 型	主　　键	外　　键	可 否 为 空	信 息 备 注
id	int(10)	Yes	No	Not null	主键
email	char(50)	No	No	Not null	邮箱
pwd	char(50)	No	No	Default null	密码
status	Enum(0,1)	No	No	Default null	状态
auth	Enum(0,1)	No	No	Default null	权限
pic	char(50)	No	No	Default null	头像

（14）管理组表如表 16.35 所示。

表 16.35　管理组表（study_auth_group）

字　段　名	数 据 类 型	主　　键	外　　键	可 否 为 空	信 息 备 注
id	int(10)	Yes	No	Not null	主键
title	char(50)	No	No	Not null	名称
status	Tinyint(1)	No	No	Default null	状态
rules	char(50)	No	No	Default null	规则

（15）课程类型表如表 16.36 所示。

表 16.36　课程类型表(study_type)

字　段　名	数据类型	主　　键	外　　键	可否为空	信息备注
id	int(10)	Yes	No	Not null	主键
name	char(50)	No	No	Not null	名称

(16) 合作机构表如表 16.37 所示。

表 16.37　合作机构表(study_organ)

字　段　名	数据类型	主　　键	外　　键	可否为空	信息备注
id	int(10)	Yes	No	Not null	主键
url	char(50)	No	No	Not null	链接
name	char(50)	No	No	Default null	名称
description	char(50)	No	No	Default null	描述

(17) 公告信息表如表 16.38 所示。

表 16.38　公告信息表 (study_info)

字　段　名	数据类型	主　　键	外　　键	可否为空	信息备注
id	int(10)	Yes	No	Not null	主键
title	varchar(50)	No	No	Not null	标题
content	text	No	No	Not null	内容
time	int(10)	No	No	Default null	时间戳

(18) 用户信息表如表 16.39 所示。

表 16.39　用户信息表(study_userdetail)

字　段　名	数据类型	主　　键	外　　键	可否为空	信息备注
id	int(10)	Yes	No	Not null	主键
username	varchar(50)	No	No	Not null	用户名
sex	enum(0,1)	No	No	Not null	性别
description	varchar(50)	No	No	Not null	个人简介
realname	varchar(50)	No	No	Not null	真名
qq	int(10)	No	No	Not null	QQ 号
special	varchar(50)	No	No	Not null	特长
edu	varchar(50)	No	No	Not null	学历
phone	varchar(50)	No	No	Not null	电话号

(19) 广告信息表如表 16.40 所示。

表 16.40　广告信息表(study_adv)

字　段　名	数据类型	主　　键	外　　键	可否为空	信息备注
id	int(10)	Yes	No	Not null	主键
price	decimal(10,0)	No	No	Not null	价格
url	varchar(50)	No	No	Not null	链接
des	text	No	No	Not null	描述
pic	varchar(50)	No	No	Not null	图片
place	tinyint(10)	No	No	Default null	地址

（20）课程问题解答表如表 16.41 所示。

表 16.41 课程问题解答表（study_coursetalk）

字 段 名	数据类型	主 键	外 键	可否为空	信息备注
id	int(10)	Yes	No	Not null	主键
description	char(50)	No	No	Not null	内容
content	char(50)	No	No	Not null	标题

16.4 系统详细设计与实现

16.4.1 前台功能模块详细设计与实现

1. 登录注册模块

在线教育系统首页用于向学生用户即会员用户提供课程相关的信息展示，并提供用户的登录、注册的链接。

游客也可以使用课程信息页面，但与注册的学生用户不同的是，游客不能购买任何课程并在站内观看教学视频，仅能完成浏览信息操作。如果游客想要购买课程，则必须完成注册及登录操作。注册页面如图 16.25 所示，登录页面如图 16.26 所示。

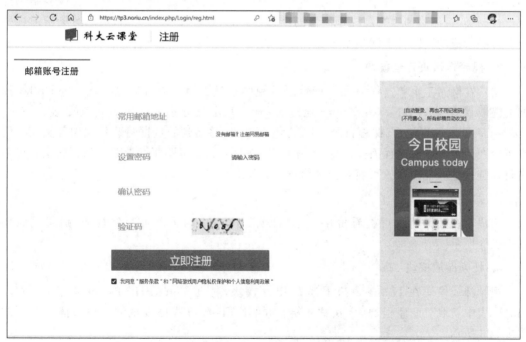

图 16.25 前台注册页面

当用户进入注册页面后填写相应的邮箱地址、密码等注册信息，单击"立即注册"按钮后，前台通过 GET 方法提交给登录控制类，登录控制类使用 $_POST 函数获取前台提交的表单数据并用该组数据在 study_user 表中查询是否存在该用户名，验证密码规范与验证码合格后将表单数据封装，使用 ThinkPHP 框架的 create 函数将封装好的数据插入数据库中

图 16.26　前台登录页面

的 study_user 表。

当用户在前台页面输入账户名及密码并单击"登录"按钮时,前台通过 POST 方法提交表单给登录控制类,登录控制类内使用 PHP 的 $_POST 函数获取前台提交的表单数据并用该组数据在 study_user 表中查询是否存在该用户名且密码是否正确,然后将校验结果返回给控制类,控制类通过判断模型返回的结果,将结果返还至前台页面,最后渲染给前台页面。若登录成功则跳转至网站主页面;若登录失败则显示提示信息。

2. 视频详情页管理模块

用户在网站主页单击任意课程即可进入视频信息页面。前端通过 IndexController 控制类获取课程 ID,CourseController 通过 $_POST 函数分别从 study_course 表、study_teacher 表获取课程简介、课程目录、讲师信息等数据,将得到的数据封装传回课程页面。用户可以在此页面查看课程简介信息、课程目录、教师信息并可购买此课程。课程购买后可单击目录链接进入视频播放页面。视频信息页面如图 16.27 所示。

3. 购买模块

用户在视频详情页可查看价格并单击"购买",用户购买后可观看视频,购买页面如图 16.26 所示。

4. 视频播放模块

视频播放模块在 Home 入口下建立 Play 模块,通过 ThinkPHP 的 M 方法从 study_course 表中获取对应课程的 ID 及视频链接,再用 Flash 方式播放视频。视频播放页面如图 16.28 所示。

16.4.2　后台功能模块详细设计与实现

1. 登录模块管理

管理员在登录页面输入用户名密码,通过 PublicController 控制类检查账户是否存在,若存在则校验账户密码,若不存在则提示"你没有权限"。管理员登录页面如图 16.29 所示。

图 16.27　视频信息页面

图 16.28　视频播放页面

图 16.29　管理员登录页面

2. 权限管理模块

当管理员进入在线教育系统后台后,单击"权限管理",选择"管理员列表",进入权限管理页面。通过 ThinkPHP 中的 M 方法从 study_auth_rule 表中获得数据,定义 addRule 方法进行添加权限操作、定义 modRule 方法进行修改权限操作、定义 delRule 方法进行删除规则操作、定义 modStatus 方法进行状态修改操作。上述方法中,首先,系统获取到通过 Ajax 请求发送的表单数据,然后对 study_auth_rule 表进行相应操作,利用实例对数据进行插入操作并将该对象转换为 JSON 字符串,发送给前台,再由前台接收响应,显示对应的提示信息并刷新页面。权限管理页面如图 16.30 所示。

图 16.30   权限管理页面

3. 用户管理模块

当管理员进入在线教育系统后台后,单击"用户管理",选择"用户列表",进入用户管理页面。通过 ThinkPHP 中的 M 方法从 study_user 表中获得数据,定义 mod 方法进行用户修改操作、定义 del 方法进行删除用户操作、定义 select 方法查询用户详情。上述方法中,首先,系统获取到通过 Ajax 请求发送的表单数据,然后对 study_user 表及 study_user_userdetail 表进行相应操作,利用实例对数据进行插入操作并将该对象转换为 JSON 字符串,发送给前台,再由前台接收响应,显示对应的提示信息并刷新页面。用户管理页面如图 16.31 所示。

4. 视频管理模块

当管理员进入在线教育系统后台后,单击"视频管理",选择"视频列表",进入视频管理页面。通过 ThinkPHP 中的 M 方法从 study_video 与 study_course 表中获得数据,定义 del 方法进行删除视频操作,上述方法中,首先,系统获取到通过 Ajax 请求发送的表单数据,然后对 study_video 表及 study_course 表进行相应操作,利用实例对数据进行插入操作并将该对象转换为 JSON 字符串,发送给前台,再由前台接收响应,显示对应的提示信息并刷新页面。视频管理页面如图 16.32 所示。

5. 讲师管理模块

当管理员进入在线教育系统后台后,单击"讲师管理",选择"讲师列表",进入讲师管理

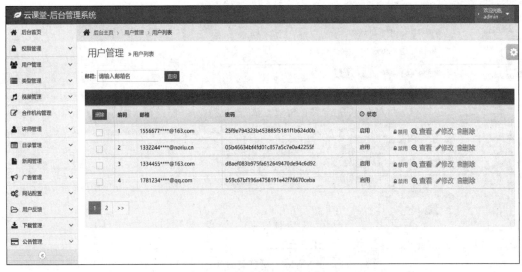

图 16.31　用户管理页面

图 16.32　视频管理页面

页面。通过 ThinkPHP 中的 M 方法从 study_teacher 表中获得数据,定义 add 方法进行添加讲师操作、定义 mod 方法进行修改讲师操作、定义 del 方法进行删除讲师操作。上述方法中,首先,系统获取到通过 Ajax 请求发送的表单数据,然后对 study_teacher 表进行相应操作,利用实例对数据进行插入操作并将该对象转换为 JSON 字符串,发送给前台,再由前台接收响应,显示对应的提示信息并刷新页面。讲师管理页面如图 16.33 所示。

6. 目录管理模块

当管理员进入在线教育系统后台后,单击"目录管理",选择"目录列表",进入目录管理页面。通过 ThinkPHP 中的 M 方法从 study_course 表中获得数据,定义 add 方法进行添加目录操作、定义 mod 方法进行修改目录操作。上述方法中,首先,系统获取到通过 Ajax 请求发送的表单数据,然后对 study_course 表进行相应操作,利用实例对数据进行插入操作并将该对象转换为 JSON 字符串,发送给前台,再由前台接收响应,显示对应的提示信息并

图 16.33　讲师管理页面

刷新页面。目录管理页面如图 16.34 所示。

图 16.34　目录管理页面

7. 类型管理模块

当管理员进入在线教育系统后台后，单击"类型管理"，选择"类型列表"，进入类型管理页面。通过 ThinkPHP 中的 M 方法从 study_type 表中获得数据，定义 add_parent 方法进行添加分区操作、定义 add_son 方法进行添加子模块操作、定义 del_video 方法进行删除视频操作、定义 add_video 方法进行添加视频操作、定义 mod_parent 方法进行修改分区操作、定义 mod_son 方法进行修改子模块操作。上述方法中，首先，系统获取到通过 Ajax 请求发送的表单数据，然后对 study_type 表进行相应操作，利用实例对数据进行插入操作并将该对象转换为 JSON 字符串，发送给前台，再由前台接收响应，显示对应的提示信息并刷新页面。类型管理页面如图 16.35 所示。

图 16.35　类型管理页面

8. 合作机构管理模块

当管理员进入在线教育系统后台后,单击"合作机构管理",选择"合作机构列表",进入合作机构管理页面。通过 ThinkPHP 中的 M 方法从 study_organ 表中获得数据,定义 add 方法进行添加合作机构操作、定义 mod 方法进行修改合作机构操作。上述方法中,首先,系统获取到通过 Ajax 请求发送的表单数据,然后对 study_organ 表进行相应操作,利用实例对数据进行插入操作并将该对象转换为 JSON 字符串,发送给前台,再由前台接收响应,显示对应的提示信息并刷新页面。合作机构管理页面如图 16.36 所示。

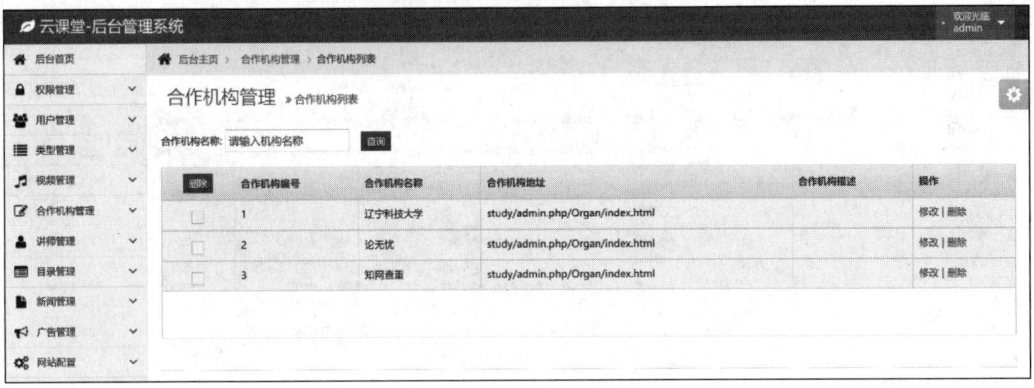

图 16.36　合作机构管理页面

9. 新闻管理模块

当管理员进入在线教育系统后台后,单击"新闻管理",选择"新闻列表",进入新闻管理页面。通过 ThinkPHP 中的 M 方法从 study_news 表中获得数据,定义 add 方法进行添加新闻操作、定义 mod 方法进行修改新闻操作、定义 del 方法进行删除新闻操作。上述方法中,首先,系统获取到通过 Ajax 请求发送的表单数据,然后对 study_news 表进行相应操作,利用实例对数据进行插入操作并将该对象转换为 JSON 字符串,发送给前台,再由前台接收响应,显示对应的提示信息并刷新页面。新闻管理页面如图 16.37 所示。

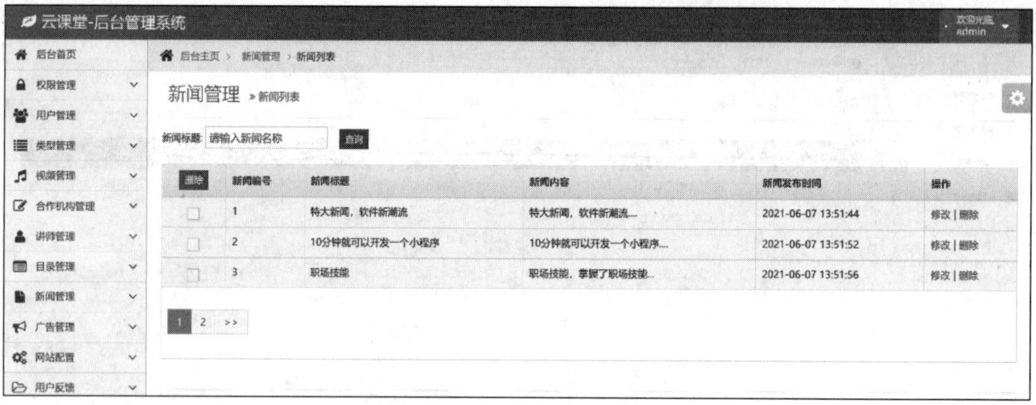

图 16.37　新闻管理页面

10. 广告管理模块

当管理员进入在线教育系统后台后,单击"广告管理",选择"广告列表",进入广告管理页面。通过 ThinkPHP 中的 M 方法从 study_adv 表中获得数据,定义 add 方法进行添加广告操作、定义 mod 方法进行修改广告操作、定义 del 方法进行删除广告操作。上述方法中,首先,系统获取到通过 Ajax 请求发送的表单数据,然后对 study_adv 表进行相应操作,利用实例对数据进行插入操作并将该对象转换为 JSON 字符串,发送给前台,再由前台接收响应,显示对应的提示信息并刷新页面。广告管理页面如图 16.38 所示。

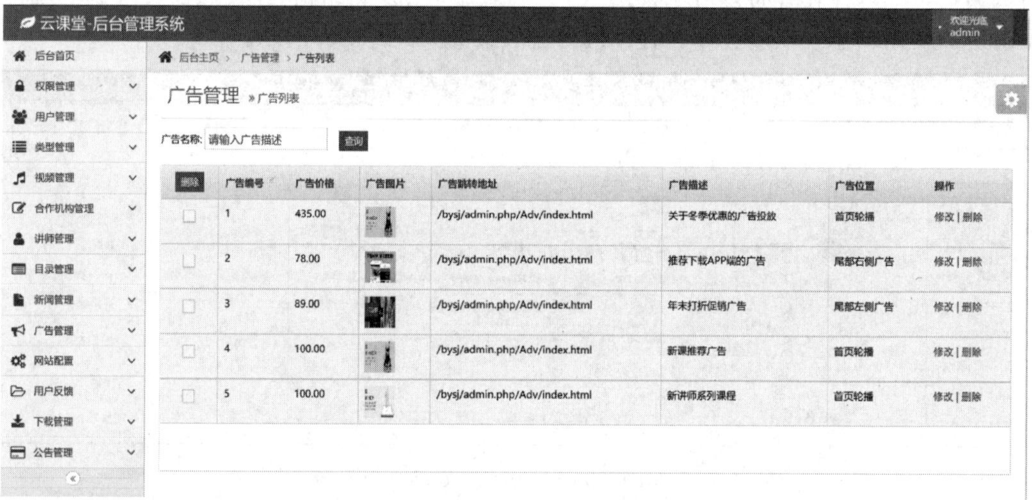

图 16.38　广告管理页面

11. 网站配置管理模块

当管理员进入在线教育系统后台后,单击"网站配置",选择"网站配置列表",进入配置管理页面。通过 ThinkPHP 中的 M 方法从 study_config 表中获得数据,定义 status 方法进行修改权限操作、定义 mod 方法进行修改网站配置操作。上述方法中,首先,系统获取到通过 Ajax 请求发送的表单数据,然后对 study_config 表进行相应操作,利用实例对数据进行插入操作并将该对象转换为 JSON 字符串,发送给前台,再由前台接收响应,显示对应的提示信息并刷新页面。网站配置管理页面如图16.39所示。

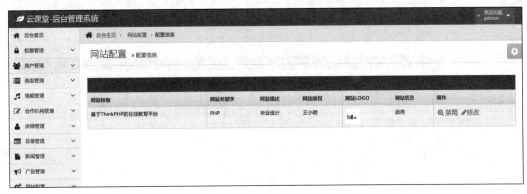

图 16.39　网站配置管理页面

12. 用户反馈管理模块

当管理员进入在线教育系统后台后,单击"用户反馈",选择"用户反馈列表",进入用户反馈管理页面。通过 ThinkPHP 中的 M 方法从 study_advice 表中获得数据,定义 del 方法进行删除用户反馈操作。上述方法中,首先,系统获取到通过 Ajax 请求发送的表单数据,然后对 study_advice 表进行相应操作,利用实例对数据进行插入操作并将该对象转换为 JSON 字符串,发送给前台,再由前台接收响应,显示对应的提示信息并刷新页面。用户反馈管理页面如图16.40所示。

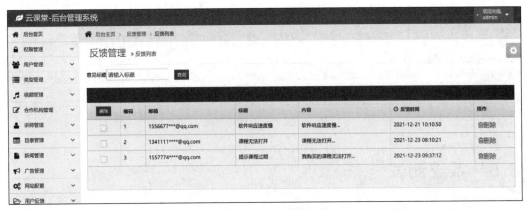

图 16.40　用户反馈管理页面

13. 下载管理模块

当管理员进入在线教育系统后台后,单击"下载管理",选择"下载列表",进入下载管理页面。通过 ThinkPHP 中的 M 方法从 study_app 表中获得数据查看用户下载情况信息。下载管理页面如图16.41所示。

14. 公告管理模块

当管理员进入在线教育系统后台后,单击"公告管理",选择"公告列表",进入公告管理页面。通过 ThinkPHP 中的 M 方法从 study_info 表中获得数据,定义 add 方法进行添加公告操作、定义 mod 方法进行修改公告操作、定义 del 方法进行删除公告操作。上述方法中,

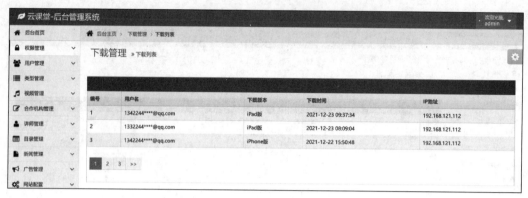

图 16.41　下载管理页面

首先,系统获取到通过 Ajax 请求发送的表单数据,然后对 study_info 表进行相应操作,利用实例对数据进行插入操作并将该对象转换为 JSON 字符串,发送给前台,再由前台接收响应,显示对应的提示信息并刷新页面。公告管理页面如图 16.42 所示。

图 16.42　公告管理页面

16.5　系统测试

软件测试主要是发现软件的错误、有效定义和实现软件成分由低层到高层的组装过程、验证软件是否满足任务书和系统定义文档所规定的技术要求、为软件质量模型的建立提供依据。测试过程一般分为四部分:单元测试、集成测试、确认测试、系统测试。从是否关心软件内部结构和具体实现的角度划分,测试方法主要有白盒测试和黑盒测试。

16.5.1　系统的测试实例

使用学生用户账户进行四组对照测试,使用管理员账户进行统一功能的区分测试,来论述测试的具体操作步骤。

1. 学生用户功能测试

学生用户登录后可以观看视频、发表评论、下载软件、购买课程。测试数据如表 16.42

所示。

表 16.42　学生用户功能模块测试

分　　类	测 试 数 据	期 望 结 果	实 际 结 果	测 试 状 态
无效等价类	游客观看视频	登录信息提示	登录信息提示	正常
	游客购买课程	登录信息提示	登录信息提示	正常
	游客下载软件	登录信息提示	登录信息提示	正常
	游客发表评论	登录信息提示	登录信息提示	正常
有效等价类	用户观看视频	正常使用	正常使用	正常
	用户购买课程	正常使用	正常使用	正常
	用户下载软件	正常使用	正常使用	正常
	用户发表评论	正常使用	正常使用	正常

2. 管理员功能测试

对于管理员而言,当登录后可以视频添加。测试数据如表 16.43 所示。

表 16.43　管理员模块测试

分　　类	测 试 数 据	期 望 结 果	实 际 结 果	测 试 状 态
无效等价类	视频名称为空	提示不能为空	提示不能为空	正常
	未选择讲师	提示请选择讲师	提示请选择讲师	正常
	视频链接为空	提示不能为空	提示不能为空	正常
有效等价类	全部添加正确数据	提示添加成功	提示添加成功	正常

16.5.2　测试总结

经过上述的各项测试,系统的功能正常,运行结果理想。系统的各项功能均正常运行,测试的数据准确可靠,符合操作规范。但据此仍不足以证明系统拥有极高的完整度,因为再严密的测试数据也难免会出现不可预见的漏洞,现阶段仍需要不断地去发现问题并解决问题,这样才能使系统逐步地完善起来。

项目小结

本系统使用 ThinkPHP 框架,充分利用了 PHP 和 ThinkPHP 框架的性能特点优势,数据库采用方便快捷的 MySQL 数据库管理系统。此在线教育平台努力做到使用简单、维护便捷、功能全面,通过模块化的开发方案,使网站更加符合用户的需要,但由于各个地区教育水平和需求的不同,系统仍存在许多不能满足用户需求的地方,仍需要不断地改进与完善。

第17章

项目三　基于ASP.NET的购物商城的设计与实现

项目简介

　　本系统采用 ASP. NET 技术,以 C♯作为编程语言,以 SQL Server 2008 作为数据库。系统前台分为游客、普通用户两种角色。游客即未登录用户,可以注册、浏览网站信息;普通用户为已登录用户,可以管理订单、用户信息、购物车。系统后台为管理员和商家。管理员可以进行用户管理、商家管理、商品类别管理、商品管理、商品评价管理、订单管理和系统管理;商家可以进行商品管理、订单管理和商家信息管理。购物商城是在网络上为商家、消费者提供的一个第三方平台,它既可以使商家降低商品成本又可以使消费者有更轻松、方便的购物体验。

17.1　绪论

17.1.1　项目背景

　　随着互联网的迅速发展,近几年我国电子商务发展十分迅速,且拥有庞大的消费群体。截至 2021 年 12 月,我国网民规模达 10.32 亿,较 2020 年 12 月增长 4296 万,互联网普及率达 73.0％。电子商务的交易总额在逐年递增,电子商务具有很大的发展前景。

　　对于企业而言,这是一个充满机会和挑战的时代,企业的竞争已经逐步从传统市场转向网上市场。各种电子商务网站如雨后春笋般涌现,随着互联网的高速发展,电子商务已经成为企业不可忽视的重要销售渠道。网上购物系统可以节省商家或者买家的大量时间。商家可以减少商品成本,而买家可以以更低廉的价格买到自己喜欢的商品。随着网上购物商城的普及和完善,将会有越来越多的人加入这个领域。

17.1.2　相关性研究

　　网上购物商城随着互联网的发展而产生。网上购物是指交易双方交流、支付、交货等所有交易过程都通过网络实现的新型购物模式。作为一种新兴的购物方式,它具有方便、快捷、节约成本等优点,受到各行各业的广泛关注。其中,最具代表性的购物网站是淘宝和京东,它们为商家和买家提供平台,在平台的保障下消费者得以拥有更优质的消费体验。我国网上购物产业在较短的时间里发展十分迅速,国家统计局数据显示,2021年,全国网上零售额达13.1万亿元,同比增长14.1%。网上购物展现出巨大的市场潜力,慢慢成为一种不可替代的交易方式。

17.1.3　项目的目的和意义

本项目的目的是开发一款有更优质购物体验的网上购物系统,于企业而言,减少商品成本,增加产品销量和拓宽销售渠道;于消费者而言,购买自己喜欢的商品不受时间和空间的约束,足不出户即可完成消费。而网站和管理员则作为中间人,约束和规范商家和消费者的行为,使每个人都可以有更优质的交易体验。因此,构建一个网上购物商城是很有必要的。

17.1.4　相关技术介绍

1. ASP.NET 简介

ASP.NET 技术是 ASP 的升级版,微软在对 ASP 进行升级的同时,还为 ASP.NET 添加了新的脚本语言。ASP.NET 是一个已编译的基于.NET 的环境,可以使用 Visual Basic.NET、C♯、JScript 等开发应用程序,且具有页面无须多次编译、应用程序可以实时更新等特点。ASP.NET 和 ASP 相比具有效率高、可重用性强、代码少等优点。随着 ASP.NET 技术的发展,其技术也越来越成熟。

2. C♯

C♯是由微软公司专门为.NET 平台设计的语言,由 C、C++和 Java 发展而来。C♯是一种完全面向对象的可视化编程语言,具有面向程序设计语言共同的优点。编译 C♯代码的过程中需要转换为可以运行于平台的中间语言,然后进一步链接不同资源、类库等产生一种可以正常运行的程序。C♯具有组件库和方法库,作为结构化语言,它容易学习,运行效率高,可以在多种计算机平台上编译。

3. SQL Server 2008

SQL Server 2008 是一款性能丰富的产品,具有很多新型的技能和特性。由于 SQL Server 2008 降低了有关.NET 框架及管理系统的时间和成本,使得操作者可以对更加丰富的数据库应用程序进行开发。SQL Server 2008 在微软数据平台中出现,可以通过关键应用程序的运行降低信息管理和发送的相关成本。

17.2　系统需求分析

17.2.1　可行性分析

1. 经济可行性

本系统使用 Microsoft Visual Studio 2022 和 Microsoft SQL Server 2008 开发实现,二者都是免费软件,使得用户在构建网上商城期间投入较少,且商城运行后的维护和使用成本较低,因此,本系统在经济上是可行的。

2. 技术可行性

本网站的开发使用 C♯语言、SQL Server 数据库和 ASP. NET 技术,系统的开发工具是 Microsoft Visual Studio 2022 和 Microsoft SQL Server 2008,这两种软件都为免费软件且操作简单,使用以上技术开发能够满足网上购物商城的功能需求,因此,本系统在技术上是可行的。

3. 操作可行性

系统正式上线使用后,各类用户只需要在商城登录页面输入相应的账号信息,即可进行操作。网站页面布局清晰明了,操作流程简单、便捷。因此,本系统在操作上是可行的。

4. 社会可行性

本网上购物商城全程为自主开发设计,不会侵犯他人的利益或触犯国家法律法规,因此,本系统的开发和使用在法律上是可行的。

17.2.2　系统需求分析

系统前台有游客、普通用户两种角色。游客即未登录用户,可以注册、浏览网站信息;普通用户为已登录用户,普通用户可以管理订单、用户信息和购物车。系统后台有商家和管理员两种角色。商家可以进行商品管理、订单管理、商家信息管理;管理员可以进行用户管理、商家管理、商品类别管理、商品管理、商品评价管理、订单管理、管理员信息管理。

1. 游客功能需求描述

(1) 游客可以进行网上浏览,在浏览网站时可以通过搜索或者分类来查找喜欢的商品。

(2) 游客可以登录和注册为普通用户和商家两种类型。

2. 普通用户功能需求描述

(1) 登录:普通用户登录需要用户名、密码,成功后,进入用户中心,并显示登录的用户名。

(2) 订单管理:普通用户查看订单信息和提交对已购商品的评价。

(3) 用户信息管理:管理普通用户的个人信息,包括个人基本信息、密码等。

(4) 购物车管理:普通用户对购物车中的商品进行管理,可以增减商品数量、删除商品以及结算商品。

3. 商家功能需求描述

(1) 登录:商家输入正确的用户名和密码,登录成功后,进入后台商家管理页面,并显示登录的商家名。

(2) 商品管理:添加商品信息,上架商品,可在商品列表中查看已上传的商品状态和详细信息,对商品信息进行修改以及删除商品。

(3) 订单管理:查看收到的订单和商品评价。

(4) 商家信息管理:管理商家的信息,包括商家基本信息、密码。

4. 管理员功能需求描述

(1) 管理员输入正确的用户名和密码,登录成功后进入管理员管理页面,执行相关管理操作。

(2) 用户管理：管理普通用户信息，可以修改和删除普通用户。

(3) 商家管理：管理员对新注册商家进行审核，在商家列表中可以查看商家的详细信息，修改商家信息，以及删除商家。

(4) 商品类别管理：管理员对商品类别进行添加、删除和修改。

(5) 商品管理：管理员对新上传的商品进行审核，在商品列表中可以查看商品详细信息，修改商品信息，以及删除商品。

(6) 商品评价管理：管理员管理商品评价信息，可以查看和删除商品评价。

(7) 订单管理：管理员管理订单信息，可以查看订单详细信息和删除订单。

(8) 管理员信息管理：管理管理员信息，可修改管理员密码。超级管理员可以添加管理员，在管理员列表中可以管理管理员信息和删除管理员。

17.2.3 需求模型

本系统角色分为用户、商家、管理员三类。

1. 用户用例分析

1) 用户用例图

系统用户用例图如图 17.1 所示。

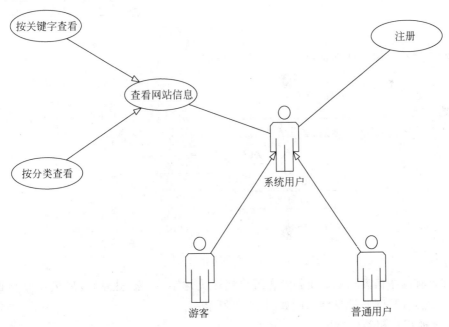

图 17.1 系统用户用例图

普通用户用例图如图 17.2 所示。

2) 用例描述

(1) 游客相关用例描述。

游客注册用例分析：游客进行注册成为普通用户，若注册时用户名重复则重新注册，注

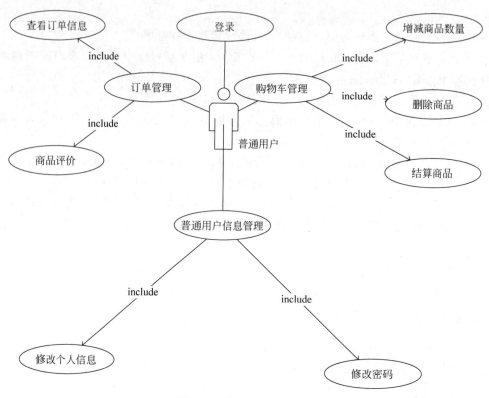

图 17.2　普通用户用例图

册成功即可登录。游客注册活动图如图 17.3 所示。

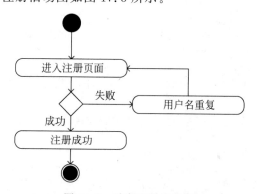

图 17.3　游客注册活动图

　　游客查看网站信息用例分析：游客可以按照关键字、商家、热销商品、最新商品查看网站信息。游客查看网站信息活动图如图 17.4 所示。

　　（2）普通用户相关用例描述。

　　普通用户登录用例分析：在注册成功后，输入正确的用户名和密码即可成功登录，若用户名或密码错误，则须重新填写。普通用户登录活动图如图 17.5 所示。

　　普通用户信息管理用例分析：普通用户在登录成功后，进入用户中心页面，可以修改个人信息和密码。用户信息管理活动图如图 17.6 所示。

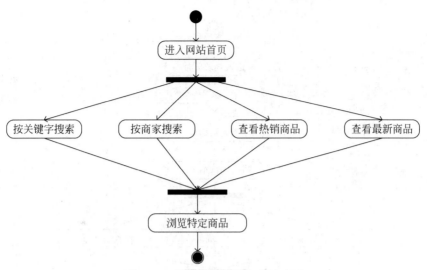

图 17.4　游客查看网站信息活动图

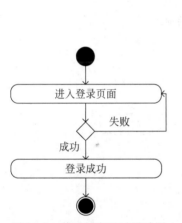

图 17.5　普通用户登录活动图

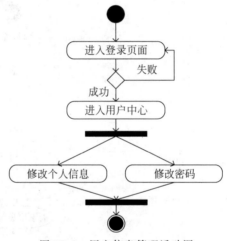

图 17.6　用户信息管理活动图

订单管理用例分析：普通用户登录成功后，进入"我的订单"页面，查看订单信息和商品评价。订单管理活动图如图 17.7 所示。

购物车管理用例分析：普通用户登录成功后，将喜欢的商品加入购物车，在购物车页面，可以增减商品数量、删除商品以及结算商品。购物车管理活动图如图 17.8 所示。

2. 商家用例分析

1）商家用例图

商家登录后可进行订单管理、商品管理、商家信息管理。商家用例图如图 17.9 所示。

2）商家用例描述

订单管理用例分析：商家在成功登录后，进入订

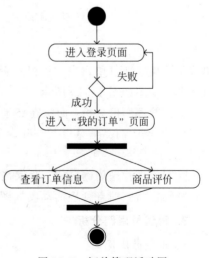

图 17.7　订单管理活动图

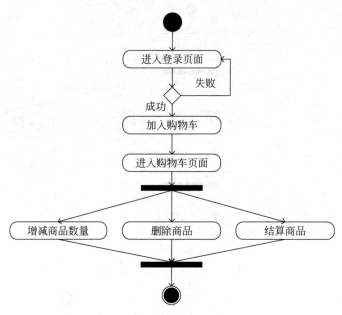

图 17.8　购物车管理活动图

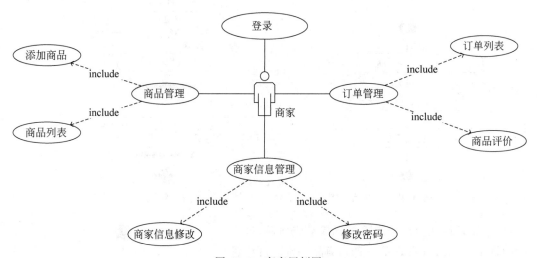

图 17.9　商家用例图

单管理页面。在订单列表中可以查看订单详情和删除订单,以及查看收到的商品评价。订单管理活动图如图 17.10 所示。

　　商品管理用例分析:商家在登录成功后,进入商品管理页面。在商品列表中可以查看商品详情、修改商品信息以及删除商品,在添加商品页面添加新商品信息。商品管理活动图如图 17.11 所示。

　　商家信息管理用例分析:商家在登录成功后,进入商家信息管理页面可以修改商家信息和密码。商家信息管理活动图如图 17.12 所示。

3. 管理员用例分析

1) 管理员用例图

管理员登录后对系统信息进行管理维护,包括用户管理、商家管理、商品类别管理、商品

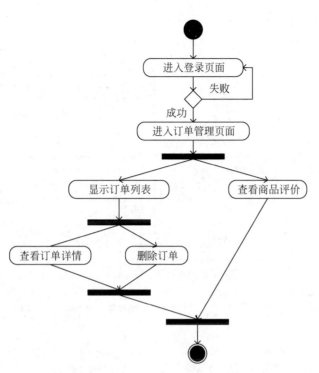

图 17.10 订单管理活动图

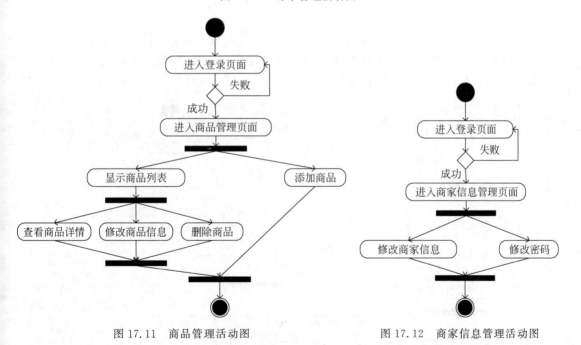

图 17.11 商品管理活动图   图 17.12 商家信息管理活动图

管理、商品评价管理、订单管理和管理员信息管理。管理员用例图如图 17.13 所示。

2）管理员用例描述

用户管理用例分析：管理员成功登录后，进入用户列表可以对普通用户信息进行修改和删除普通用户。用户管理活动图如图 17.14 所示。

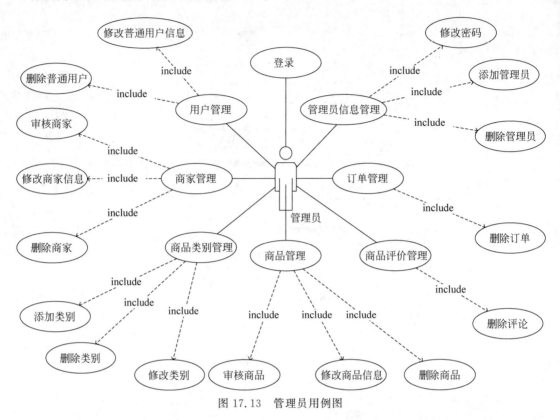

图 17.13 管理员用例图

商家管理用例分析：管理员在成功登录后，可以在商家列表中查看商家详细信息、修改商家信息以及删除商家，在商家审核页面审核商家是否符合标准。商家管理活动图如图 17.15 所示。

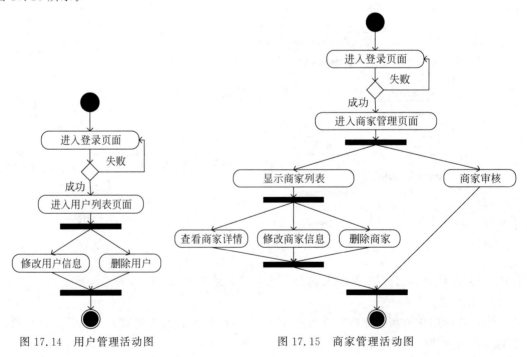

图 17.14 用户管理活动图   图 17.15 商家管理活动图

商品类别管理用例分析：管理员成功登录后，进入商品类别管理页面，在商家类别列表中可以修改商品类别信息和删除商品类别，在添加商品类别页面中可以添加商品类别。商品类别管理活动图如图 17.16 所示。

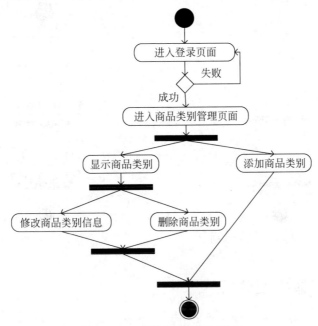

图 17.16 商品类别管理活动图

商品管理用例分析：管理员成功登录后，进入商品管理页面，在商品列表中可以查看商品信息和删除商品，在商品审核页面中可以审核商品。商品管理活动图如图 17.17 所示。

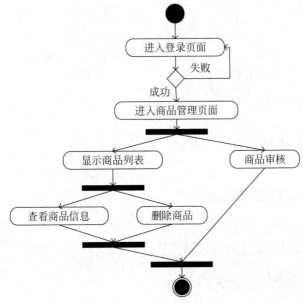

图 17.17 商品管理活动图

商品评价用例分析：管理员成功登录后，在商品评价列表中可以查看商品评价和删除商品评价，商品评价管理活动图如图 17.18 所示。

订单管理用例分析；管理员登录成功后，在订单列表中可以查看订单详情和删除订单。订单管理活动图如图 17.19 所示。

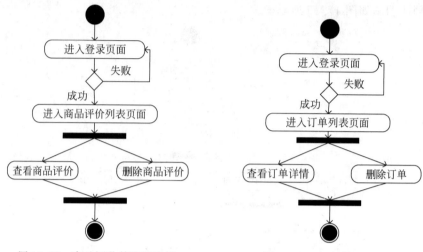

图 17.18　商品评价管理活动图　　　　图 17.19　订单管理活动图

17.2.4　实体模型分析

经过分析，找出系统所有的实体类及其封装信息。系统实体属性如表 17.1 所示。

表 17.1　系统实体属性

实 体	说 明
Admin	管理员信息（登录名、密码）
Company	商家信息（登录名、密码、地址、电话等）
Member	普通用户信息（登录名、密码、电话、地址等）
Orders	订单信息（价格、支付方式、支付人账号、收货地址等）
Products	商品信息（商品名称、库存数量、价格、商家等）
Ptype	商品类别信息（商品类别名称）

17.3　系统总体设计

17.3.1　系统总体功能设计

本系统（众通购物商场）功能结构分为前台管理模块和后台管理模块。前台管理模块为普通用户，后台管理模块为商家和管理员模块。系统总体功能结构如图 17.20 所示。

17.3.2　前台管理模块设计

本模块是众通购物商城的前台页面，用户可以通过搜索、分类查找、浏览商家来查找自己喜欢的商品。游客在该网上商城系统进行注册、登录后，普通用户可以购买商品、将商品加入购物车、增减商品数量、查看订单信息、评价已购商品、修改用户信息等。

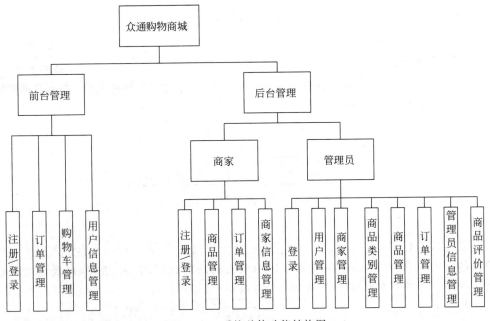

图 17.20　系统总体功能结构图

1. 注册/登录模块设计

众通购物商城用户有注册和登录两个模块。注册/登录模块图如图 17.21 所示。

1) 用户注册

如果游客未曾登录该商城，则需要注册成为普通用户才能进入商城购买商品。用户通过注册页面申请账号并设置密码。

2) 用户登录

游客注册成功后，输入用户名和密码登录商城，登录成功后进入用户中心。

2. 购物车管理模块设计

在该购物商城的购物车管理模块中，浏览者可以对购物车中商品的数量进行添加，对于不想购买的商品可以进行删除。

购物车管理模块图如图 17.22 所示。

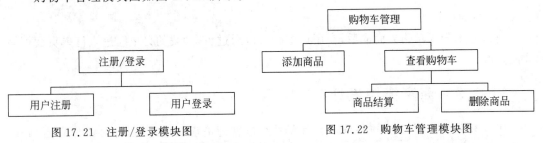

图 17.21　注册/登录模块图　　　　图 17.22　购物车管理模块图

1) 添加商品

浏览者在登录该系统后，进入该商城的个人中心页面，在所选择的商品页面，可以将其加入购物车。

2) 查看购物车

当用户想要查看自己的购物车时，只需单击页面中的"购物车"，页面则会跳转到购物车页面,显示购物车的信息,包括加入购物车的商品种类以及商品数量、单价等。购物车具有商品结算和删除商品的功能。

3. 订单管理模块设计

在该系统的订单管理模块中,用户可以对订单进行查询,以及查看普通用户对商品的评价。订单管理模块图如图 17.23 所示。

图 17.23　订单管理模块图

1)查看订单

当游客成功登录该商城系统后,在用户中心可以通过单击"我的订单",进入订单页面查看自己的订单信息,在该页面中,会显示用户购买商品的时间、名称、数量,以及收货地址和收件人信息。查看订单顺序图如图 17.24 所示。

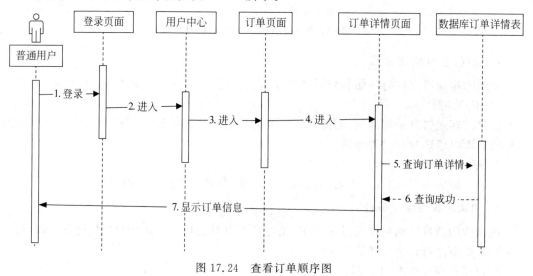

图 17.24　查看订单顺序图

2)商品评价

当普通用户成功购买商品后,在用户中心可以通过单击"我的订单",进入订单页面填写商品评价。

17.3.3　商家模块设计

在商家模块中,商家在进行注册且其账号经过管理员审核通过后,即可添加商品、修改商品信息、查看订单、查看评价,并且在系统管理中,可以修改商家信息和密码。

1. 注册/登录模块设计

众通购物商城商家有注册和登录两个模块。注册/登录模块图如图 17.25 所示。

1)商家注册

如果商家是第一次进入该商城,则需要先进行注册。商家通过注册页面申请账号并设置密码。注册成功后通过管理员审核即可登录。

2）商家登录

商家登录商家页面，可以进行商品管理、订单管理和系统管理。

2.商品管理模块设计

在商品管理模块中，商家可以添加商品、删除商品、修改商品信息。商品管理模块图如图 17.26 所示。

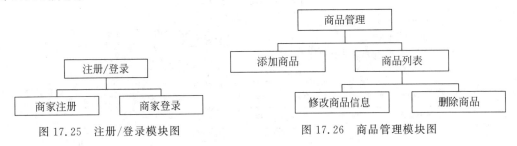

图 17.25　注册/登录模块图　　　　图 17.26　商品管理模块图

1）添加商品

商家在登录成功后，可以添加商品信息，包括商品名称、商品类别、商品图片、库存数量、商品价格和商品描述。

2）商品列表

商品列表中，商家可以通过商品类别或商品名称来查询自己发布的商品，并可进行修改或删除。

3.订单管理模块设计

在订单管理模块中，商家可以查看订单信息、删除订单和查看收到的评价。订单管理模块图如图 17.27 所示。

图 17.27　订单管理模块图

1）查看订单

商家登录成功后，在订单列表管理订单信息页中，可以查看订单信息。订单信息包括购买时间、收货地址等。

2）删除订单

商家登录成功后在订单列表中可以删除订单信息。

3）商品评价

商家登录成功后，可以进入订单列表中收到评价的页面，单击"详情"可以查看收到的评价。商品评价顺序图如图 17.28 所示。

4.商家信息管理模块设计

在商家信息管理模块中，商家可以修改商家信息和密码。商家信息管理模块图如图 17.29 所示。

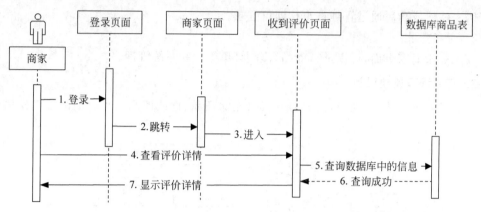

图 17.28　商品评价顺序图

图 17.29　商家信息管理模块图

　　1) 修改商家信息

　　商家成功登录后,在信息设置中可以修改商家信息,包括登录名、商家名称、商家标志、联系方式、商家地址、商家简介。

　　2) 修改密码

　　商家在登录成功后,在商家信息管理中的"修改密码"页面可以修改商家的密码,填写原密码和新密码进行修改。填写新密码时,若两次填写新密码不一致则报错,需要重新填写。填写完成后与数据库中信息进行匹配,匹配成功则修改成功。

17.3.4　管理员管理模块设计

　　管理员在成功登录该系统的后台页面后,可以进行用户管理、商家管理、商品类别管理、订单管理、商品管理、商品评价管理。

1. 用户管理模块设计

　　在用户管理模块中,管理员可以修改用户信息和删除用户。用户管理模块图如图 17.30 所示。

　　1) 修改用户信息

　　管理员登录成功后,在用户管理中,可以通过搜索框来查找用户,也可直接编辑用户信息。

　　2) 删除普通用户

　　管理员登录成功后,在用户管理中,可以通过搜索框来搜索用户信息,也可直接在页面中对用户信息进行操作,删除用户信息。

2. 商家管理模块设计

　　在商家管理模块中,管理员对注册完成的商家进行审核,审核通过的商家才能进行登录。管理员也可删除商家信息。商家管理模块图如图 17.31 所示。

图 17.30　用户管理模块图　　　　　　　图 17.31　商家管理模块图

1）商家审核

商家在完成注册后经管理员审核后才可登录,管理员在商家管理中对商家的信息进行审核,信息正常即可通过审核,信息异常则审核不通过。

2）修改商家信息

管理员在成功登录后,在商家列表管理的商家信息页面中可以查看和修改商家信息。

3）删除商家

管理员在登录成功后可以在商家列表管理中对商家进行删除操作。

3. 商品类别管理模块设计

在商品类别管理模块中,管理员对商品类别信息进行管理。商品类别管理模块图如图 17.32 所示。

图 17.32　商品类别管理模块图

1）添加商品类别

管理员登录成功后,在商品类别管理中进行添加商品类别的操作,添加商品类别时须与数据库中的信息匹配,若类别名称已存在则添加失败,需要重新添加;若类别名称不存在,则添加数据库中的信息并提示添加成功。添加商品类别顺序图如图 17.33 所示。

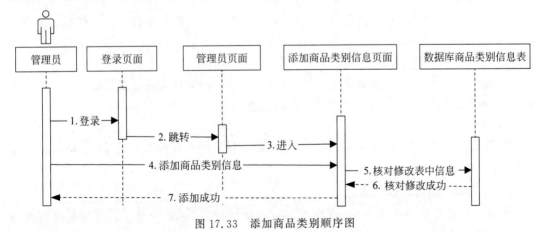

图 17.33　添加商品类别顺序图

2）修改商品类别

管理员在登录成功后,在商品类别管理中进入商品类别列表,然后在管理商品类别信息的页面中,单击"编辑",跳转到编辑商品信息类别信息的页面,即可修改类别名称。若修改名称重复,则修改失败,需要重新输入。

3）删除商品类别

管理员在登录成功后,在商品类别管理中进入商品类别列表,然后在管理商品类别信息的页面中,单击"删除"即可删除商品类别。

4．订单管理模块设计

在订单管理模块中,管理员可查看订单信息,以及删除订单。订单管理模块图如图 17.34 所示。

1）查看订单信息

管理员在成功登录后,在订单管理中,找到订单列表的管理订单信息页面,单击"详细",跳转到"查看订单信息"页面,即可查看订单信息。

2）删除订单

管理员在成功登录后,在订单管理中,找到订单列表的管理订单信息页面,单击"删除",即可删除相应订单。

5．商品管理模块设计

在商品管理模块中,管理员对商家即将上架的商品进行审核,并可以查看商品信息和删除商品。商品管理模块图如图 17.35 所示。

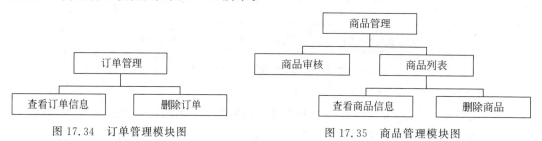

图 17.34　订单管理模块图　　　　图 17.35　商品管理模块图

1）商品审核

管理员在登录成功后,在商品管理中的商品审核页面,查看待审核的商家信息。若合格则商家审核通过,可以登录;若审核不通过,则商家不能登录。

2）查看商品信息

管理员在登录成功后,在商品管理中,找到商品列表的管理商品信息页面,单击"编辑",跳转到"查看商品信息"页面,查看详细的商品信息。

3）删除商品

管理员在登录成功后,在商品管理中,找到商品列表的管理商品信息页面,即可进行相应的删除操作。

6．管理员信息管理模块设计

在管理员信息管理模块中,超级管理员可添加管理员、删除管理员;管理员可修改密码。管理员信息管理模块图如图 17.36 所示。

1）添加管理员

超级管理员在登录成功后,可以在管理员信息管理中的添加管理员信息页面中添加管理员信息。

2）删除管理员

超级管理员成功登录后，即可在管理管理员信息的页面中删除管理员。

3）修改密码

管理员成功登录后，在系统管理中的修改登录密码页面修改密码。若原密码输入不正确，则弹出提示并返回重新输入页面。

7．商品评价管理模块设计

在商品评价管理模块中，管理员可查看商品评价和删除商品评价。商品评价管理模块图如图 17.37 所示。

图 17.36　管理员信息管理模块图　　　　图 17.37　商品评价管理模块图

1）查看商品评价

管理员登录成功后，在商品评价管理中，可通过商品评价列表来查看商品评价。

2）删除商品评价

管理员在登录成功后，在商品评价管理中，可通过商品评价列表删除商品评价。

17.3.5　数据库设计

1．概念设计

概念设计是用来反映现实世界中的实体、属性和它们之间关系等的原始数据形式。本网上购物商城系统实体属性图如图 17.38～图 17.43 所示。

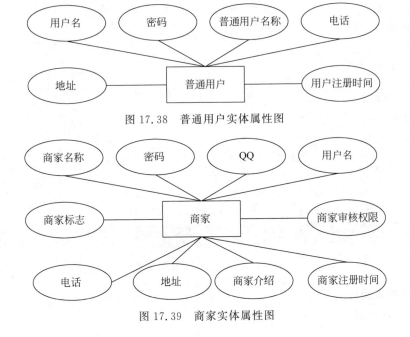

图 17.38　普通用户实体属性图

图 17.39　商家实体属性图

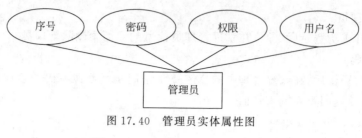

图 17.40 管理员实体属性图

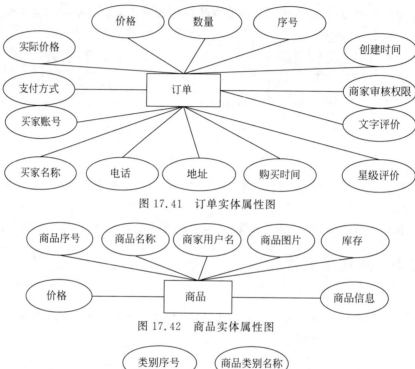

图 17.41 订单实体属性图

图 17.42 商品实体属性图

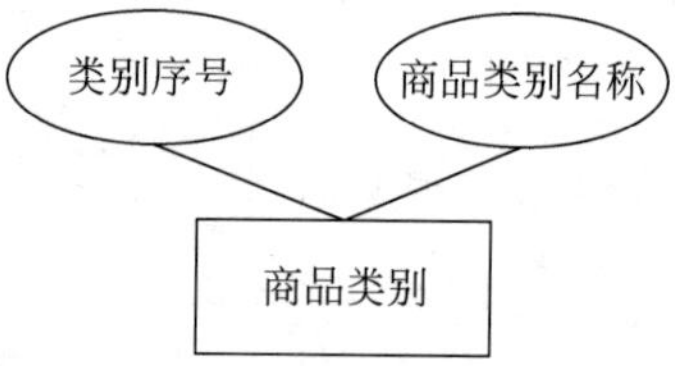

图 17.43 商品类别实体属性图

系统的实体关系图即 E-R 图如图 17.44 所示。

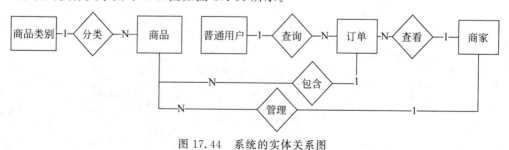

图 17.44 系统的实体关系图

2. 数据库表设计

(1) 管理员信息表如表 17.2 所示。

表 17.2　管理员信息表（admin）

字　段　名	数　据　类　型	可　否　为　空	信　息　备　注
aid	int(4)	Not null	序号（主键）
lname	varchar(50)	Default null	管理员名
pwd	varchar(50)	Default null	密码
flag	int(4)	Default null	权限

（2）商家信息表如表 17.3 所示。

表 17.3　商家信息表（company）

字　段　名	数　据　类　型	可　否　为　空	信　息　备　注
clname	varchar(50)	Not null	用户名（主键）
pass	varchar(50)	Default null	密码
cname	varchar(50)	Default null	商家名称
logo	varchar(50)	Default null	商家标志
tel	varchar(50)	Default null	电话
address	varchar(100)	Default null	地址
memo	varchar(2000)	Default null	商家介绍
rtime	datetime(8)	Default null	商家创建时间
by1	varchar(50)	Default null	商家审核权限
qq	varchar(50)	Default null	商家 QQ

（3）普通用户信息表如表 17.4 所示。

表 17.4　普通用户信息表（member）

字　段　名	数　据　类　型	可　否　为　空	信　息　备　注
lname	varchar(50)	Not null	用户名（主键）
password	varchar(50)	Default null	密码
username	varchar(50)	Default null	用户名称
tel	varchar(50)	Default null	电话
address	varchar(100)	Default null	地址
regdate	datetime(8)	Default null	注册时间

（4）商品类别信息表如表 17.5 所示。

表 17.5　商品类别信息表（pType）

字　段　名	数　据　类　型	可　否　为　空	信　息　备　注
tid	int(4)	Not null	类别序号（主键）
tname	varchar(50)	Default null	商品类别名称

（5）订单信息表如表 17.6 所示。

表 17.6　订单信息表（orders）

字　段　名	数　据　类　型	可　否　为　空	信　息　备　注
oid	varchar(50)	Not null	创建时间（主键）
pid	int(4)	Default null	序号
quan	int(4)	Default null	数量

字 段 名	数 据 类 型	可 否 为 空	信 息 备 注
price	decimal(9)	Default null	价格
otype	varchar(50)	Default null	支付方式
lname	varchar(50)	Default null	买家账号
mname	varchar(50)	Default null	买家名称
tel	varchar(50)	Default null	电话
address	varchar(100)	Default null	地址
addtime	datetime(8)	Default null	购买时间
pingj	varchar(50)	Default null	星级评价
pingy	varchar(500)	Default null	文字评价

（6）商品信息表如表 17.7 所示。

表 17.7　商品信息表（products）

字 段 名	数 据 类 型	可 否 为 空	信 息 备 注
pid	int(4)	Not null	商品序号（主键）
ptitle	varchar(50)	Default null	商品名称
pic	varchar(50)	Default null	商品图片
quan	int(4)	Default null	库存
price	decimal(9)	Default null	价格
destion	ntext(16)	Default null	商品信息
clname	varchar(50)	Default null	商家用户名

17.4　系统详细设计与实现

17.4.1　前台功能模块详细设计与实现

1. 登录/注册模块

游客进入本系统首页 default 页面之后，单击上方菜单栏中的"用户登录"进入 login 页面，如果之前注册过，就可以直接输入用户名和密码登录。此时系统会执行 DbHelperSQL 类中的 ExecuteReader 方法，在数据库 member 表中进行查询，若查询到结果则登录成功。若没有注册过，则可以单击"用户注册"进入 reg 页面，填写相关信息注册成为普通用户，系统会执行 DbHelperSQL 类中的 Exists 和 ExecuteSQL 方法，并在 member 表中添加普通用户。普通用户登录页面如图 17.45 所示。

2. 订单管理模块

普通用户在登录成功后，单击用户中心中的"我的订单"进入 pro 页面，可以查看订单信息，单击"详细"，这时系统会执行 DbHelperSQL 类中的 ExecuteReader 方法，在数据库里的 orders 表中进行查询，显示详细订单信息。若单击"评价"，则弹出评价框，可填写评价信息，此时，系统会执行 DbHelperSQL 类中的 Query 方法，并将评价添加到 orders 表中，显示评价成功。订单详情页面如图 17.46 所示。

图 17.45　普通用户登录页面

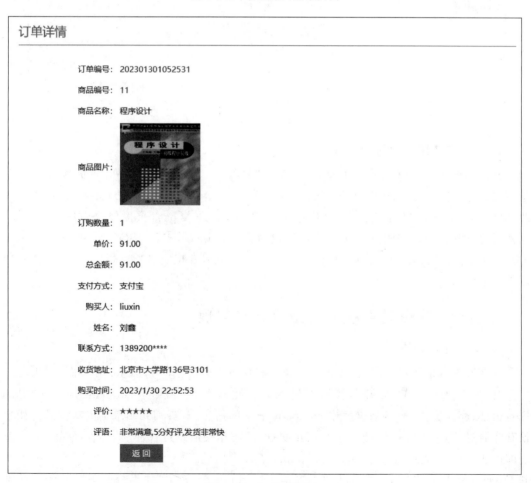

图 17.46　订单详情页面

3. 购物车管理模块

普通用户登录成功后可以在商品信息 view 页面单击"加入购物车",此时,系统会执行 car 类中的 additem 方法,将商品信息加入购物车。在购物车 cart 页面可以增减商品数量、删除商品。结算商品时单击"去结算",即可跳转到 cart2 结算页面,填写收货信息,选择付款方式。此时,系统调用了 car 类中的 shoppingcart 方法,将订单信息加入 orders 表,修改 products 表中的库存数量。商品结算页面如图 17.47 所示。

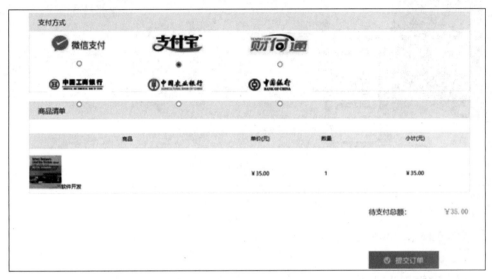

图 17.47　商品结算页面

4. 用户信息管理模块

普通用户成功登录后进入用户首页,单击"修改个人信息"进入 info 页面修改个人信息,单击"保存",此时系统调用 DbHelperSQL 类中的 Query 方法和 ExecuteSQL 方法,修改数据库中 member 表中的信息,然后单击"修改密码"进入 pass 页面修改用户密码,输入原密码、新密码,确认密码后单击"确认"。此时系统调用 DbHelperSQL 类中 ExecuteSQL 方法和 ExecuteReader 方法,修改 member 中的 password 信息。"修改个人信息"页面如图 17.48 所示。

17.4.2　商家功能模块详细设计与实现

1. 登录/注册模块

游客进入本系统首页之后,单击上方菜单栏中的"商家登录"进入 login 页面,如果之前已注册,则直接可以输入用户名和密码登录。此时系统会执行 DbHelperSQL 类中的 ExecuteReader 方法,查询数据库中 company 表中的信息,若查询到结果则成功登录。如果没有注册过,则单击"商家注册"进入 regc 页面,填写相关信息进行注册,待管理员审核通过后即可成为商家,此时系统会执行 DbHelperSQL 类中的 ExecuteReader 方法、Exists 方法和 ExecuteSQL 方法,将商家信息加入数据库中 company 表中,并等待管理员审核。商家注册页面如图 17.49 所示。

图 17.48　"修改个人信息"页面

图 17.49　商家注册页面

2. 商品管理模块

商家在登录成功后进入 right 页面，单击"商品管理"中的"添加商品"进入 add 页面，然后单击"添加"，此时系统会执行 DbHelperSQL 类中的 Query 方法和 ExecuteSQL 方法，将商品信息添加到数据库 products 表中，并等待管理员审核。单击"商品列表"可进入 List 页面查看商品详细信息，单击"详情"可进入 Show 页面，单击"编辑"可进入 Edit 页面。此时，系统执行 DbHelperSQL 类中的 ExecuteReader 方法，将商品信息加入数据库的 products 表中。接着，单击"删除商品"，此时系统执行 DbHelperSQL 类中的 Query 方法和 ExecuteSQL 方法，删除数据库 products 表中的信息。编辑商品信息页面如图 17.50 所示。

3. 订单管理模块

商家登录成功后，单击"订单管理"中的"订单列表"，进入 List 页面可查看订单信息、删除订单信息。单击"收到的评价"，进入 List2 页面，可查看收到的评价。收到的评价页面如

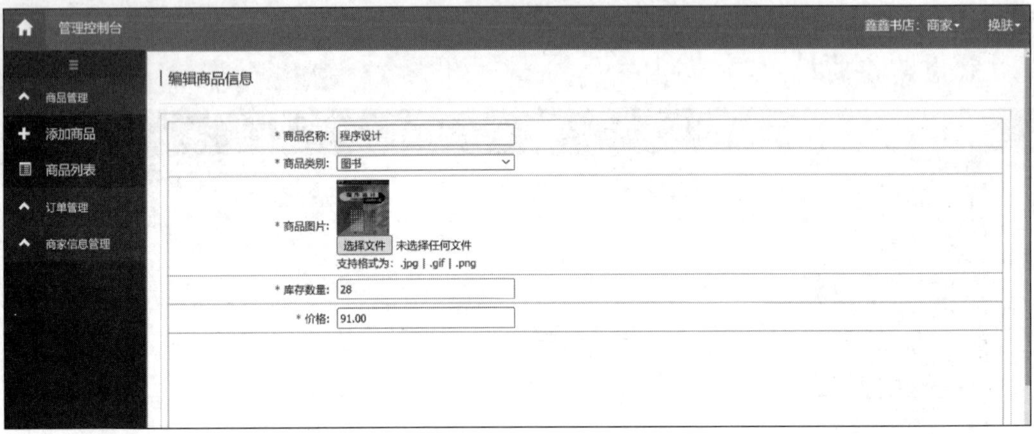

图 17.50　编辑商品信息页面

图 17.51 所示。

图 17.51　收到的评价页面

4. 商家信息管理模块

商家登录成功后,单击"商家管理"中的"信息设置",进入 info 页面,修改商家信息,然后单击"确定"。此时系统会执行 DbHelperSQL 类中的 Query 方法和 ExecuteSQL 方法,修改数据库 company 表中的信息。单击系统管理中的"修改密码"可进入 companypass 页面,修改用户信息,然后单击"确定",此时系统会执行 DbHelperSQL 类中的 ExecuteReader 方法和 ExecuteSQL 方法,修改数据库 company 表中的 password 信息。编辑商家信息页面如图 17.52 所示。

17.4.3　管理员功能模块详细设计与实现

1. 登录模块

游客单击 default 页面底部的"管理员登录",跳转到 login 页面,输入管理员用户名和密码登录,此时系统执行 DbHelperSQL 类中的 ExecuteReader 方法,在数据库 admin 表中进

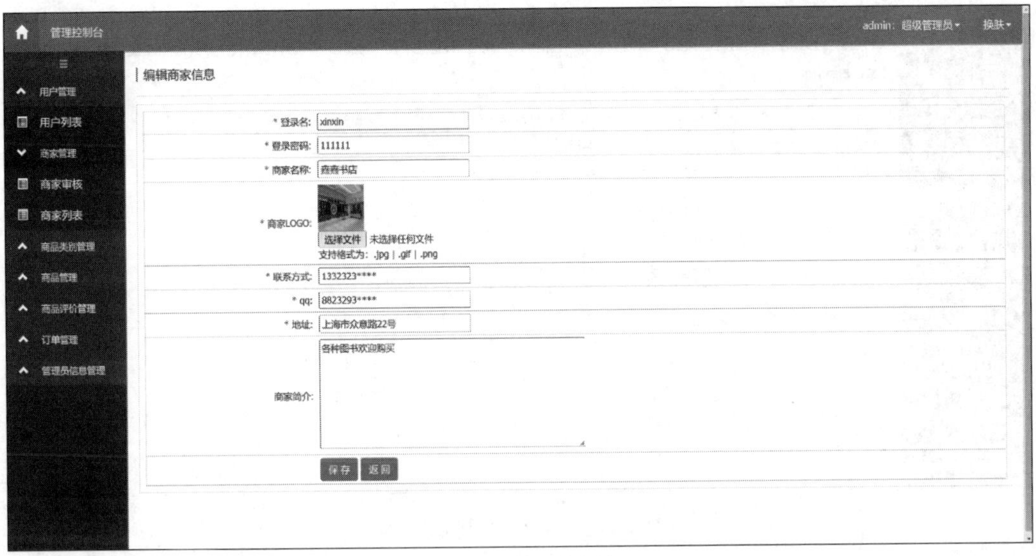

图 17.52　编辑商家信息页面

行查询,若查询到结果则登录成功。管理员登录页面如图 17.53 所示。

图 17.53　管理员登录页面

2. 用户管理模块

管理员成功登录后,单击"用户管理"中的"用户列表",跳转到管理用户信息页面,单击"编辑",跳转到编辑用户信息页面,可以修改用户信息,然后单击"保存"。若单击"删除"则可删除用户。此时系统会执行 DbHelperSQL 类中的 Query 方法和 ExecuteSQL 方法,修改数据库中 member 表的信息。编辑用户信息页面如图 17.54 所示。

3. 商家管理模块

管理员在成功登录后,单击商家管理中的"商家审核"可查看待审核商家,单击"详情"可查看商家具体信息,然后评判商家是否通过审核。此时,系统会执行 DbHelperSQL 类中的 Query 方法和 ExecuteSQL 方法,修改数据库 company 表中的 by1 的取值。单击"商家列

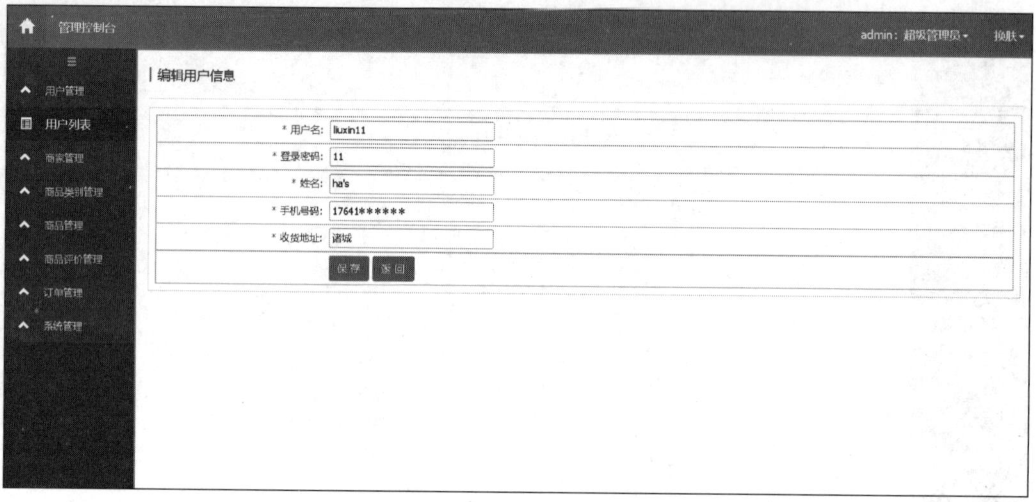

图 17.54　编辑用户信息页面

表",进入商家信息管理页面,可以编辑信息、查看详情、删除商家。此时,系统会执行 DbHelperSQL 类中的 Query 方法和 ExecuteSQL 方法,修改数据库 company 表中的信息。修改商家信息页面如图 17.55 所示。

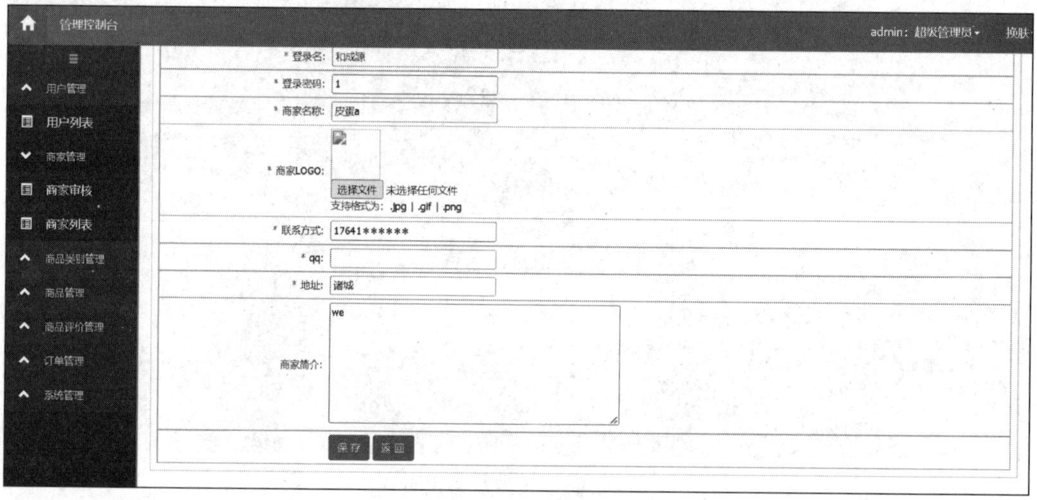

图 17.55　修改商家信息页面

4. 商品类别管理模块

管理员成功登录后,单击"商品类别管理"中的"添加商品类别",跳转到添加类别页面,输入所添加的商品类别名称,然后单击"添加"。此时,系统会执行 DbHelperSQL 类中的 Exists 方法和 ExecuteSQL 方法,在数据库 pType 表中查询添加的类别。若单击"商品类别列表",则跳转到管理商品列表页面,单击"编辑",可修改商品类别名称,单击"保存"即可保存修改。单击"删除",可以删除商品类别信息。此时,系统会执行 DbHelperSQL 类中的 Query 方法和 ExecuteSQL 方法,在数据库中修改 pType 表中的信息。删除商品类别信息页面如图 17.56 所示。

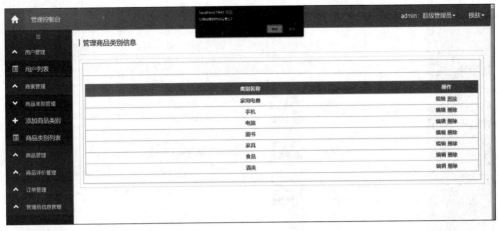

图 17.56　删除商品类别信息页面

5. 商品管理模块

管理员成功登录后,单击"商品管理"中的"商品审核",即可跳转到 List4 页面,查看商品详细信息,评判是否通过审核。此时,系统会执行 DbHelperSQL 类中的 Query 方法和 ExecuteSQL 方法,修改数据库 products 表中 by1 的取值。单击"商品列表"进入商品信息管理页面,可查看详情,也可删除商品。会执行 DbHelperSQL 类中的 Query 方法和 ExecuteSQL 方法,修改数据库 products 表中的信息。删除商品信息页面如图 17.57 所示。

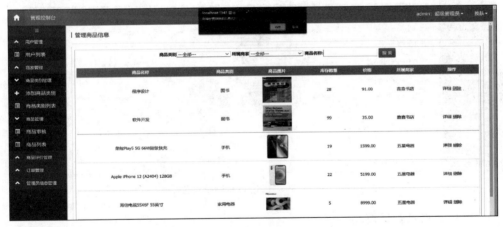

图 17.57　删除商品信息页面

6. 订单管理模块

管理员成功登录后,单击"订单管理"中的"订单列表",跳转到订单信息页面,再单击"详细"查看订单信息。单击"删除",可以删除订单信息,此时系统会执行 DbHelperSQL 类中的 Query 方法和 ExecuteSQL 方法,修改数据库 orders 表中的信息。删除订单页面如图 17.58 所示。

7. 商品评价管理模块

管理员在登录成功后,单击"商品评价管理"中的"商品评价列表",跳转到商品评价列表页面,单击详细进入查看订单信息页面;单击"删除",可删除订单信息。此时系统会执行

图 17.58　删除订单页面

DbHelperSQL 类中的 Query 方法和 ExecuteSQL 方法,修改数据库 orders 表中的商品评价信息。删除商品评价页面如图 17.59 所示。

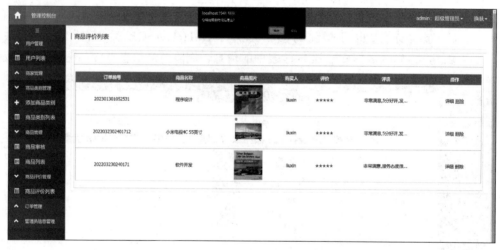

图 17.59　删除商品评价页面

8. 管理员信息管理模块

超级管理员登录成功后,单击"系统管理"中的"添加管理员",跳转到添加管理员信息页面,输入用户名和密码,然后单击"添加"。此时系统会执行 DbHelperSQL 类中的 Exists 方法和 ExecuteSQL 方法,在数据库 admin 表中查询添加。单击"编辑",跳转到编辑管理员信息页面,修改管理员信息,单击"保存"即可保存修改。单击"删除",可删除管理员信息。此时系统会执行 DbHelperSQL 类中的 Query 方法和 ExecuteSQL 方法,修改数据库 admin 表中的管理员信息。管理员单击"修改密码",页面跳转到修改登录密码页面,填写密码信息,然后单击"确定"。此时系统会执行 DbHelperSQL 类中的 ExecuteReader 方法和 ExecuteSQL 方法,修改数据库中 admin 表中的 pwd。添加管理员信息页面如图 17.60 所示。

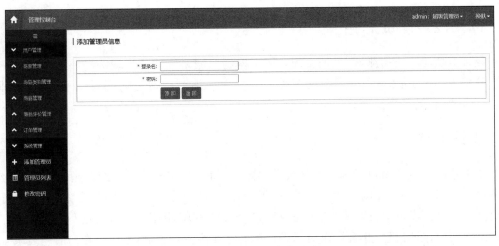

图 17.60　添加管理员信息页面

17.5　系统测试

17.5.1　系统的测试实例

本节以商家添加商品功能和管理员添加商品类别功能来论述测试的具体操作。

1. 添加商品功能测试

在添加商品功能测试中,商家需要将商品名称、库存数量、价格、商品描述按正确格式填写到对应位置,然后选择商品类别,即可上传商品图片。在此过程中,若商品名称为空或库存数量和价格格式不正确,则会报错,添加失败。添加商品功能测试如表 17.8 所示。

表 17.8　添加商品功能测试内容

分　　类	测 试 数 据	期 望 结 果	实 际 结 果	测 试 状 态
无效等价类	商品名称为空	提示不能为空	提示不能为空	正常
	库存数量格式不对	提示格式不正确	提示格式不正确	正常
	价格格式不对	提示格式不正确	提示格式不正确	正常
有效等价类	全部添加正确数据	提示添加成功	提示添加成功	正常

2. 添加商品类别功能测试

在添加商品类别功能测试中,管理员需要将类别名称添加到数据库中,在此过程中,若类别名重复或信息为空,则会报错,添加失败。添加商品类别功能测试内容如表 17.9 所示。

表 17.9　添加商品类别功能测试内容

分　　类	测 试 数 据	期 望 结 果	实 际 结 果	测 试 状 态
无效等价类	商品类别名为空	提示不能为空	提示不能为空	正常
	商品类别名重复	提示信息已存在	提示信息已存在	正常
	商品类别名称字段过长	提示类别名过长	提示类别名过长	正常
有效等价类	全部添加正确数据	提示添加成功	提示添加成功	正常

17.5.2　测试总结

经过对功能模块的测试,我们发现本网上购物商城系统的功能较为完整。商城的三种用户分别为用户、商家和管理员。这三种用户的各个功能,包括注册/登录、商品类别管理等均可正常使用,进行测试的数据都比较准确。

项目小结

在本系统中包含用户、商家、管理员三种角色。首先,用户可以进行注册/登录,登录成功后再进入用户中心,在浏览商品时可以将商品加入购物车,之后在购物车中结算,也可以在商品详情页面直接进行购买,购买完成后,在"我的订单"中可以查看自己所购买的全部商品以及它们的详细信息,并且可以对每条订单进行评价。其次,商家可以在商品列表中查看自己所上架的所有商品,并且可以修改和删除商品,新的商品在添加成功后须通过管理员审核才可以上架,在订单列表中,商家可以查看订单信息和商品评价,并且可以删除订单。最后,管理员可以查看所有的用户、商家和商品,并且可以对它们进行修改和删除,还可以审核商家和商品,还可以查看和删除订单信息和商品评价信息。

本系统还有一些不足之处,比如页面可以做得更加美观一些,在功能方面可以加入查看物流信息、退货、投诉等,让用户拥有更好的消费体验。

第18章

项目四 智慧园区办公网络的设计与实现

项目简介

整个智慧园区办公网络划分为六个主区域,分别是办公区、办公资料服务器区、公共服务器区、餐厅区、展厅及休息区、前台接待区,六个主区域通过一台中央交换机进行连接。通过运用 VLAN、DHCP、OSPF、VTP、ACL、PPP、NAT 等路由交换相关技术,使用二层交换机、三层交换机、路由器等设备,实现智慧园区办公网络功能。网络区域将通过 OSPF 实现全网联通,办公区、展厅及休息区、餐厅区、前台接待区实现终端设备互访;办公资料服务器区只有办公区终端设备可以访问;公共服务器区的服务器除餐厅区域外,其他区域终端设备都可以进行访问,获取所需资料。新构建的网络结构和功能改善了传统办公网络的不足,避免了出现由网络冗余以及设备故障导致的网络断接,大幅提升了园区办公网络整体上的实用性、稳定性、安全性。

18.1 绪论

18.1.1 项目研究背景

随着互联网的飞速发展,网络技术作为新时代发展的一大标志,给现代社会带来了翻天覆地的变化。网络技术在自身不断发展完善的同时,也与社会中的很多方面有了或多或少的关联,很多行业、很多领域正是因为有了网络技术的加入得到了快速的发展。网络技术的大面积覆盖也在政务交流、企业办公、学校教学、工厂制造、商业互通和交通调度等方面实现了很多成功的应用。这不但方便了人们对于网络的使用,还大幅提高了工作的效率。但是在使用网络的过程中也逐渐浮现出一些问题,例如,网络整体结构设计不完善,网络设备选型不合理,甚至产生了由网络安全、信息传输安全导致的信息泄露等诸多方面的问题,这些问题都会给使用网络的个体带来一定的风险和损失。由此可见,合理完善的网络信息化建设是非常有必要的。

近年来,随着各地智慧园区的不断建成,企业从办公到生产建设完整的落户园区成为一大亮点。智慧园区相较于传统园区不仅是基础设施建设得到了一定规模的扩容,还与现代网络有机结合,助推了园区整体的运营。尤其是园区中入驻企业办公网络的合理布建,不仅实现了人与计算机网络技术的互动,还实现了信息化建设与园区有机整体的协调。智慧园区依托合理完善的网络部署,构建了整体网络拓扑结构,优化了园区内人员对办公网络的使用,同时也为网络运维人员减轻了维修工作的负担,降低了网络运营成本。对于园区内各部门权限进行严格的划分,能够让员工在方便快捷的办公网络环境中进行工作与技术的交流,也保障了网络安全和信息传输安全,降低了网络使用风险,避免因为员工或者外部人员操作不当而导致信息泄露,产生损失。

18.1.2 项目研究意义

网络技术的引进和使用提升了各行各业的发展空间,对于企业来说,办公网络是整体网络的核心部分,办公网络的流畅使用能够提高工作效率,助推园区的发展。所以,设计合理的办公网络结构,完善并优化办公网络的使用和管理也是不可忽视的一件事。针对层级架构和权限职责划分明确的办公网络,从最初设计到设备选型再到设备的参数配置,每一步都很重要。设计合理的网络结构,可以最基本地保证网络使用的稳定性并便于进行全面的管理;对办公网络进行的区域划分和部署,是对各部门权限职责的合理分配,极大地避免了园区内员工在使用办公网络的过程中出现不当操作,比如,访问了本不该自己访问的网站数据,错误地向其他部门传输了文件等,这使得办公网络使用起来有序却不会混乱;同时,网络安全的保障也不能忽视,内部网络切断了向外界传输企业核心资料的途径,保证了源码设计、产品方案等机密文件不会被外部人员获取。保障网络安全也是保障企业著作专利设计和重要资料的安全,使得企业不会因此遭受损失,对园区企业最大程度地进行了整体上的保护。

18.1.3 网络建设目标

1. 目标概述

园区办公网络依托于思科模拟器进行网络结构的整体搭建。园区的办公网络下存在很多区域划分,因此,网络功能设计将依据各区域的实际使用情况进行。在保证各区域网络正常进行互相访问,以及有线终端设备和无线终端设备正常访问服务器的基础之上,进行思科路由协议下的网络功能实现,最终呈现一个整体的园区办公网络设计方案。

2. 具体目标

园区办公网络拓扑整体划分为六个区域,为了保证园区办公网络的实际功能,也为了保证办公网络的整体安全性,将六个区域进行整体的功能设计和命令配置。六个区域分别是办公区、办公资料服务器区、公共服务器区、餐厅区、展厅及休息区、前台接待区。办公区为人员办公场所,包括三个部门,分别为方案部、市场部和研发部,是办公网络的核心区域;办公资料服务器区存放办公部门的所需资料;公共服务器区存放企业及人员的相关资料;餐厅区用作园区内人员的就餐场所;展厅及休息区不仅能利用终端设备进行产品及方案展示,还可供外来参观人员到访和园区人员休息并且提供有线和无线网络服务;前台接待区用来进行外来人员登记,使办公区人员和展厅及休息区人员能做相应准备。网络拓扑构建完成,整体实现 VLAN、DHCP、RIP、VTP、STP、PPP、OSPF、EIGRP、ACL、NAT、静态路由、Web 服务、DNS、端口聚合、端口安全、HSRP、无线 AP、路由重发布等功能。

在整体拓扑搭建完成和命令配置完成之后，需要实现以下功能点。办公区、餐厅区、展厅及休息区、前台接待区的终端设备能够互相访问，以便进行消息传输；办公区服务器机房只能由办公区方案部、市场部、研发部的终端设备访问，其他区域设备没有访问权限；园区内除餐厅区外，其他区域设备都可以访问公共服务器区的资料，比如访问企业官网，查看产品和方案资料，调取员工通讯录。这些功能保证了办公资料的私密性，也使得保密级别低的资料能够有正常的访问途径，保障了办公网络的信息安全。

18.1.4 网络技术支持

1. VLAN

使用 VLAN(虚拟局域网)构建局域网，能够不受物理链路的限制，提供路由器与三层交换机之间的 VLAN 路由，增加了局域网的安全性，更为灵活地构建了虚拟局域网，提高了网络的健壮性。本 VLAN 内的故障不会影响其他 VLAN 的正常工作。VLAN 的划分方式主要有基于端口划分、基于 MAC 地址划分、基于协议划分和基于子网划分。

2. DHCP

DHCP(动态主机配置协议)是一个局域网的网络协议。DHCP 最重要的功能体现在动态分配上，除了 IP 地址外，DHCP 还为客户端提供其他的配置信息，比如，子网掩码，使得客户端可以自动配置连接网络。

3. RIP

RIP(路由信息协议)是动态路由协议，也是一种较为简单的内部网关协议(interior gateway protocol)，基于距离矢量算法，使用跳数作为度量值。RIP 通过发送路由更新请求，网络稳定后发送周期性的路由信息。由于支持跳数有限，RIP 路由只适用于中小型的网络拓扑，配置命令及配置过程相对简单，也易于维护。

4. VTP

VTP(VLAN 中继协议)，也被称为虚拟局域网干道协议。VTP 负责在 VTP 域内同步 VLAN 信息，在全网的基础上管理 VLAN 的添加、删除和重命名，实现 VLAN 配置的一致性。为了实现这个功能，必须建立一个 VTP 域，使它能管理网络上当前的 VLAN。对于 VTP 域也是有要求的：域内的每台交换机必须保证 VTP 域名一致、交换机之间必须要启用 trunk 中继，一个交换机只能加入一个 VTP 管理域。通过 VTP 实现 VLAN 的增、删、改，学习并转发 VLAN 信息。

5. STP

STP(Spanning Tree Protocol)中文名称为"生成树协议"，应用于计算机网络中树状拓扑结构的建立，主要作用是防止网桥网络中的冗余链路形成环路。在一个具有物理环路的交换网络中，交换机通过运行 STP 协议，自动生成一个没有环路的工作拓扑。

6. PPP

PPP(点对点协议)有两种认证模式，分别是 PAP 和 CHAP，两种方式都支持单向和双向验证。PAP 是密码验证协议，以明文的方式直接发送密码，采用二次握手机制，发起方为被认证方。一旦链路认证成功将不再认证。被认证方需要发送用户名和密码给认证方，然后认证方查看密码是否正确，正确之后链路才能建立起来，但由于是二次握手，因此容易被暴力破解。CHAP 是挑战/质询握手认证协议，以 MD5 来隐藏密码，采用三次握手机制，由认证方发起认证，建立成功后再次认证。

7. OSPF

OSPF（开放最短路径优先）是一个内部网关协议，用于在单一自治系统的路由器之间。当拓扑结构发生变化时，OSPF 协议能迅速重新计算出路径，而只产生少量的路由协议流量。OSPF 的适用范围广，能够快速收敛，支持区域划分，也支持等价路由。

8. EIGRP

EIGRP（增强内部网关路由协议）收敛速度快，能够支持部分拓扑更新，能够做到百分之百无环，具有优良的算法机制，兼容多种网络协议，因此，可以用于区域内的网络连接。

9. ACL

ACL（访问控制列表）是一种以包过滤为基础的访问控制技术，能够按照一定的情况对接口上的数据包进行筛选，使数据包在指定的条件下通过或丢弃。访问控制列表在路由器和三层交换机中得到了广泛的应用，通过访问控制列表，可以对用户的网络访问进行有效的控制，从而最大程度地保障网络安全。

10. NAT

NAT 是指网络地址转换。当某些园区私有网络中的主机被指派给一个局域 IP 地址（也就是只用于园区专用网络的私有地址），但希望与互联网上的主机进行通信时，就可以采用 NAT 方式。当与外部通信时，所有利用局域地址（私有 IP 地址）的主机必须把它的局域地址转变为一个全球性的 IP 地址，以便与互联网进行通信。NAT 技术的应用，不但可以解决 IP 地址的短缺，还可以防止网络外的入侵，对网络中的电脑进行隐蔽和保护。

11. 静态路由

静态路由通过手动添加的方式将其逐条加入路由表，不会因为网络状况的变动发生改变。静态路由的使用使得网络的安全保密性得到保证。动态路由各路由器之间频繁地进行路由表的交换，而静态路由则不会产生动态流量。

12. Web 服务

Web 服务器常规意义下是指 Server 服务器，Web 服务是一种能够在网络上实现各种设备之间相互操作的软件系统。服务器使用 HTTP（超文本传送协议）与客户机浏览器进行信息交流。

13. DNS

在网络拓扑的设计中，将一台服务器作为 DNS 服务器。在 DNS 服务器中添加域名及相对应的 IP 地址，使得终端设备不仅能通过 IP 地址访问服务器网站，还可以通过域名对服务器网站进行访问，实现域名与之相应的 IP 地址的转换。除此之外，把负载均衡的任务交给 DNS，便于服务器的维护与管理。

14. 端口聚合

端口聚合主要用于交换机之间的连接。当两台交换机之间有多条冗余链路时，STP 会将多条链路关闭,仅保留一条,从而避免了二层的环路产生。端口聚合将交换机上的多个端口在物理上连接起来,在逻辑上进行绑定,从而构成一个拥有较大带宽的端口。它能实现负载分担,并能提供冗余链路,从而增强带宽。

15. 端口安全

使用端口安全(port security)特性可以阻止未经允许的设备访问网络,进而保证网络安全。常见的端口安全有绑定其 MAC 地址,只允许本台物理设备访问网络。一般安全性较高的公司不允许私人计算机连接公司内网,即使连接上也是无法访问网络的。也有的限制其最大的连接数,当超过一定数量的 MAC 地址时,自动关闭端口来保护网络。这两种方法都能有效地防止 MAC 欺骗和泛洪攻击。

16. HSRP

HSRP(热备份路由器协议)中含有多台路由器,它们组成一个"热备份组"。在该组中仅有一台路由器承担转发用户流量的职责,这个路由器被称为活动路由器。当活动路由器失效后,备份路由器将继续转发用户流量,成为新的活动路由器。在一个具体的局域网中,可以存在或交叠多个热备份。

17. 无线 AP

无线 AP(无线接入点)是一种典型的无线网络应用,它是无线网络与有线网络之间的桥梁,是建立 WLAN 的关键设备。它提供了无线设备和有线局域网之间互相访问的功能,借助无线 AP,在其信号覆盖范围内的无线设备可以相互通信。

18. 路由重发布

在大型的网络拓扑设计中,一个网络区域内有可能会使用到多个路由协议,比如 OSPF 和 RIP 的使用、OSPF 和 EIGRP 的使用。但是不同路由协议之间无法进行路由条目的传递。因此,路由器可以通过路由重新分配来完成多个路由协议的协作。

18.2 系统需求分析

18.2.1 可行性分析

1. 经济可行性分析

本系统设计基于现有园区内网络环境,并且将终端、服务器等设备进行充分利用。完善合理的网络拓扑设计,也将对路由器、交换机及无线 AP 的使用数量进行最合理的控制。保证实现所设计功能的同时,最大限度地利用好每一台网络设备,同时也减轻了网络带宽的压力,增加冗余,避免出现设备方面的经济损耗。路由备份方便了网络管理员的管理,降低了管理成本。保障网络安全也就保障了园区内办公资料的安全,减少不必要的经济损失。

2. 技术可行性分析

本网络拓扑设计基于的是思科的部分技术和协议,比如,通过 VLAN 技术划分子网,利用 DHCP 获取动态地址,使用 OSPF 技术做到区域内全网通,利用 HSRP 备份路由来减轻实际的运维压力,通过无线 AP 的使用增加办公网络下连接设备的数量计办公人员使用更方便,以及通过与 TCP/IP 相关内容的结合使用,合理地实现二层交换或三层交换技术等。现有技术能够充分支撑网络拓扑设计,并且利用这些技术和协议,均能够通过思科模拟器思科进行命令配置和功能演示。

3. 安全可行性分析

通过合理的网络拓扑构建来实现对网络安全的保障。通过对园区内网、外网隔离,使园区内办公部门能够正常访问办公资料,其他区域能够正常访问外网。通过访问控制列表、地址转换技术来限制访问,保护数据。这些措施都提高了网络架构的整体安全性。

18.2.2　系统功能分析

(1) 办公区实现的功能包括 VLAN、OSPF、DHCP、VTP、STP、HSRP、ACL、端口聚合、DNS。

(2) 办公资料服务器区实现的功能包括 VLAN、DHCP、DNS、Web 服务、端口聚合。

(3) 公共服务器区实现的功能包括 VLAN、STP、HSRP、EIGRP、ACL、NAT、端口聚合、Web 服务、DNS。

(4) 餐厅区实现的功能包括 VLAN、RIP、OSPF、无线 AP、路由重发布、端口聚合。

(5) 展厅及休息区实现的功能包括 VLAN、OSPF、无线 AP、端口聚合、PPP-CHAP、NAT(WRT)。

(6) 前台接待区实现的功能包括 VLAN、OSPF、端口聚合、无线 AP、端口安全。

18.2.3　运行环境分析

本网络拓扑的整体设计、命令配置和功能测试均在思科模拟器思科 Packet Tracer 8.1.1 下进行,在此模拟环境下,能够保证所需设备均符合要求,所使用协议均可在模拟环境下设计并实现预期的功能。该模拟器安装简单,并且支持中文版本,使得操作容易,模拟器中可以查看物理结构的同时也可以查看逻辑结构,同时图形化页面的设计使得在模拟器内部可以清楚地看到模拟硬件设备的外观和每个硬件设备之间的接口和接口号。思科模拟器的仿真度极高,硬件设备的外观基本一致,更有电源按钮和多种接口组合,以便于进行不同协议下命令的配置和功能的实现。

18.3　园区办公网络设计与规划

18.3.1　园区办公网络拓扑设计

如前文所述,园区办公网络拓扑整体划分为六个主区域,通过一台中央交换机进行连接。

1. 园区办公网络整体架构图

园区办公网络整体架构如图 18.1 所示。

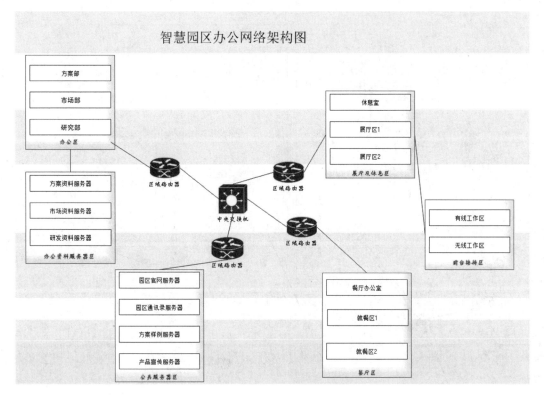

图 18.1　园区办公网络整体架构图

2. 园区办公网络拓扑图

园区办公网络拓扑(结构示意图)如图 18.2 所示。

18.3.2　园区办公网络功能设计

1. 办公区功能设计

办公区作为园区办公网络的重要区域,采用思科 2811 路由器 Router1 连接办公网络的核心——中心思科 3560 交换机 Switch10,然后与办公区两台思科交换机 3560Switch11 和 3560Switch12 连接。办公区的两台思科三层交换机 3560Switch11 和 3560Switch12 作为办公区的核心交换机,连接办公区方案部、市场部、研发部各自对应的二层交换机。在办公区网络设计中,需要实现的功能有 VLAN、OSPF、DHCP、VTP、STP、HSRP、ACL、端口聚合。

VLAN:在 Switch11/Switch12 上划分三个 VLAN,分别是 VLAN10、VLAN20、VLAN30。VLAN10 对应于方案部,VLAN20 对应于市场部,VLAN30 对应于研发部。

OSPF:在出口路由器 Router1 配置 OSPF 动态路由协议,实现与其他区域路由条目的互相传递、访问,使得办公区网络与其他区域可以连通,实现 OSPF 下的区域全网通。

DHCP:在 Switch11/Switch12 上划分 DHCP 地址池,地址池分别为 DHCP pool10、DHCP pool20、DHCP pool30。DHCP pool10 为 VLAN10 下的主机自动分配动态 IP 地址,DHCP pool20 为 VLAN20 下的主机自动分配动态 IP 地址,DHCP pool30 为 VLAN30 下的主机自动分配动态 IP 地址,从而完成对办公区方案部、市场部、研发部的动态 IP 地址配置。

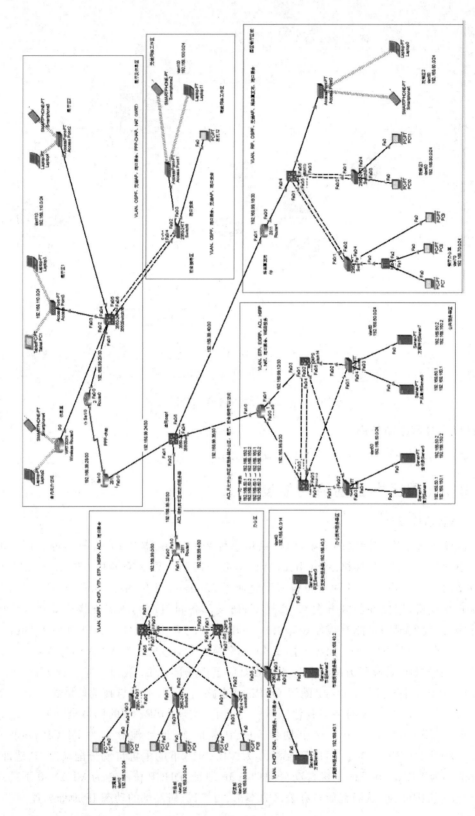

图 18.2　园区办公网络拓扑图

VTP：为了方便办公网络后期新增交换机和终端设备，在部署 VLAN 工作量大的情况下，通过 VTP 自动学习服务器上的 VLAN 信息。将 Switch11 和 Switch12 这两台核心三层交换机配置为 VTP Server，将 Switch1、Switch2、Switch3 配置为 VTP Client，保证VLAN 配置的统一性。

STP：Switch11、Switch12 这两台交换机在物理层上是呈环路状态的，STP 通过创建生成树，可以实现消除环路，保证网络连通性和稳定性。

HSRP：当网络设备在使用中出现了冗余的情况，HSRP 的应用能够让区域网络拓扑正常进行数据流的传递，保证网络的正常运行，增加了网络的可靠性。

ACL：访问控制列表在办公区的使用主要针对办公资料服务器区，在 Router1 上配置访问控制列表，对接口上的数据包进行过滤，严格地控制用户对网络的访问。办公区终端设备均可访问办公资料服务器区的服务器，而其他区域的任何设备都不得访问。这最大程度地保障了资料安全和网络安全。

端口聚合：通过两台交换机的端口聚合，可以使多个端口聚合在一起，从而达到路径的冗余度，提高链路的带宽及网络的可靠性。当一条线路发生故障时，数据流就会被传输到正常的链路上，实现网络的冗余，提高网络的稳定性和安全性。

办公区拓扑如图 18.3 所示。

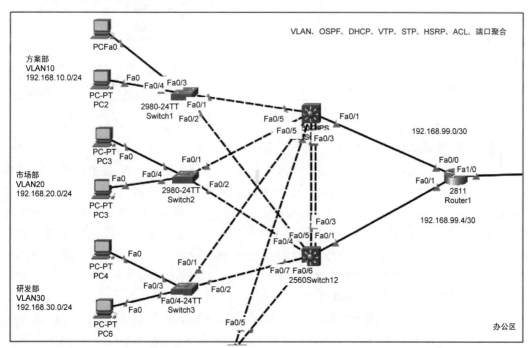

图 18.3　办公区拓扑图

2. 办公资料服务器区功能设计

办公资料服务器区的思科交换机 Switch4 连接办公区的核心交换机 3560Switch11 和 3560Switch12。办公区的所有终端设备都可以访问办公资料服务器区的三台服务器，同时服务器在提供 Web 服务的同时也提供 DNS 服务，实现域名地址的转换。在办公资料服务器区的网络设计中，需要实现的功能有 VLAN、DHCP、Web 服务、DNS、端口聚合。

VLAN：在 Switch11/Switch12 上划分 VLAN，VLAN 号为 VLAN40。VLAN40 对应于办公资料服务器区。

DHCP：在 Switch11/Switch12 上划分 DHCP 地址池，地址池为 DHCP pool40。DHCP pool40 为 VLAN40 下的服务器自动分配动态 IP 地址，从而完成对办公资料服务器的动态 IP 地址配置。

Web 服务：服务器均提供 Web 服务，办公区的终端可通过 IP 地址对办公资料服务器进行访问。

DNS：将方案资料服务器作为 DNS 服务器，把域名解析为 IP 地址，使得办公区的终端既可以通过 IP 地址访问服务器网站，又可以通过 www 域名访问服务器网站。

端口聚合：通过两个交换机的端口聚合，可以使多个端口聚合在一起，从而达到路径的冗余度，提高链路的带宽及网络的可靠性。当一条线路发生故障时，数据流就会被传输到正常的链路上，实现网络的冗余，提高网络的稳定性和安全性。

办公资料服务器区拓扑如图 18.4 所示。

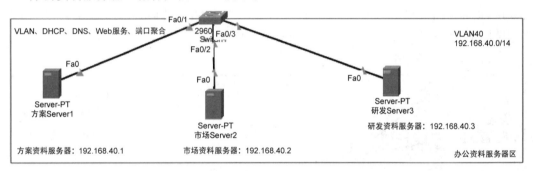

图 18.4　办公资料服务器区拓扑图

3. 公共服务器区功能设计

公共资料服务器区存放了园区企业官网服务器、人员通讯录服务器、产品宣传资料服务器、方案样例服务器。出口路由器 Router3 连接中心交换机 Switch10，然后与两台思科三层交换机 Switch13、Switch14 相连，利用端口聚合，Switch13、Switch14 分别与思科二层交换机 Switch5 和 Switch6 相连。利用 STP 和 HSRP 避免了网络环路的产生，减少了网络设备的冗余，也避免了三层交换机因为外界原因而导致的区域网络断接，保证了公共服务器区网络的正常运行。在公共服务器区的网络设计中，需要实现的功能有 VLAN、STP、EIGRP、ACL、NAT、HSRP、端口聚合、Web 服务、DNS。

VLAN：在 Switch5 上划分 VLAN，VLAN 号为 VLAN50；在 Switch6 上划分 VLAN，VLAN 号为 VLAN60。VLAN50 对应于公共服务器区的 Server4、Server5；VLAN60 对应于公共服务器区的 Server6、Server7。

STP：Switch13、Switch14 这两台交换机在物理层上是呈环路状态的，STP 通过创建生成树，可以实现消除环路，保证网络连通性和稳定性。

EIGRP：EIGRP 协议在 Router3、Switch13、Switch14 上进行配置，使其在区域内部使用并交换路由信息，能够快速地适应网络的变化，保证路由信息传输的可靠性。

ACL：在 Router3 上配置访问控制列表，对接口上的数据包进行过滤，严格地控制用户对网络的访问。办公区、展厅及休息区、前台接待区的终端设备均可访问公共服务器区的服务器,餐厅区的任何一台终端设备都不得访问公共服务器区的服务器。这最大程度地保障了资料安全和网络安全。

NAT:在出口路由器 Router3 上进行地址一对一转换,将服务器的 IP 地址转换成其他地址,在保证公共服务器区 Web 功能正常使用的同时,既节约了 IP 地址,隐藏了真实 IP 地址,又避免了遭受外部的网络威胁攻击。

HSRP:当网络设备在使用中出现了冗余的情况,HSRP 的应用能够让区域网络拓扑正常进行数据流的传递,保证网络的正常运行,增加了网络的可靠性。

端口聚合:通过两个交换机的端口聚合,可以使多个端口聚合在一起,从而达到路径的冗余度,提高链路的带宽及网络的可靠性。当一条线路发生故障时,数据流就会被传输到正常的链路上,这个传输过程只需要几 ms,就可以实现网络的冗余,提高网络的稳定性和安全性。

Web 服务:四台服务器均提供 Web 服务,办公区、展厅及休息区、前台接待区的终端设备可通过 IP 地址对公共服务器区的服务器进行访问,获取自己所需要的密级较低的资料。

DNS:将方案资料服务器 Server1 作为 DNS 服务器,把域名解析为 IP 地址,实现了域名和 IP 地址之间的转换。办公区的终端既可以通过 IP 地址访问服务器网站,又可以通过域名访问服务器网站。公共服务器区的四台服务器都可以通过域名完成访问。

公共服务器区拓扑如图 18.5 所示。

4. 餐厅区功能设计

餐厅区通过 Router4 与中央交换机 Switch10 相连,Router4 与 Switch15 直连,通过端口聚合的方式连接了 Switch7 和 Switch8 两台思科二层交换机,分别对应餐厅办公室和就餐区 1;由于就餐区 2 需要接入的移动设备较多,因此 Switch15 接有一台无线 AP,对应于就餐区 2。餐厅区的交换机也采取了端口聚合的方式,防止由物理原因端口问题导致的网络断接。在餐厅区的网络设计中,需要实现的功能有 VLAN、RIP、OSPF、路由重发布、端口聚合、无线 AP。

VLAN:在 Switch15、Switch7、Switch8 上进行 VLAN 划分。VLAN70 对应于餐厅办公室,VLAN80 对应于就餐区 1,VLAN90 对应于就餐区 2。不同 VLAN 之间不能通信。

RIP:在 Switch15、Router4 上配置 RIP 路由,使得其他区域能够学习餐厅区向外发送的路由信息,与其他区域的网络连通。

OSPF:在出口路由器 Router4 上配置 OSPF 动态路由协议,实现与其他区域路由条目的互相传递、访问,使得餐厅区域网络与其他区域可以连通,实现 OSPF 下的区域全网通。

路由重发布:由于不同路由协议之间不能直接通信,因此在出口路由器 Router4 上配置路由重发布,使得 RIP 路由和 OSPF 路由之间互相学习对方的路由信息,完成区域之间网络的连通。

端口聚合:通过两台交换机的端口聚合,可以使多个端口聚合在一起,从而达到路径的冗余度,提高链路的带宽及网络的可靠性。当一条线路发生故障时,数据流就会被传输到正常的链路上,实现网络的冗余,提高网络的稳定性和安全性。

无线 AP:就餐区 2 有多台无线移动刷卡设备、通信设备使用,因此在此区域下,无线 AP 的使用将会比有线网络使用更加方便快捷。尤其是 WPA2-PSK 密码身份验证,保证了

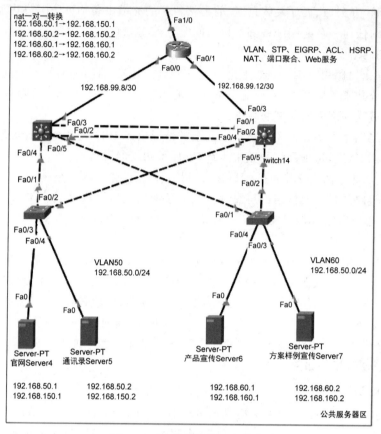

图 18.5　公共服务器区拓扑图

网络使用的安全性。

餐厅区拓扑如图 18.6 所示。

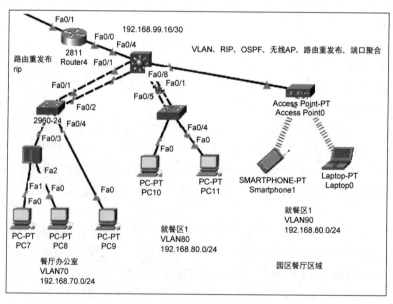

图 18.6　餐厅区拓扑图

5. 展厅及休息区功能设计

在园区办公网络展厅及休息区的设计中,采用思科 2811 路由器 Router2 与中央交换机 Switch10 直连。通过 OSPF 协议的使用让展厅及休息区能够与其他区域连通。由于展厅及休息区出口路由器与中央交换机之间有一定距离,因此 Router2 与 Router0 之间配置有 PPP 的 CHAP 认证,既解决了传输距离较长的问题,又进行了身份认证和流量控制。与 Router0 相连的 Switch16 则是展厅及休息区的核心交换机。无线路由器和无线 AP 的设计也使得展厅及休息区能够方便快捷地操作平板电脑、笔记本电脑等无线终端设备,给来访者最便捷的观看体验。无线 AP 采用密码身份验证,保证了园区的办公资料安全。在展厅及休息区的网络设计中,需要实现的功能有 VLAN、OSPF、PPP-CHAP、NAT、端口聚合、无线 AP。

VLAN:在 Switch16 上进行 VLAN 划分,VLAN110 对应于展厅区 1、展厅区 2 和休息室。

OSPF:在出口路由器 Router2 上配置 OSPF 动态路由协议,实现与其他区域路由条目的互相传递、访问,使得展厅及休息区网络与其他区域可以连通,实现 OSPF 下的区域全网通。

PPP-CHAP:Router2 的 HostName 为 xyh1,Router0 的 HostName 为 xyh2。在 Router2 的 Se1/0 接口和 Router0 的 Se1/0 接口上配置 PPP 点对点封装协议的 CHAP 认证,解决了两台路由器因传输距离较长出现的带宽损耗,也通过使用 CHAP 身份认证保证了网络安全,进行了流量控制。

NAT:休息区配有一台 WRT300N 无线路由器设备,由于该设备的属性较为特殊,其连接设备正常接入网络的同时,IP 地址是通过 DHCP 的方式进行获取的,因此 WRT 下的终端设备能够 ping 通其他区域的设备,但是其他区域的终端设备无法 ping 通 WRT 下的终端设备,进行了 IP 地址的转换,避免了来自外部的网络攻击,隐藏并保护了网络内部的终端设备。

端口聚合:通过两台交换机的端口聚合,可以使多个端口聚合在一起,从而达到路径的冗余度,提高链路的带宽和网络的可靠性。当一条线路发生故障时,数据流就会被传输到正常的链路上,实现网络的冗余,提高网络的稳定性和安全性。

无线 AP:展厅及休息区有多台无线移动通信设备、资料展示设备使用,因此在此区域下,无线 AP 的使用将会比有线网络使用更加方便、快捷。尤其是 WPA2-PSK 密码身份验证,保证了网络使用的安全性。

展厅及休息区拓扑如图 18.7 所示。

6. 前台接待区功能设计

前台接待区通过交换机 Switch9 与展厅及休息区的交换机 Switch16 相连,通过采取端口聚合的方式,能够很好地避免物理原因导致的端口断掉而引发网络故障。前台接待区 Switch9 连有一台 PC 设备和一台无线 AP。在 Switch9 上对于端口 F0/3 进行端口安全的使用,使得该接口最大接入数为 1,通过这种方式能够避免其他设备冒充接入,保证了区域下的网络安全。前台接待区分为有线工作区和无线工作区。无线 AP 的接入为无线网络工作区提供了无线网络覆盖,方便了笔记本计算机和手机设备的网络接入使用。由于出口路

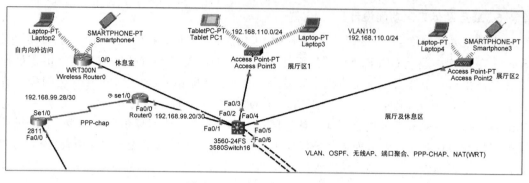

图 18.7   展厅及休息区拓扑图

由器 OSPF 协议的使用,前台接待区可以访问其他区域的终端设备,向展厅及休息区传递参观人员信息,向办公区传递技术人员拜访信息;同时,也可以访问公共服务器区的服务器。在前台接待区的网络功能设计中,需要实现的功能有 VLAN、OSPF、端口聚合、端口安全、无线 AP。

VLAN:在 Switch9 上进行 VLAN 划分,VLAN100 对应于有线工作区和无线工作区。

OSPF:在与 Switch9 相连的交换机 Switch16 上进行 OSPF 动态路由协议的配置使用,实现与其他区域路由条目的互相传递、访问,使得前台接待区域网络与其他区域可以连通,实现 OSPF 下的区域全网通。

端口聚合:通过两台交换机的端口聚合,可以使多个端口聚合在一起,从而达到路径的冗余度,提高链路的带宽和网络的可靠性。当一条线路发生故障时,数据流就会被传输到正常的链路上,实现网络的冗余,提高网络的稳定性和安全性。

端口安全:前台接待区有线工作区只需要一台 PC 设备,为保证设备安全,防止违规接入,在 Switch9 上的 F0/3 接口进行端口安全的设置,当发现接口 F0/3 有其他设备冒充接入时,该交换机端口会及时 down 掉,保证设备接入安全。

无线 AP:前台接待区存在无线工作区,通过无线 AP 使该区域获得无线网络覆盖,方便人员办公与网络使用。尤其是无线 AP 通过 WPA2-PSK 密码身份验证,保证了网络使用的安全。

前台接待区拓扑如图 18.8 所示。

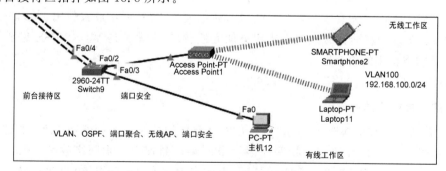

图 18.8   前台接待区拓扑图

7. 中央交换机功能设计

中央交换机作为园区办公网络的中央连接设备,连接了其他区域的出口路由器,使用

OSPF 协议保证了区域网络的连通。其中,中央交换机的各接口地址划分并未采用 24 位地址,而是采用了 30 位的地址,目的是最大程度
地节约 IP 地址。由于公共服务器区进行了网
络地址转换,通过静态路由的使用,保证了其
他网段能够进行对转换后地址的网络访问,也
防止因为网络波动使路由表也随之发生改变,
使网络的安全保密性得到保证。

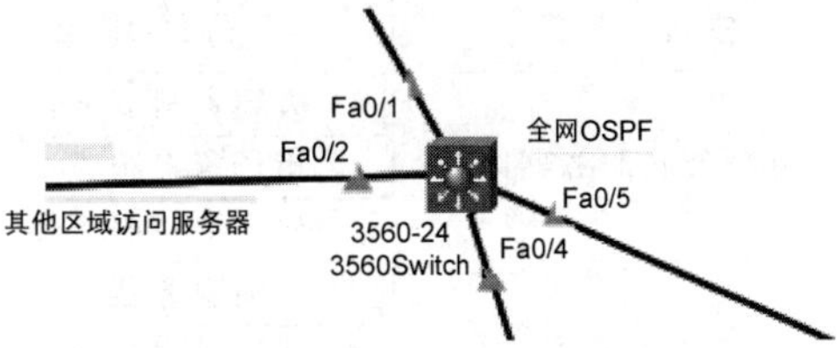

中央交换机拓扑如图 18.9 所示。

图 18.9 中央交换机拓扑图

18.3.3 园区办公网络 VLAN 划分

园区办公网络 VLAN 具体划分如表 18.1 所示。

表 18.1 园区办公网络 VLAN 划分

主 区 域 名	子 区 域 名	VLAN 编号
办公区	方案部	VLAN10
	市场部	VLAN20
	研发部	VLAN30
办公资料服务器区	方案资料服务器	VLAN40
	市场资料服务器	
	研发资料服务器	
公共服务器区	官网服务器	VLAN50
	通讯录服务器	
	产品宣传服务器	VLAN60
	方案样例服务器	
餐厅区	餐厅办公室	VLAN70
	就餐区 1	VLAN80
	就餐区 2	VLAN90
前台接待区	有线工作区	VLAN100
	无线工作区	
展厅及休息区	展厅区 1	VLAN110
	展厅区 2	
	休息室	

18.3.4 园区办公网络 IP 地址划分

园区办公网络 IP 地址具体划分如表 18.2 所示。

表 18.2 园区办公网络 IP 地址划分

主 区 域 名	子 区 域 名	IP 地 址 范 围	分 配 状 态
办公区	方案部	192.168.10.0/24	动态
	市场部	192.168.20.0/24	动态
	研发部	192.168.30.0/24	动态

续表

主 区 域 名	子 区 域 名	IP 地址范围	分 配 状 态
办公资料服务器区	方案资料服务器	192.168.40.0/24	动态
	市场资料服务器		
	研发资料服务器		
公共服务器区	官网服务器	192.168.50.0/24	静态
	通讯录服务器		
	产品宣传服务器	192.168.60.0/24	静态
	方案样例服务器		
餐厅区	餐厅办公室	192.168.70.0/24	静态
	就餐区 1	192.168.80.0/24	静态
	就餐区 2	192.168.90.0/24	静态
前台接待区	有线工作区	192.168.100.0/24	静态
	无线工作区		静态
展厅及休息区	展厅区 1	192.168.110/24	静态
	展厅区 2		静态
	休息室		动态

18.4　园区办公网络功能实现

18.4.1　网络硬件设备选型

1. 总体设备

园区办公网络设计总体设备选型如表 18.3 所示。

表 18.3　总体设备选型

设 备 名 称	品　　牌	型　　号	数量/台	产　　地
二层交换机	思科	Switch2960-24	9	美国
三层交换机	思科	Switch3560-24	7	美国
路由器	思科	Router2811	5	美国
无线 AP	思科	Access Point-PT	4	美国
无线路由器	思科	WRT300N	1	美国

2. 路由器设备

路由器设备采用了思科 Router2811,设备实体图片如图 18.10 所示,设备参数如图 18.11 所示。

图 18.10　思科 Router2811 实体

基本参数	
路由器类型	模块化接入路由器
网络协议	TCP/IP
传输速率	10/100Mbps
端口结构	模块化
局域网接口	2个
其他端口	1个板载USB端口
扩展模块	2个模块化插槽+2个WAN接入的模块化插槽 +2个HWIC的模块化插槽+1个板载AIM插槽
功能参数	
防火墙	内置防火墙
QoS支持	支持
VPN支持	支持
网络管理	SNMP/Ttelnet
其他参数	
产品内存	最大DRAM内存：384MB 最大Flash内存：128MB

图 18.11　思科 Router2811 设备参数

3. 交换机设备

（1）交换机设备采用了思科 Switch3560-24，设备实体图片如图 18.12 所示，设备参数如图 18.13 所示。

图 18.12　思科 Switch3560-24 实体

主要参数	
产品类型	企业级交换机
应用层级	三层
传输速率	10/100Mbps
产品内存	DRAM存储：128MB；Flash内存：16MB
交换方式	存储-转发
背板带宽	32Gbps
包转发率	6.5Mbps
MAC地址表	12KB
端口参数	
端口结构	模块化
端口数量	24个
端口描述	24个以太网10/100Mbps POE端口；2个SFP上行链路端口
扩展模块	2个
传输模式	支持全双工
功能特性	
网络标准	IEEE 802.3，IEEE 802.3u，IEEE 802.3z
堆叠功能	可堆叠
VLAN	支持
QoS	支持
网络管理	网管功能SNMP，Web，管理软件

图 18.13　思科 Switch3560-24 设备参数

（2）交换机设备采用了思科 Switch2960-24,设备实体图片如图 18.14 所示,设备参数如图 18.15 所示。

图 18.14　思科 Switch2960-24 实体

主要参数	
交换机类型	快速以太网交换机
传输速率	10/100Mbps
交换方式	存储转发
背板带宽	8.8Gbps
端口参数	
端口数量	24个
接口介质	10BASE-T/10BASE-TX, 3类或3类以上UTP, 100BASE-TX 5类
传输模式	支持全双工
功能特性	
网络标准	IEEE 802.3u
网络协议	局域网协议
堆叠功能	可级联

图 18.15　思科 Switch2960-24 设备参数

4. 无线 AP 设备

无线 AP 设备采用了思科 AccessPoint-PT,设备实体图片如图 18.16 所示,设备参数如图 18.17 所示。

图 18.16　思科 AccessPoint-PT 实体

主要参数	
端口数	1个
天线数	2个
支持带宽	10/100Mbps
端口传输模式	支持全双工/半双工
加密方式	WEP/WPA/WPA2-PSK

图 18.17　思科 AccessPoint-PT 设备参数

5. 无线路由器设备

无线路由器设备采用了思科 WRT300N,设备实体图片如图 18.18 所示,设备参数如图 18.19 所示。

图 18.18 思科 WRT300N 实体

主要参数	
适用范围	中小企业
最大传输速率	300Mbps
WAN接口	1个
LAN接口	4个
网络标准	IEEE 802.11a/IEEE 802.11b/IEEE 802.11g
安全系统	128位，256位的WEP，WPA，WPA2，WPA2-PSK
基本参数	
尺寸	202mm×34mm×160mm

图 18.19 思科 WRT300N 设备参数

18.4.2 网络硬件设备命令配置实现

1. 办公区命令配置

1) 办公区 Switch11

(1) 创建 VLAN：

办公区其他交换机无须创建,通过 VTP 学习。

```
xuyuhang1203Switch(config)          #vlan 10
xuyuhang1203Switch(config)          #vlan 20
xuyuhang1203Switch(config)          #vlan 30
xuyuhang1203Switch(config)          #vlan 40
```

(2) VTP：

```
xuyuhang1203Switch(config)          #vtp version 2
xuyuhang1203Switch(config)          #vtp domain 123
xuyuhang1203Switch(config)          #vtp password xyh123
xuyuhang1203Switch(config)          #vtp mode server
```

(3) HSRP：

```
xuyuhang1203Switch(config)          #interface Vlan10
xuyuhang1203Switch(config-if)       #standby 10 ip 192.168.10.254
xuyuhang1203Switch(config-if)       #standby 10 priority 150
xuyuhang1203Switch(config)          #interface Vlan20
xuyuhang1203Switch(config-if)       #standby 20 ip 192.168.20.254
xuyuhang1203Switch(config-if)       #standby 20 priority 150
xuyuhang1203Switch(config)          #interface Vlan30
xuyuhang1203Switch(config-if)       #standby 30 ip 192.168.30.254
xuyuhang1203Switch(config-if)       #standby 30 priority 150
xuyuhang1203Switch(config)          #interface Vlan40
xuyuhang1203Switch(config-if)       #standby 40 ip 192.168.40.254
```

```
xuyuhang1203Switch(config-if)        # standby 40 priority 150
```

（4）给 VLAN 添加地址：

```
xuyuhang1203Switch(config)           # interface Vlan10
xuyuhang1203Switch(config-if)        # ip address 192.168.10.252 255.255.255.0
xuyuhang1203Switch(config)           # interface Vlan20
xuyuhang1203Switch(config-if)        # ip address 192.168.20.252 255.255.255.0
xuyuhang1203Switch(config)           # interface Vlan30
xuyuhang1203Switch(config-if)        # ip address 192.168.30.252 255.255.255.0
xuyuhang1203Switch(config)           # interface Vlan40
xuyuhang1203Switch(config-if)        # ip address 192.168.40.252 255.255.255.0
```

（5）端口聚合：

```
xuyuhang1203Switch(config)           # interface Port-channel1
xuyuhang1203Switch(config-if)        # switchport trunk encapsulation dot1q
xuyuhang1203Switch(config-if)        # switchport mode trunk
xuyuhang1203Switch(config)           # interface FastEthernet0/2
xuyuhang1203Switch(config-if)        # switchport trunk encapsulation dot1q
xuyuhang1203Switch(config-if)        # switchport mode trunk
xuyuhang1203Switch(config-if)        # channel-group 1 mode active
xuyuhang1203Switch(config)           # interface FastEthernet0/3
xuyuhang1203Switch(config-if)        # switchport trunk encapsulation dot1q
xuyuhang1203Switch(config-if)        # switchport mode trunk
xuyuhang1203Switch(config-if)        # channel-group 1 mode active
```

（6）封装协议，配置 trunk 模式：

```
xuyuhang1203Switch(config)           # interface FastEthernet0/4
xuyuhang1203Switch(config-if)        # switchport trunk encapsulation dot1q
xuyuhang1203Switch(config-if)        # switchport mode trunk
xuyuhang1203Switch(config)           # interface FastEthernet0/5
xuyuhang1203Switch(config-if)        # switchport trunk encapsulation dot1q
xuyuhang1203Switch(config-if)        # switchport mode trunk
xuyuhang1203Switch(config)           # interface FastEthernet0/6
xuyuhang1203Switch(config-if)        # switchport trunk encapsulation dot1q
xuyuhang1203Switch(config-if)        # switchport mode trunk!
xuyuhang1203Switch(config)           # interface FastEthernet0/7
xuyuhang1203Switch(config-if)        # switchport trunk encapsulation dot1q
xuyuhang1203Switch(config-if)        # switchport mode trunk
```

（7）给接口添加 IP 地址：

```
xuyuhang1203Switch(config)           # interface FastEthernet0/1
xuyuhang1203Switch(config-if)        # no switchport
xuyuhang1203Switch(config-if)        # ip address 192.168.99.1 255.255.255.252
```

（8）DHCP：

```
xuyuhang1203Switch(config)           # ip dhcp pool 10
xuyuhang1203Switch(dhcp-config)      # network 192.168.10.0 255.255.255.0
xuyuhang1203Switch(dhcp-config)      # default-router 192.168.10.254
xuyuhang1203Switch(dhcp-config)      # dns-server 192.168.40.1
xuyuhang1203Switch(config)           # ip dhcp pool 20
xuyuhang1203Switch(dhcp-config)      # network 192.168.20.0 255.255.255.0
xuyuhang1203Switch(dhcp-config)      # default-router 192.168.20.254
xuyuhang1203Switch(dhcp-config)      # dns-server 192.168.40.1
```

```
xuyuhang1203Switch(config)          # ip dhcp pool 30
xuyuhang1203Switch(dhcp-config)     # network 192.168.30.0 255.255.255.0
xuyuhang1203Switch(dhcp-config)     # default-router 192.168.30.254
xuyuhang1203Switch(dhcp-config)     # dns-server 192.168.40.1
xuyuhang1203Switch(config)          # ip dhcp pool 40
xuyuhang1203Switch(dhcp-config)     # network 192.168.40.0 255.255.255.0
xuyuhang1203Switch(dhcp-config)     # default-router 192.168.40.254
xuyuhang1203Switch(dhcp-config)     # dns-server 192.168.40.1
```

（9）STP：

```
xuyuhang1203Switch(config)          # spanning-tree vlan 10,20,30,40 priority 24576
```

（10）OSPF：

```
xuyuhang1203Switch(config)          # router ospf 1
xuyuhang1203Switch(config-router)   # network 192.168.0.0 0.0.255.255 area 0
```

2）办公区 Switch12

（1）VTP：

```
xuyuhang1203Switch(config)          # vtp version 2
xuyuhang1203Switch(config)          # vtp domain 123
xuyuhang1203Switch(config)          # vtp password xyh123
xuyuhang1203Switch(config)          # vtp mode server
```

（2）HSRP：

```
xuyuhang1203Switch(config)          # interface Vlan10
xuyuhang1203Switch(config-if)       # standby 10 ip 192.168.10.254
xuyuhang1203Switch(config)          # interface Vlan20
xuyuhang1203Switch(config-if)       # standby 20 ip 192.168.20.254
xuyuhang1203Switch(config)          # interface Vlan30
xuyuhang1203Switch(config-if)       # standby 30 ip 192.168.30.254
xuyuhang1203Switch(config)          # interface Vlan40
xuyuhang1203Switch(config-if)       # standby 40 ip 192.168.40.254
```

（3）给 VLAN 添加地址：

```
xuyuhang1203Switch(config)          # interface Vlan10
xuyuhang1203Switch(config-if)       # ip address 192.168.10.253 255.255.255.0
xuyuhang1203Switch(config)          # interface Vlan20
xuyuhang1203Switch(config-if)       # ip address 192.168.20.253 255.255.255.0
xuyuhang1203Switch(config)          # interface Vlan30
xuyuhang1203Switch(config-if)       # ip address 192.168.30.253 255.255.255.0
xuyuhang1203Switch(config)          # interface Vlan40
xuyuhang1203Switch(config-if)       # ip address 192.168.40.253 255.255.255.0
```

（4）端口聚合：

```
xuyuhang1203Switch(config)          # interface Port-channel1
xuyuhang1203Switch(config-if)       # switchport trunk encapsulation dot1q
xuyuhang1203Switch(config-if)       # switchport mode trunk
xuyuhang1203Switch(config)          # interface FastEthernet0/2
xuyuhang1203Switch(config-if)       # switchport trunk encapsulation dot1q
xuyuhang1203Switch(config-if)       # switchport mode trunk
xuyuhang1203Switch(config-if)       # channel-group 1 mode active
xuyuhang1203Switch(config)          # interface FastEthernet0/3
```

```
xuyuhang1203Switch(config - if)          # switchport trunk encapsulation dot1q
xuyuhang1203Switch(config - if)          # switchport mode trunk
xuyuhang1203Switch(config - if)          # channel - group 1 mode active
```

（5）封装协议，配置 trunk 模式：

```
xuyuhang1203Switch(config)               # interface FastEthernet0/4
xuyuhang1203Switch(config - if)          # switchport trunk encapsulation dot1q
xuyuhang1203Switch(config - if)          # switchport mode trunk
xuyuhang1203Switch(config)               # interface FastEthernet0/5
xuyuhang1203Switch(config - if)          # switchport trunk encapsulation dot1q
xuyuhang1203Switch(config - if)          # switchport mode trunk
xuyuhang1203Switch(config)               # interface FastEthernet0/6
xuyuhang1203Switch(config - if)          # switchport trunk encapsulation dot1q
xuyuhang1203Switch(config - if)          # switchport mode trunk
xuyuhang1203Switch(config)               # interface FastEthernet0/7
xuyuhang1203Switch(config - if)          # switchport trunk encapsulation dot1q
xuyuhang1203Switch(config - if)          # switchport mode trunk
```

（6）给接口添加 IP 地址：

```
xuyuhang1203Switch(config)               # interface FastEthernet0/1
xuyuhang1203Switch(config - if)          # no switchport
xuyuhang1203Switch(config - if)          # ip address 192.168.99.5 255.255.255.252
```

（7）DHCP：

```
xuyuhang1203Switch(config)               # ip dhcp pool 10
xuyuhang1203Switch(dhcp - config)        # network 192.168.10.0 255.255.255.0
xuyuhang1203Switch(dhcp - config)        # default - router 192.168.10.254
xuyuhang1203Switch(dhcp - config)        # dns - server 192.168.40.1
xuyuhang1203Switch(config)               # ip dhcp pool 20
xuyuhang1203Switch(dhcp - config)        # network 192.168.20.0 255.255.255.0
xuyuhang1203Switch(dhcp - config)        # default - router 192.168.20.254
xuyuhang1203Switch(dhcp - config)        # dns - server 192.168.40.1
xuyuhang1203Switch(config)               # ip dhcp pool 30
xuyuhang1203Switch(dhcp - config)        # network 192.168.30.0 255.255.255.0
xuyuhang1203Switch(dhcp - config)        # default - router 192.168.30.254
xuyuhang1203Switch(dhcp - config)        # dns - server 192.168.40.1
xuyuhang1203Switch(config)               # ip dhcp pool 40
xuyuhang1203Switch(dhcp - config)        # network 192.168.40.0 255.255.255.0
xuyuhang1203Switch(dhcp - config)        # default - router 192.168.40.254
xuyuhang1203Switch(dhcp - config)        # dns - server 192.168.40.1
```

（8）STP：

```
xuyuhang1203Switch(config)               # spanning - tree vlan 10,20,30,40 priority 28672
```

（9）OSPF：

```
xuyuhang1203Switch(config)               # router ospf 1
xuyuhang1203Switch(config - router)      # network 192.168.0.0 0.0.255.255 area 0
```

3）办公区 Router1

（1）给接口添加 IP 地址：

```
xuyuhangRouter(config)                   # interface FastEthernet0/0
xuyuhangRouter(config - if)              # ip address 192.168.99.2 255.255.255.252
```

xuyuhangRouter(config)	# interface FastEthernet0/1
xuyuhangRouter(config-if)	# ip address 192.168.99.6 255.255.255.252
xuyuhangRouter(config)	# interface FastEthernet1/0
xuyuhangRouter(config-if)	# ip address 192.168.99.33 255.255.255.252

（2）OSPF：

| xuyuhangRouter(config) | # router ospf 1 |
| xuyuhangRouter(config-router) | # network 192.168.0.0 0.0.255.255 area 0 |

（3）ACL：

xuyuhangRouter(config)	# access-list 199 deny ip any 192.168.40.0 0.0.0.255
xuyuhangRouter(config)	# access-list 199 permit ip any any
xuyuhangRouter(config)	# interface FastEthernet1/0
xuyuhangRouter (config-if)	# ip access-group 199 in

4）办公区 Switch1

（1）VLAN 划分：

xuyuhangSwitch(config)	# interface FastEthernet0/3
xuyuhangSwitch(config-if)	# switchport access vlan 10
xuyuhangSwitch(config-if)	# switchport mode access

（2）配置 trunk 模式：

xuyuhangSwitch(config)	# interface FastEthernet0/1
xuyuhangSwitch(config-if)	# switchport mode trunk
xuyuhangSwitch(config)	# interface FastEthernet0/2
xuyuhangSwitch(config-if)	# switchport mode trunk

（3）VTP：

xuyuhangSwitch(config)	# vtp version 2
xuyuhangSwitch(config)	# vtp domain 123
xuyuhangSwitch(config)	# vtp password xyh123
xuyuhangSwitch(config)	# vtp mode server

5）办公区 Switch2

（1）VLAN 划分：

xuyuhangSwitch(config)	# interface FastEthernet0/3
xuyuhangSwitch(config-if)	# switchport access vlan 20
xuyuhangSwitch(config-if)	# switchport mode access

（2）配置 trunk 模式：

xuyuhangSwitch(config)	# interface FastEthernet0/1
xuyuhangSwitch(config-if)	# switchport mode trunk
xuyuhangSwitch(config)	# interface FastEthernet0/2
xuyuhangSwitch(config-if)	# switchport mode trunk

（3）VTP：

xuyuhangSwitch(config)	# vtp version 2
xuyuhangSwitch(config)	# vtp domain 123
xuyuhangSwitch(config)	# vtp password xyh123
xuyuhangSwitch(config)	# vtp mode server

6）办公区 Switch3

（1）VLAN 划分：

```
xuyuhangSwitch(config)        # interface FastEthernet0/3
xuyuhangSwitch(config - if)   # switchport access vlan 30
xuyuhangSwitch(config - if)   # switchport mode access
```

（2）配置 trunk 模式：

```
xuyuhangSwitch(config)        # interface FastEthernet0/1
xuyuhangSwitch(config - if)   # switchport mode trunk
xuyuhangSwitch(config)        # interface FastEthernet0/2
xuyuhangSwitch(config - if)   # switchport mode trunk
```

（3）VTP：

```
xuyuhangSwitch(config)        # vtp version 2
xuyuhangSwitch(config)        # vtp domain 123
xuyuhangSwitch(config)        # vtp password xyh123
xuyuhangSwitch(config)        # vtp mode server
```

2. 办公资料服务器区命令配置

1）资料 Switch4

（1）VLAN 划分：

```
xuyuhangSwitch(config)        # interface FastEthernet0/1
xuyuhangSwitch(config - if)   # switchport access vlan 40
xuyuhangSwitch(config - if)   # switchport mode access
xuyuhangSwitch(config)        # interface FastEthernet0/2
xuyuhangSwitch(config - if)   # switchport access vlan 40
xuyuhangSwitch(config - if)   # switchport mode access
xuyuhangSwitch(config)        # interface FastEthernet0/3
xuyuhangSwitch(config - if)   # switchport access vlan 40
xuyuhangSwitch(config - if)   # switchport mode access
```

（2）配置 trunk 模式：

```
xuyuhangSwitch(config)        # interface FastEthernet0/4
xuyuhangSwitch(config - if)   # switchport mode trunk
xuyuhangSwitch(config)        # interface FastEthernet0/5
xuyuhangSwitch(config - if)   # switchport mode trunk
```

（3）VTP：

```
xuyuhangSwitch(config)        # vtp version 2
xuyuhangSwitch(config)        # vtp domain 123
xuyuhangSwitch(config)        # vtp password xyh123
xuyuhangSwitch(config)        # vtp mode server
```

2）方案 Server1

方案 Server1 配置如图 18.20 所示。

3. 公共服务器区命令配置

1）公共服务器区 Switch13

（1）开启路由功能：

```
xuyuhang1203Switch(config)    # ip routing
```

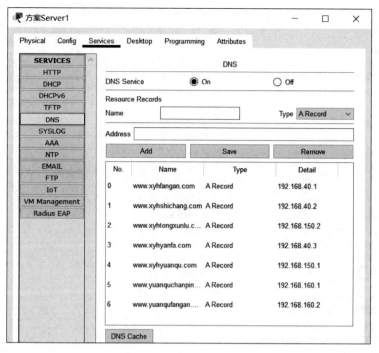

图 18.20 方案 Server1 配置

（2）创建 VLAN：

```
xuyuhang1203Switch(config)              # vlan 50
xuyuhang1203Switch(config)              # vlan 60
```

（3）STP：

```
xuyuhang1203Switch(config)              # spanning - tree vlan 50,60 priority 24576
```

（4）端口聚合：

```
xuyuhang1203Switch(config)              # interface Port - channel1
xuyuhang1203Switch(config - if)         # switchport trunk encapsulation dot1q
xuyuhang1203Switch(config)              # interface FastEthernet0/1
xuyuhang1203Switch(config - if)         # switchport trunk encapsulation dot1q
xuyuhang1203Switch(config - if)         # channel - group 1 mode active
xuyuhang1203Switch(config)              # interface FastEthernet0/2
xuyuhang1203Switch(config - if)         # switchport trunk encapsulation dot1q
xuyuhang1203Switch(config - if)         # channel - group 1 mode active
```

（5）给接口添加 IP 地址：

```
xuyuhang1203Switch(config)              # interface FastEthernet0/3
xuyuhang1203Switch(config - if)         # no switchport
xuyuhang1203Switch(config - if)         # ip address 192.168.99.9 255.255.255.252
```

（6）封装协议，配置 trunk 模式：

```
xuyuhang1203Switch(config)              # interface FastEthernet0/4
xuyuhang1203Switch(config - if)         # switchport trunk encapsulation dot1q
xuyuhang1203Switch(config - if)         # switchport mode trunk
xuyuhang1203Switch(config)              # interface FastEthernet0/5
```

```
xuyuhang1203Switch(config-if)          # switchport trunk encapsulation dot1q
xuyuhang1203Switch(config-if)          # switchport mode trunk
```

（7）HSRP：

```
xuyuhang1203Switch(config)             # interface Vlan50
xuyuhang1203Switch(config-if)          # standby 50 ip 192.168.50.254
xuyuhang1203Switch(config-if)          # standby 50 priority 150
xuyuhang1203Switch(config)             # interface Vlan60
xuyuhang1203Switch(config-if)          # standby 60 ip 192.168.60.254
xuyuhang1203Switch(config-if)          # standby 60 priority 150
```

（8）给 VLAN 添加地址：

```
xuyuhang1203Switch(config)             # interface Vlan60
xuyuhang1203Switch(config-if)          # ip address 192.168.60.252 255.255.255.0
xuyuhang1203Switch(config)             # interface Vlan50
xuyuhang1203Switch(config-if)          # ip address 192.168.50.252 255.255.255.0
```

（9）EIGRP：

```
xuyuhang1203Switch(config)             # router eigrp 1
xuyuhang1203Switch(config-router)      # network 192.168.99.0
xuyuhang1203Switch(config-router)      # network 192.168.50.0
xuyuhang1203Switch(config-router)      # network 192.168.60.0
```

2）公共服务器区 Switch14

（1）开启路由功能：

```
xuyuhang1203Switch(config)             # ip routing
```

（2）创建 VLAN：

```
xuyuhang1203Switch(config)             # vlan 50
xuyuhang1203Switch(config-vlan)        # exit
xuyuhang1203Switch(config)             # vlan 60
xuyuhang1203Switch(config-vlan)        # exit
```

（3）STP：

```
xuyuhang1203Switch(config)             # spanning-tree vlan 50,60 priority 28672
```

（4）端口聚合：

```
xuyuhang1203Switch(config)             # interface Port-channel1
xuyuhang1203Switch(config-if)          # switchport trunk encapsulation dot1q
xuyuhang1203Switch(config)             # interface FastEthernet0/1
xuyuhang1203Switch(config-if)          # switchport trunk encapsulation dot1q
xuyuhang1203Switch(config-if)          # channel-group 1 mode active
xuyuhang1203Switch(config)             # interface FastEthernet0/2
xuyuhang1203Switch(config-if)          # switchport trunk encapsulation dot1q
xuyuhang1203Switch(config-if)          # channel-group 1 mode active
```

（5）给接口配置 IP 地址：

```
xuyuhang1203Switch(config)             # interface FastEthernet0/3
xuyuhang1203Switch(config-if)          # no switchport
xuyuhang1203Switch(config-if)          # ip address 192.168.99.13 255.255.255.252
```

（6）配置 trunk 模式：

```
xuyuhang1203Switch(config)        # interface FastEthernet0/4
xuyuhang1203Switch(config - if)   # switchport trunk encapsulation dot1q
xuyuhang1203Switch(config - if)   # switchport mode trunk
xuyuhang1203Switch(config)        # interface FastEthernet0/5
xuyuhang1203Switch(config - if)   # switchport trunk encapsulation dot1q
xuyuhang1203Switch(config - if)   # switchport mode trunk
```

（7）HSRP：

```
xuyuhang1203Switch(config)        # interface Vlan50
xuyuhang1203Switch(config - if)   # standby 50 ip 192.168.50.254
xuyuhang1203Switch(config)        # interface Vlan60
xuyuhang1203Switch(config - if)   # standby 60 ip 192.168.60.254
```

（8）给 VLAN 添加地址：

```
xuyuhang1203Switch(config)        # interface Vlan50
xuyuhang1203Switch(config - if)   # ip address 192.168.50.253 255.255.255.0
xuyuhang1203Switch(config)        # interface Vlan60
xuyuhang1203Switch(config - if)   # ip address 192.168.60.253 255.255.255.0
```

（9）EIGRP：

```
xuyuhang1203Switch(config)          # router eigrp 1
xuyuhang1203Switch(config - router) # network 192.168.99.0
xuyuhang1203Switch(config - router) # network 192.168.50.0
xuyuhang1203Switch(config - router) # network 192.168.60.0
```

3）公共服务器区 Switch5

（1）创建 VLAN：

```
xuyuhangSwitch(config)        # vlan 50
```

（2）VLAN 划分：

```
xuyuhangSwitch(config)        # interface FastEthernet0/3
xuyuhangSwitch(config - if)   # switchport access vlan 50
xuyuhangSwitch(config - if)   # switchport mode access
xuyuhangSwitch(config)        # interface FastEthernet0/4
xuyuhangSwitch(config - if)   # switchport access vlan 50
xuyuhangSwitch(config - if)   # switchport mode access
```

（3）配置 trunk 模式：

```
xuyuhangSwitch(config)        # interface FastEthernet0/1
xuyuhangSwitch(config - if)   # switchport mode trunk
xuyuhangSwitch(config)        # interface FastEthernet0/2
xuyuhangSwitch(config - if)   # switchport mode trunk
```

4）公共服务器区 Switch6

（1）创建 VLAN：

```
xuyuhang1203Switch(config)        # vlan 60
```

（2）VLAN 划分：

```
xuyuhangSwitch(config)        # interface FastEthernet0/3
```

xuyuhangSwitch(config – if)	# switchport access vlan 60
xuyuhangSwitch(config – if)	# switchport mode access
xuyuhangSwitch(config)	# interface FastEthernet0/4
xuyuhangSwitch(config – if)	# switchport access vlan 60
xuyuhangSwitch(config – if)	# switchport mode access

（3）配置 trunk 模式：

xuyuhangSwitch(config)	# interface FastEthernet0/1
xuyuhangSwitch(config – if)	# switchport mode trunk
xuyuhangSwitch(config)	# interface FastEthernet0/2
xuyuhangSwitch(config – if)	# switchport mode trunk

5）公共服务器区 Router3

（1）给接口配置 IP 地址：

xuyuhangRouter(config)	# interface FastEthernet0/0
xuyuhangRouter(config – if)	# ip address 192.168.99.10 255.255.255.252
xuyuhangRouter(config)	# interface FastEthernet0/1
xuyuhangRouter(config – if)	# ip address 192.168.99.14 255.255.255.252
xuyuhangRouter(config)	# interface FastEthernet1/0
xuyuhangRouter(config – if)	# ip address 192.168.99.37 255.255.255.252

（2）EIGRP：

xuyuhangRouter(config)	# router eigrp 1
xuyuhangRouter(config – Router)	# redistribute static metric 10 10 10 10 100
xuyuhangRouter(config – Router)	# network 192.168.99.0

（3）ACL：

xuyuhangRouter(config)	# access – list 199 deny ip 192.168.70.0 0.0.0.255 any
xuyuhangRouter(config)	# access – list 199 deny ip 192.168.80.0 0.0.0.255 any
xuyuhangRouter(config)	# access – list 199 deny ip 192.168.90.0 0.0.0.255 any
xuyuhangRouter(config)	# access – list 199 permit ip any any
xuyuhangRouter(config)	# interface FastEthernet1/0
xuyuhangRouter(config – if)	# ip access – group 199 in

（4）NAT：

xuyuhangRouter(config)	# ip nat inside source static 192.168.50.1 192.168.150.1
xuyuhangRouter(config)	# ip nat inside source static 192.168.50.2 192.168.150.2
xuyuhangRouter(config)	# ip nat inside source static 192.168.60.1 192.168.160.1
xuyuhangRouter(config)	# ip nat inside source static 192.168.60.2 192.168.160.2
xuyuhangRouter(config)	# interface FastEthernet0/0
xuyuhangRouter(config – if)	# ip nat inside
xuyuhangRouter(config)	# interface FastEthernet0/1
xuyuhangRouter(config – if)	# ip nat inside
xuyuhangRouter(config)	# interface FastEthernet1/0
xuyuhangRouter(config – if)	# ip nat outside

（5）默认路由：

xuyuhangRouter(config)	# ip route 0.0.0.0 0.0.0.0 192.168.99.38

4．餐厅区命令配置

1）餐厅区 Router4

（1）给接口添加 IP 地址：

xuyuhangRouter(config)	# interface FastEthernet0/0
xuyuhangRouter(config‐if)	# ip address 192.168.99.18 255.255.255.252
xuyuhangRouter(config)	# interface FastEthernet0/1
xuyuhangRouter(config‐if)	# ip address 192.168.99.41 255.255.255.252

（2）OSPF：

xuyuhangRouter(config)	# router ospf 1
xuyuhangRouter(config‐router)	# network 192.168.99.0 0.0.0.255 area 0

（3）RIP：

xuyuhangRouter(config)	# router rip
xuyuhangRouter(config‐router)	# network 192.168.99.0

（4）路由重发布：

xuyuhangRouter(config)	# router ospf 1
xuyuhangRouter(config‐router)	# redistribute rip metric 100
xuyuhangRouter(config)	# router rip
xuyuhangRouter(config‐router)	# redistribute ospf 1 metric 5

2）餐厅区 Switch15

（1）开启路由功能：

xuyuhang1203Switch(config)	# ip routing

（2）给接口添加 IP 地址：

xuyuhang1203Switch(config)	# interface FastEthernet0/4
xuyuhang1203Switch(config‐if)	# no switchport
xuyuhang1203Switch(config‐if)	# ip address 192.168.99.17 255.255.255.252

（3）端口聚合：

xuyuhang1203Switch(config)	# interface Port‐channel1
xuyuhang1203Switch(config‐if)	# switchport trunk encapsulation dot1q
xuyuhang1203Switch(config‐if)	# switchport mode trunk
xuyuhang1203Switch(config)	# interface FastEthernet0/1
xuyuhang1203Switch(config‐if)	# switchport trunk encapsulation dot1q
xuyuhang1203Switch(config‐if)	# switchport mode trunk
xuyuhang1203Switch(config‐if)	# channel‐group 1 mode active
xuyuhang1203Switch(config)	# interface FastEthernet0/2
xuyuhang1203Switch(config‐if)	# switchport trunk encapsulation dot1q
xuyuhang1203Switch(config‐if)	# switchport mode trunk
xuyuhang1203Switch(config‐if)	# channel‐group 1 mode active
xuyuhang1203Switch(config)	# interface FastEthernet0/3
xuyuhang1203Switch(config‐if)	# switchport trunk encapsulation dot1q
xuyuhang1203Switch(config‐if)	# switchport mode trunk
xuyuhang1203Switch(config‐if)	# channel‐group 2 mode active
xuyuhang1203Switch(config)	# interface FastEthernet0/5
xuyuhang1203Switch(config‐if)	# switchport trunk encapsulation dot1q
xuyuhang1203Switch(config‐if)	# switchport mode trunk

```
xuyuhang1203Switch(config)              # channel - group 2 mode active
```

（4）配置 trunk 模式：

```
xuyuhang1203Switch(config)              # interface Port - channel2
xuyuhang1203Switch(config - if)         # switchport trunk encapsulation dot1q
xuyuhang1203Switch(config - if)         # switchport mode trunk
```

（5）创建 VLAN：

```
xuyuhang1203Switch(config)              # vlan 70
xuyuhang1203Switch(config)              # vlan 80
xuyuhang1203Switch(config)              # vlan 90
```

（6）VLAN 划分：

```
xuyuhang1203Switch(config)              # interface FastEthernet0/6
xuyuhang1203Switch(config - if)         # switchport access vlan 90
xuyuhang1203Switch(config - if)         # switchport mode access
```

（7）给 VLAN 添加地址：

```
xuyuhang1203Switch(config)              # interface Vlan70
xuyuhang1203Switch(config - if)         # ip address 192.168.70.254 255.255.255.0
xuyuhang1203Switch(config)              # interface Vlan80
xuyuhang1203Switch(config - if)         # ip address 192.168.80.254 255.255.255.0
xuyuhang1203Switch(config)              # interface Vlan90
xuyuhang1203Switch(config - if)         # ip address 192.168.90.254 255.255.255.0
```

（8）RIP：

```
xuyuhang1203Switch(config)              # router rip
xuyuhang1203Switch(config - router)     # network 192.168.70.0
xuyuhang1203Switch(config - router)     # network 192.168.80.0
xuyuhang1203Switch(config - router)     # network 192.168.90.0
xuyuhang1203Switch(config - router)     # network 192.168.99.0
```

3）餐厅区 Switch7

（1）端口聚合：

```
xuyuhangSwitch(config)              # interface Port - channel1
xuyuhangSwitch(config - if)         # switchport mode trunk
xuyuhangSwitch(config)              # interface FastEthernet0/1
xuyuhangSwitch(config - if)         # switchport mode trunk
xuyuhangSwitch(config - if)         # channel - group 1 mode active
xuyuhangSwitch(config)              # interface FastEthernet0/2
xuyuhangSwitch(config - if)         # switchport mode trunk
xuyuhangSwitch(config - if)         # channel - group 1 mode active
```

（2）创建 VLAN：

```
xuyuhangSwitch(config)              # vlan 70
```

（3）VLAN 划分：

```
xuyuhangSwitch(config)              # interface FastEthernet0/3
xuyuhangSwitch(config - if)         # switchport access vlan 70
xuyuhangSwitch(config - if)         # switchport mode access
xuyuhangSwitch(config)              # interface FastEthernet0/4
xuyuhangSwitch(config - if)         # switchport access vlan 70
```

xuyuhangSwitch(config - if)　　　　　　# switchport mode access

4）餐厅区 Switch8

（1）端口聚合：

xuyuhangSwitch(config)　　　　　　　　# interface Port - channel1
xuyuhangSwitch(config - if)　　　　　　# switchport mode trunk
xuyuhangSwitch(config)　　　　　　　　# interface FastEthernet0/1
xuyuhangSwitch(config - if)　　　　　　# switchport mode trunk
xuyuhangSwitch(config - if)　　　　　　# channel - group 1 mode active
xuyuhangSwitch(config)　　　　　　　　# interface FastEthernet0/2
xuyuhangSwitch(config - if)　　　　　　# switchport mode trunk
xuyuhangSwitch(config - if)　　　　　　# channel - group 1 mode active

（2）创建 VLAN：

xuyuhangSwitch(config)　　　　　　　　# vlan 80

（3）VLAN 划分：

xuyuhangSwitch(config)　　　　　　　　# interface FastEthernet0/3
xuyuhangSwitch(config - if)　　　　　　# switchport access vlan 80
xuyuhangSwitch(config - if)　　　　　　# switchport mode access
xuyuhangSwitch(config)　　　　　　　　# interface FastEthernet0/4
xuyuhangSwitch(config - if)　　　　　　# switchport access vlan 80
xuyuhangSwitch(config - if)　　　　　　# switchport mode access

5）餐厅区 Access Point0

Access Point0 配置如图 18.21 所示。

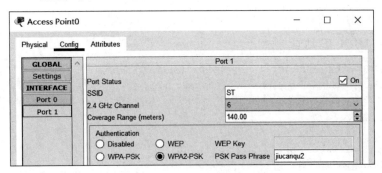

图 18.21　Access Point0 配置

5. 展厅及休息区命令配置

1）展厅及休息区 Router0

（1）给接口添加 IP 地址：

xyh2(config)　　　　　　　　　　　　# interface FastEthernet0/0
xyh2(config - if)　　　　　　　　　　# ip address 192.168.99.21 255.255.255.252
xyh2(config)　　　　　　　　　　　　# interface Serial1/0
xyh2(config - if)　　　　　　　　　　# ip address 192.168.99.30 255.255.255.252

（2）PPP：

xyh2(config)　　　　　　　　　　　　# interface Serial1/0
xyh2(config - if)　　　　　　　　　　# encapsulation ppp

xyh2(config‐if)	# ppp authentication chap

（3）OSPF：

xyh2(config)	# router ospf 1
xyh2(config‐if)	# network 192.168.0.0 0.0.255.255 area 0

2）展厅及休息区 Router2
（1）给接口添加 IP 地址：

xyh1(config)	# interface FastEthernet0/0
xyh1(config‐if)	# ip address 192.168.99.25 255.255.255.252
xyh1(config)	# interface Serial1/0

（2）PPP：

xyh1(config)	# username xyh1 password 0 xyh
xyh1(config)	# username xyh2 password 0 xyh
xyh1(config)	# interface Serial1/0
xyh1(config‐if)	# encapsulation ppp
xyh1(config‐if)	# ppp authentication chap

（3）OSPF：

xyh1(config)	# router ospf 1
xyh1(config‐router)	# network 192.168.0.0 0.0.255.255 area 0

3）展厅及休息区 Switch16
（1）开启路由功能：

xuyuhang1203Switch(config)	# ip routing

（2）给接口添加 IP 地址：

xuyuhang1203Switch(config)	# interface FastEthernet0/1
xuyuhang1203Switch(config‐if)	# no switchport
xuyuhang1203Switch(config‐if)	# ip address 192.168.99.22 255.255.255.252

（3）创建 VLAN：

xuyuhang1203Switch(config)	# vlan 100
xuyuhang1203Switch(config)	# vlan 110

（4）VLAN 划分：

xuyuhang1203Switch(config)	# interface FastEthernet0/2
xuyuhang1203Switch(config‐if)	# switchport access vlan 110
xuyuhang1203Switch(config‐if)	# switchport mode access
xuyuhang1203Switch(config)	# interface FastEthernet0/3
xuyuhang1203Switch(config‐if)	# switchport access vlan 110
xuyuhang1203Switch(config‐if)	# switchport mode access
xuyuhang1203Switch(config)	# interface FastEthernet0/4
xuyuhang1203Switch(config‐if)	# switchport access vlan 110
xuyuhang1203Switch(config‐if)	# switchport mode access

（5）给 VLAN 添加地址：

xuyuhang1203Switch(config)	# interface Vlan100
xuyuhang1203Switch(config‐if)	# ip address 192.168.100.254 255.255.255.0

```
xuyuhang1203Switch(config)          # interface Vlan110
xuyuhang1203Switch(config - if)     # ip address 192.168.110.254 255.255.255.0
```

（6）OSPF：

```
xuyuhang1203Switch(config)          # router ospf 1
xuyuhang1203Switch(config - router) # network 192.168.0.0 0.0.255.255 area 0
```

（7）端口聚合：

```
xuyuhang1203Switch(config)          # interface FastEthernet0/5
xuyuhang1203Switch(config - if)     # switchport trunk encapsulation dot1q
xuyuhang1203Switch(config - if)     # switchport mode trunk
xuyuhang1203Switch(config - if)     # channel - group 1 mode active
xuyuhang1203Switch(config)          # interface FastEthernet0/6
xuyuhang1203Switch(config - if)     # switchport trunk encapsulation dot1q
xuyuhang1203Switch(config - if)     # switchport mode trunk
xuyuhang1203Switch(config - if)     # channel - group 1 mode active
```

4）展厅及休息区 Access Point2

Access Point2 配置如图 18.22 所示。

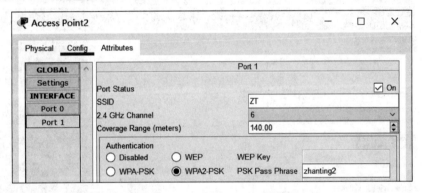

图 18.22　Access Point2 配置

5）展厅及休息区 Access Point3

Access Point3 配置如图 18.23 所示。

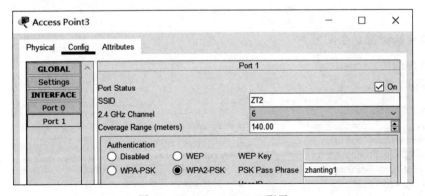

图 18.23　Access Point3 配置

6）展厅及休息区 Wireless Router0

Wireless Router0 配置如图 18.24、图 18.25 所示。

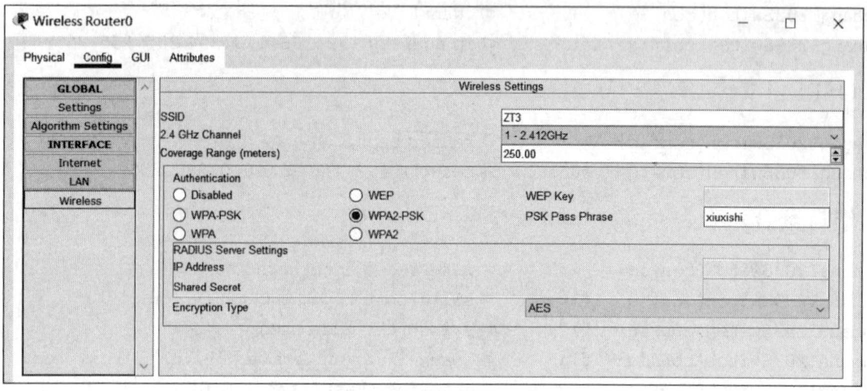

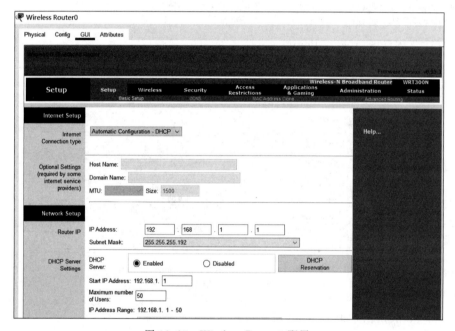

图 18.24　Wireless Router0 配置

图 18.25　Wireless Router0 配置

6. 前台接待区命令配置

1) 前台接待区 Switch9

（1）端口聚合：

```
xuyuhangSwitch(config)              # interface Port – channel1
xuyuhangSwitch(config – if)         # switchport mode trunk
xuyuhangSwitch(config)              # interface FastEthernet0/1
xuyuhangSwitch(config – if)         # switchport mode trunk
xuyuhangSwitch(config – if)         # channel – group 1 mode active
xuyuhangSwitch(config)              # interface FastEthernet0/4
xuyuhangSwitch(config – if)         # switchport mode trunk
xuyuhangSwitch(config – if)         # channel – group 1 mode active
```

（2）创建 VLAN：

```
xuyuhang1203Switch(config)          # vlan 100
```

（3）VLAN 划分：

```
xuyuhangSwitch(config)        # interface FastEthernet0/2
xuyuhangSwitch(config - if)   # switchport access vlan 100
xuyuhangSwitch(config - if)   # switchport mode access
xuyuhangSwitch(config)        # interface FastEthernet0/3
xuyuhangSwitch(config - if)   # switchport access vlan 100
xuyuhangSwitch(config - if)   # switchport mode access
```

（4）端口安全：

```
xuyuhangSwitch(config)        # interface FastEthernet0/3
xuyuhangSwitch(config - if)   # switchport port - security maximum 1
xuyuhangSwitch(config - if)   # switchport port - security violation shutdown
xuyuhangSwitch(config - if)   # switchport port - security mac - address 0001.4265.8a1d
```

2）前台接待区 Access Point1

Access Point1 配置如图 18.26 所示。

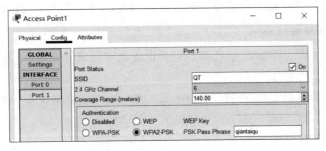

图 18.26　Access Point1 配置

7. 中央交换机（Switch10）命令配置

（1）开启路由功能：

```
xuyuhang1203Switch(config)    # ip routing
```

（2）给接口添加 IP 地址：

```
xuyuhang1203Switch(config)    # interface FastEthernet0/1
xuyuhangSwitch(config - if)   # no switchport
xuyuhangSwitch(config - if)   # ip address 192.168.99.26 255.255.255.252
xuyuhangSwitch(config)        # interface FastEthernet0/2
xuyuhangSwitch(config - if)   # no switchport
xuyuhangSwitch(config - if)   # ip address 192.168.99.34 255.255.255.252
xuyuhangSwitch(config)        # interface FastEthernet0/3
xuyuhangSwitch(config - if)   # no switchport
xuyuhangSwitch(config - if)   # ip address 192.168.99.30 255.255.255.252
xuyuhangSwitch(config)        # interface FastEthernet0/4
xuyuhangSwitch(config - if)   # no switchport
xuyuhangSwitch(config - if)   # ip address 192.168.99.38 255.255.255.252
xuyuhangSwitch(config)        # interface FastEthernet0/5
xuyuhangSwitch(config - if)   # no switchport
xuyuhangSwitch(config - if)   # ip address 192.168.99.42 255.255.255.252
```

（3）OSPF：

```
xuyuhang1203Switch(config)    # router ospf 1
```

```
xuyuhang1203Switch(config-router)    # redistribute static metric 100
xuyuhang1203Switch(config-router)    # network 192.168.0.0 0.0.255.255 area 0
```

（4）静态路由：

```
xuyuhang1203Switch(config)    # ip route 192.168.160.0 255.255.255.0 192.168.99.37
xuyuhang1203Switch(config)    # ip route 192.168.150.0 255.255.255.0 192.168.99.37
```

18.5 系统测试

18.5.1 区域网络连通性测试

在完成了整个网络拓扑的命令配置后，根据所设计的功能，需要完成网络连通性测试。网络连通性测试主要有三部分，分别是区域网络连通性测试、网络可扩展性测试、网络安全测试。通过网络连通性测试来检验配置是否正确以及设计的功能是否正常。

1. 办公区网络连通性测试

办公区内部方案部、市场部、研发部的终端设备能够完成互相访问，并且可以 Ping 通其他区域的终端设备。

（1）市场部 PC3 可以 Ping 通展厅及休息区、前台接待区终端设备，相关命令如图 18.27所示。

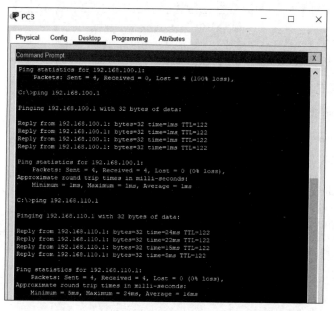

图 18.27 市场部 PC3 可以 Ping 通展厅及休息区、前台接待区终端设备

（2）研发部 PC6 可以 Ping 通餐厅区终端设备，相关命令如图 18.28 所示。

2. 办公资料服务器区网络连通性测试

办公区方案部、市场部、研发部的终端设备均可 Ping 通办公资料服务器区的服务器。

方案部终端设备可以 Ping 通办公资料服务器区的服务器并通过 IP 地址进行访问，相

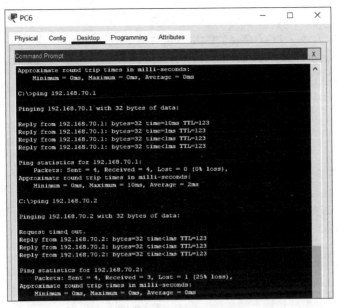

图 18.28　研发部 PC6 可以 Ping 通餐厅区终端设备

关命令见图 18.29,在正常提供 Web 服务的同时,还可通过 DNS 进行域名地址转换。可以通过地址和域名两种方式访问服务器网站,如图 18.30、图 18.31 所示。

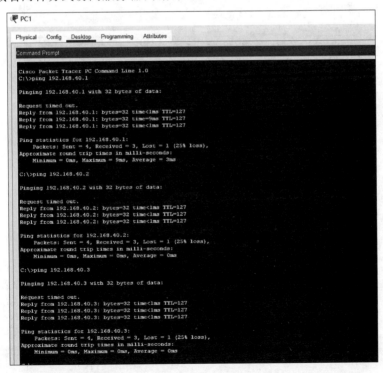

图 18.29　方案部终端设备可以 Ping 通办公资料服务器区的服务器

3. 公共服务器区网络连通性测试

(1) 展厅及休息区终端设备可以 Ping 通公共服务器区服务器,如图 18.32 所示。服务

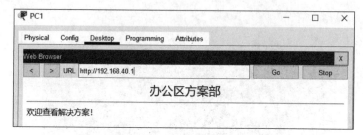

图 18.30　通过 IP 地址访问服务器网站

图 18.31　通过域名方式访问服务器网站

器正常提供 Web 服务,不支持域名地址转换,只能通过 IP 地址访问服务器网站,如图 18.33 所示。

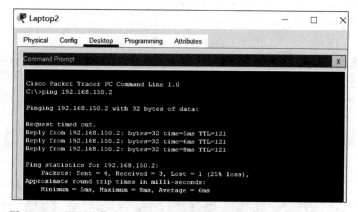

图 18.32　展厅及休息区终端设备可以 Ping 通公共服务器区服务器

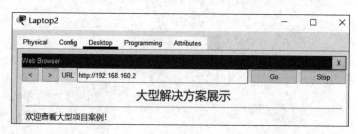

图 18.33　展厅及休息区终端设备通过 IP 地址访问服务器网站

　　(2) 前台接待区终端设备可以 Ping 通公共服务器区服务器,如图 18.34 所示。服务器正常提供 Web 服务,不支持域名地址转换,只能通过 IP 地址访问服务器网站,如图 18.35 所示。

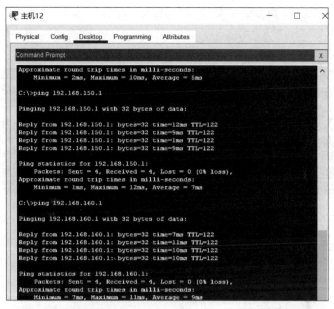

图 18.34　前台接待区终端设备可以 Ping 通公共服务器区服务器

图 18.35　前台接待区终端设备通过 IP 地址访问服务器网站

4．餐厅区网络连通性测试

餐厅区的终端设备可以互相 Ping 通完成访问，无法访问公共服务器区和办公资料服务器区的服务器，可以 Ping 通其他区域的终端设备（展厅及休息区休息室无线路由器下的终端设备除外）。

（1）餐厅办公室 Ping 通前台接待区终端设备，如图 18.36 所示。

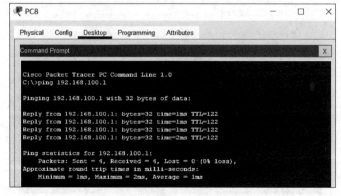

图 18.36　餐厅办公室 Ping 通前台接待区终端设备

（2）餐厅办公室 Ping 通办公区的终端设备，如图 18.37 所示。

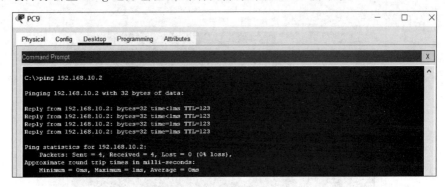

图 18.37　餐厅办公室 Ping 通办公区的终端设备

5. 展厅及休息区网络连通性测试

展厅区 1、展厅区 2 能够互相访问。展厅区 1 Ping 通展厅区 2 无线终端设备，互相访问，如图 18.38 所示。

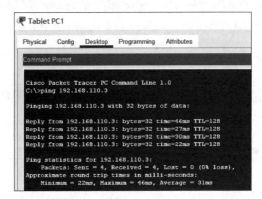

图 18.38　展厅区 1 Ping 通展厅区 2 无线终端设备

6. 前台接待区网络连通性测试

前台接待区中的有线工作区、无线工作区能够互相 Ping 通，互相访问，并且前台接待区的设备能够 Ping 通其他区域的终端设备完成访问（休息室的终端设备除外）。

（1）前台接待区 Ping 通办公区，互相访问，如图 18.39 所示。

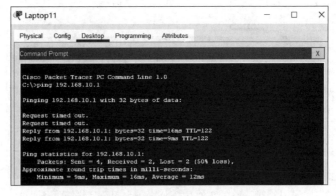

图 18.39　前台接待区 Ping 通办公区

（2）前台接待区 Ping 通餐厅区，互相访问，如图 18.40 所示。

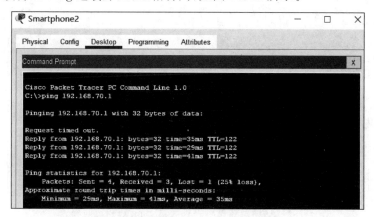

图 18.40 前台接待区 Ping 通餐厅区

18.5.2 网络可扩展性测试

办公区的交换机可以添加未使用的空闲接口到已划分的 VLAN 中。当部门需要增加工位，扩展其他的 VLAN 和终端设备时，将空闲的交换机接口划分到要添加的 VLAN 中，或者新增 VLAN。通过 DHCP 动态获取的方式，为新的终端设备获取 IP 地址即可，如图 18.41 所示。

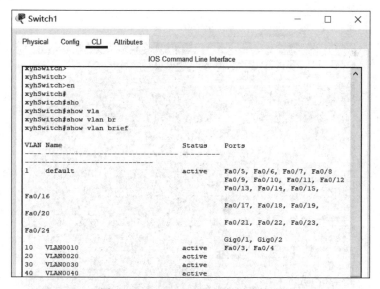

图 18.41 Switch1 VLAN 划分情况

18.5.3 网络安全测试

1. 办公资料服务器区安全测试

办公资料服务器区由于访问控制列表的使用，使得其服务器只能由办公区的终端设备访问，其他区域终端设备无法访问。展厅及休息区终端无法 Ping 通和访问服务器，如

图 18.42 所示。

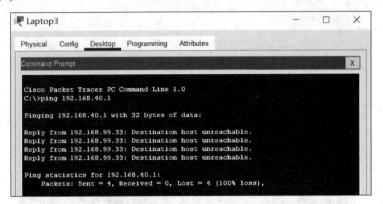

图 18.42 展厅及休息区终端无法 Ping 通和访问服务器

2. 公共服务器区安全测试

公共服务器区利用了 NAT 技术了进行 IP 地址转换,隐藏了服务器的真实地址;又利用访问控制列表,使餐厅区终端设备无法对服务器进行访问。

(1) 方案部终端无法 Ping 通和访问地址 192.168.50.1,但可以 Ping 通并访问 192.168.150.1。Web 服务也会受到影响,需要转换后地址才能够进行访问,如图 18.43 和图 18.44 所示。

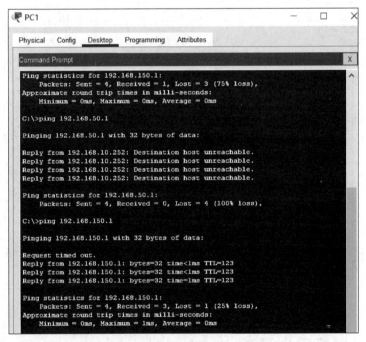

图 18.43 转换后地址可以 Ping 通和访问

(2) 餐厅区终端设备无法 Ping 通和访问公共服务器区服务器,如图 18.45 和图 18.46 所示。

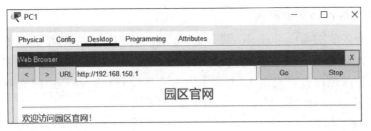

图 18.44 转换后地址才能够访问

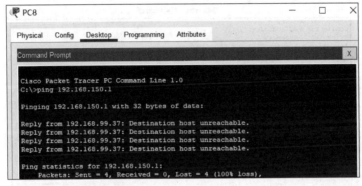

图 18.45 餐厅区终端设备无法 Ping 通和访问公共服务器区服务器

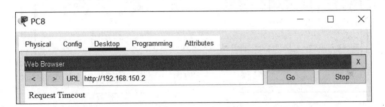

图 18.46 餐厅区终端设备无法访问公共服务器区服务器

3. 展厅及休息区无线路由器安全测试

展厅及休息区休息室配有一台 WRT300N 无线路由器设备,该设备下的终端设备仅支持从内向外发送数据包,也就是外部设备无法 Ping 通该设备下的无线设备,起到了隐藏 IP 地址的作用,相当于 NAT 的功能。前台接待区终端设备无法访问 Laptop2,如图 18.47 所示。

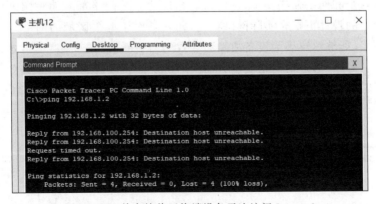

图 18.47 前台接待区终端设备无法访问 Laptop2

4. 前台接待区网络安全测试

在前台接待区的交换机 Switch9 端口 F0/3 上进行端口安全的相关配置。由于前台接待区有线工作区只需要一台终端作为接入设备，因此当该端口有其他设备接入时，就会down 掉，避免了其他设备冒充接入，避免了因为其他设备接入而产生的资料安全与网络安全问题，端口安全接口及绑定 Mac 地址如图 18.48 所示。

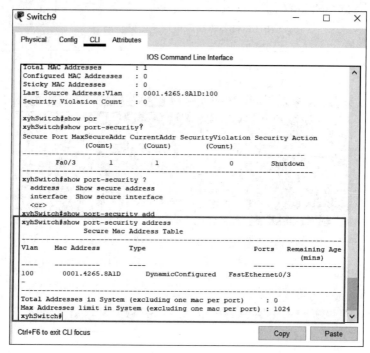

图 18.48　端口安全接口及绑定 Mac 地址

项目小结

传统办公网络使用不便，容易受到区越的限制，本项目依托思科模拟器的网络拓扑设计与搭建，在园区办公网络的设计当中，借鉴了企业的区域划分架构，对办公网络进行了重新划分，保障了办公区部门集聚协同作战，进行办公资料的传递，也最大限度地保障了园区办公网络的资料安全和网络使用安全，进而通过合理的办公网络部署使得园区更有智慧。智慧园区办公网络的设计更贴合实际网络状况，尤其是对于办公区域的网络划分以及对其中端口聚合的使用，能够解决因为设备故障而导致的网络断接问题，最大程度地保障了办公网络的稳定运行。另外，通过对网络安全方面网络协议的设计，保障了园区办公网络的使用安全以及办公资料安全。

第19章

项目五 智能家居室内场景控制的研究与应用

项目简介

本系统采用 Python 语言开发,通过微信小程序实现多平台适配的用户端应用,采用消息队列遥测传输(Message Queuing Telemetry Transport,MQTT)协议实现传感器节点与中控设备的局域网通信,并通过 WebSocket 协议实现用户端与中控设备的全双工通信。系统包含环境监控、设备控制、场景控制以及家庭管理功能,并将场景控制作为系统的核心功能。系统设计了多种场景触发条件,极大地丰富了场景感知能力。通过 K 最近邻(K-Nearest Neighbor,K-NN)分类算法实现位置指纹定位,赋予智能家居系统对用户的位置感知能力。通过用户场景自定义的方式,使场景控制更加个性化和灵活。本系统能够满足智能家居的基本需求,具有一定的应用价值。

19.1 绪论

19.1.1 研究背景

智能家居是利用物联网、云平台、人工智能等技术,以家庭住宅为载体,将家中的智能设备以及感知设备与家居结合,实现对智能家电的控制和对住宅环境的调控,为人们提供更加智能、便捷、舒适、绿色的家居生活体验。随着生活水平的提高,智能家居开始逐渐走进人们的生活,智能家居设备也越来越平民化。《2016 中国智能家居产业发展白皮书》显示,2015年中国智能家居产值达到 843.4 亿元,同比增长 22.2%。由此可见,智能家居的市场前景十分广阔。

智能家居最初形态是单一设备控制,各个设备相互独立,使用不同的平台或不同的通信方式,导致在用户配置上过于烦琐。随着现代人们生活方式的多样化,家居生活场景的丰富化,人们对舒适居家、娱乐休闲提出更多要求,同时也对智能家居发展指明了新的方向。智能家居开始走向场景化、平台化的道路。

19.1.2 研究意义

场景化的智能家居的出现极大地提升了智能家居的便捷性。但目前智能家居的场景体验仍然难以触及用户的痛点和需求,未能很好地实现设备联动,用户对智能家居互联互通与场景化的需求愈发凸显。

随着智能家居场景化时代的到来,如何更加精准地实现智能家居场景控制,解决用户的需求和痛点,使场景控制更加个性化、智能化成为智能家居发展过程中需要解决的重要问题。

场景控制作为智能家居一种新的交互方式,其在智能家居系统便捷性方面发挥着重要作用。场景条件的丰富性是场景控制精准、灵活的重要因素。充分利用传感器感知数据,使场景执行条件更加多元化,能更加充分地覆盖到日常实际场景。利用传感器中的无线通信信号,将室内定位技术融入场景控制,从而可以赋予智能家居位置感知能力。此外,合理利用外部条件因素,如时间、天气等,可以使场景描述更加立体,进而提升用户体验。

19.1.3　国内外研究现状

随着物联网技术的蓬勃发展,人们开始思考,如何充分利用物联网技术改善人们的生活方式,为人们提供更加便捷、舒适的生活。越来越多的人开始对这一领域并不断进行研究探索,最终推动了智能家居的发展。智能家居的发展可以大致分为三个阶段:家庭电子化阶段,这一阶段主要是针对单一设备的电子化,众多厂商开始将嵌入式等技术融入家用电器,形成具有全自动控制等功能的家用电器设备,但在这一阶段,各个设备之间彼此独立,智能化程度有限,无法真正为人们提供更加便捷的服务;家庭自动化阶段,这一阶段家庭设备网络初步形成,智能家居开始走向物联网时代,大部分设备实现了远程自动化控制,但大量分散控制的智能家电设备并没有真正为用户提供更加便捷的体验,导致人们对智能家居的使用频率依然处在较低水平;家居智能化阶段,这一阶段智能家居开始走向系统化,通过网络对家中的智能电器、监控报警装置、通信装置进行集中统一管理,由系统负责协调环境与电器设备控制,减少人为干预的过程,从而为用户打造一个温馨舒适且智能的家居环境。

20世纪70年代,国外就开始了有关智能家居的研究。发达国家曾先后提出许多智能家居解决方案。1984年,美国对一栋旧式建筑进行了空调、电梯以及照明系统的改造,使其全部接入计算机系统,从而建成了世界上第一幢智能建筑。2000年,新加坡有近30个社区的约5000户家庭采用了这种家庭智能化系统,而美国的安装住户高达4万户。2003年,网络化家居的建设带来了高达4500亿美元的市场价值,这其中有3700亿美元是智能家电硬件产品的价值,剩余的部分则是软件和技术支持服务的费用。

进入21世纪以后,越来越多的科技公司开始关注智能家居这一领域。例如,谷歌在2011年推出的Android@Home智能家居计划促成了Android系统对智能家居以及智能设备接入的支持。微软在2012年开始朝着智能化、自动化的方向尝试推动家居环境平台发展,随后在2013年,微软把Lab of Things平台加入家庭自动化系统。三星在2014年发布了Smart Home平台,并开始支持三星智能手表及智能电视的接入。

我国对于智能家居的研究起步较晚,20世纪90年代才开始进行相关研究。但随着近年来国家对物联网相关政策的出台,以及人们生活水平的提高,国内智能家居开始高速发展,百度、腾讯、阿里巴巴等互联网企业以及华为、小米等科技企业先后进入智能家居领域,海尔、格力等国内家电行业的头部企业也开始纷纷布局智能家电。国内智能家居市场开始呈现爆发式增长。各个智能家居企业积极与行业内相关企业展开合作,打造智能家居品牌生态。但我国在智能家居领域依然缺乏统一的技术标准和行业规范,智能家居的兼容性依旧没有得到根本改善,一定程度上阻碍了智能家居的普及化。

当前,国内外已有较多相对成熟的智能家居平台,苹果的 HomeKit 智能家居平台拥有十分优秀的交互体验,依托于 iOS 系统的高度集成,可以实现苹果设备的随处可控,但因其较为封闭的软件生态,导致只能在苹果设备中使用,不具备跨平台能力,而且苹果认证的硬件配件价格相对昂贵。在场景控制方面,该平台可以结合苹果语音助手 Siri 实现多设备的联动控制,并具有自动化执行场景能力。Home Assistant 是一款基于 Python 的开源智能家居平台,设备支持度高,支持用户的高度定制化,拥有包括智能设备、摄像头、邮件、短消息、云服务在内的上千种组件;同时,Home Assistant 还可以将设备接入 HomeKit 等平台,提高设备的兼容能力。但其定制化门槛较高,需要具有一定的编程能力,在便捷性方面体验较差。小米的米家智能家居平台是国内较为出色、用户规模较大的智能家居平台,第三方接入硬件较多,对智能家居设备的适配能力较为出色,且价格较为低廉。其用户交互体验相较于 HomeKit 稍有逊色,但米家 App 不仅支持 Android 设备,同时也支持 iOS 设备,提高了平台兼容能力。在场景控制方面,米家主要通过家庭中的传感器实现自动化的场景控制。

综合来看,当前智能家居平台发展已经相对成熟,但依旧还有巨大的上升空间。

19.2　系统开发技术概述

19.2.1　物联网相关概念

1. 物联网概述

物联网(Internet of Things,IoT)即物与物相连的网络,其利用信息传感设备将物与网络结合起来从而形成一个巨大网络,实现人、机、物的互联互通。物联网可以被定义为基于标准的和可交互操作的通信协议且具有自配置能力的动态的全球网络基础架构。物联网中的“物”都具有标识,其物理属性和实质特性都通过智能接口实现了与信息网络的无缝整合。物联网被认为是继计算机、互联网、移动通信之后的又一次信息革命。依托传感器技术、计算机技术、移动通信技术等相关技术的快速发展,物联网在工业生产、仓储物流、城市治理等领域中得到了广泛应用。

2. 物联网体系结构

物联网的体系结构可以分为感知层、网络层和应用层三个层次。

感知层主要负责感知外部环境,为物联网系统提供数据支持。物联网常用的感知技术有 RFID、传感器、二维码等。感知层利用传感器采集数据或者利用 RFID 技术在一定范围内收发数据,从而实现对外部环境的感知。例如,在现代化的仓储物流管理系统中,通常使用 RFID 标签或二维码对物品进行标识,通过 RFID 阅读器或扫码设备读取货物的基本信息,进而对货物进行管理。

网络层主要负责对感知层采集到的数据进行安全无误的传输,将收集到的信息传输给应用层。网络层依托于无线通信技术、路由技术以及异构网络融合接入技术等网络通信技术,实现数据的交互和共享。物联网系统中大多采用 Wi-Fi、蓝牙、ZigBee 等无线通信技术实现终端节点的网络传输。

应用层主要负责面向用户提供服务,解决信息处理、人机交互等问题。物联网应用按工作方式可分为多种类型。例如,以环境监测为代表的数据监测型,以智能家居为代表的设备控制型,以高速公路 ETC 系统为代表的标签扫描型等多种类型。应用层依托感知层的基础数据,通过数据计算、处理等方式为用户提供具体化的解决方案。

19.2.2　Wi-Fi 技术

1. Wi-Fi 概述

Wi-Fi 是指"无线相容性认证",实质上是一种商业认证,也是一种可以使信号覆盖范围内的终端设备接入无线局域网的技术。Wi-Fi 的广泛应用使得原本需要通过网线连接互联网的设备,可以通过无线的方式连接到网络。Wi-Fi 网络通过无线路由器收发信号,所有在无线路由器的电波覆盖范围内的设备都可以采用 Wi-Fi 连接方式进行联网。当前 Wi-Fi 技术较为普及,广泛应用于家庭无线局域网中。

2. Wi-Fi 频段特点

Wi-Fi 技术通常使用 2.4GHz UHF 或 5GHz SHF ISM 射频频段。2.4GHz 频段具有较好的抗衰减能力和穿透性,可以覆盖较广的区域。5GHz 频段具有较好的抗干扰能力和较大的带宽,但相比于 2.4GHz 频段,其覆盖的范围较小,遇到障碍物遮挡后,信号衰减较为严重。

3. Wi-Fi 优势

(1) 范围广,Wi-Fi 的覆盖半径可达 300 英尺左右,约合 100 米,其信号覆盖范围最大甚至可覆盖整幢小型建筑。

(2) 速度快,在 2019 年发布 IEEE 802.11ax 标准中,其无线传输速率可达 10Gbps。

(3) 接入便捷,使用 Wi-Fi 时无须布线,只需配置一台无线路由器,在其信号覆盖范围内即可连接至网络,满足移动设备网络接入的需求。

19.2.3　位置指纹定位技术

1. 位置指纹定位概述

信号的多径传播对环境具有依赖性,呈现出非常强的特殊性。对于每个位置而言,该位置上信道的多径结构是唯一的,终端发射的无线电经过反射和折射,产生与周围环境密切相关的特定模式的多径信号,这样的多径特征可以认为是该位置的"指纹"。位置指纹法通过基站检测信号的波达时间、波达角度、接收信号强度指示(Received Signal Strength Indication,RSSI)等特性,从中提取出特征参数,将参数与预先采集并存储在数据库中的指纹数据进行对比。通过算法得到与采集数据最相似的结果,从而达到定位的目的。

2. 实现方法

位置指纹定位一般可以分为两个阶段:第一阶段为训练/离线阶段,这一阶段主要采集参考点的信号特征,将该位置的标签与信号特征相关联,形成一组位置指纹,通过采集覆盖整个区域的参考点位置指纹,形成位置指纹数据库,供于下一阶段使用;第二阶段为定位/

在线阶段,利用接收设备采集当前位置的信号参数,通过算法与第一阶段位置指纹数据库中的位置指纹相匹配,从而计算出用户所在位置。

19.2.4　*K*-NN 算法

1. *K*-NN 算法概述

K-NN 算法由 Cover 和 Hart 于 1968 年提出,是一种监督学习算法,通常被用于解决回归或分类问题。*K*-NN 算法是一种非参、惰性的算法,即 *K*-NN 模型结构的建立是根据数据来决定的,不会对数据做出任何的假设,且不需要预先进行训练,算法利用训练数据划分特征向量空间,划分结果即最终模型。

2. *K*-NN 基本原理

K-NN 算法思想是如果一个样本与数据集中 *K* 个样本相似,而这 *K* 个样本中大多数属于 A 类别,那么这个样本也属于 A 类别。通常采用欧氏距离[式(19.1)]度量两个样本与数据集之间的相似性。

$$\operatorname{dist}(X,Y) = \sqrt{\sum_{i=1}^{n} (x_i - y_i)^2} \tag{19.1}$$

该算法的基本流程如下:

(1) 数据预处理。

(2) 计算待测样本点与数据集中各个样本的距离。

(3) 对计算出来的距离进行排序,筛选出距离最小的 *K* 个样本点。

(4) 比较这 *K* 个样本点的类别,找出所属点最多的类别,将待测样本点归为该类别。

3. *K*-NN 特点

K-NN 算法具有使用简单、原理简单、预测效果好、对异常值不敏感等诸多优点,但因该算法存储了所有训练数据,所以对内存要求较高,且在预测阶段需要计算大量数据,因此预测时间与其他需要训练模型的算法相比耗时较长。

19.2.5　系统开发工具及平台

1. PyCharm

PyCharm 是 JetBrains 推出的 Python IDE,支持语法高亮、调试、项目管理、智能提示、单元测试以及版本控制等诸多帮助开发者提高开发效率的功能和工具。此外 PyCharm 还支持 Django、Flask 等 Web 框架的开发和调试。

2. Arduino IDE

Arduino IDE 是 Arduino 产品的代码集成开发环境,不仅支持 Arduino 开发板还支持包括 Intel Galileo、NodeMCU 等在内的多种主流开发板。Arduino IDE 项目采用简化 C/C++ 代码编写,只需一点 C/C++基础即可快速入门,其内置的串口、引脚等操作函数极大降低了硬件开发难度。

3. 微信开发者工具

微信开发者工具是微信官方提供的微信小程序开发工具,包括代码编辑、调试、预览、上传、操作模拟、自动评分等诸多功能,帮助开发者简单高效地进行微信小程序的开发。

19.3　系统需求分析

19.3.1　系统可行性分析

1. 技术可行性

本系统可分为设备端、中控端、服务端、用户端四部分。设备端部分采用 Arduino 简化的 C/C++ 进行开发;中控端采用树莓派作为 MQTT 服务器,通过 Python 语言开发,实现传感器的消息处理、设备配置与管理;服务端采用 Django 框架开发,实现设备与用户之间消息转发;用户端采用微信小程序实现,利用 Wux、ColorUI 组件库实现简洁、美观的用户页面。系统所采用的都是当前较为主流的技术,根据相关资料文献,系统所实现的各项功能均有成熟的技术方案。因此,本系统在技术上是可行的。

2. 经济可行性

随着生活水平的逐步提高,人们关注家居生活的舒适性、便捷性,智能家居相关产品也更加受消费者的欢迎。市场调研公司 Statista 发布的智能家居的发展前景报告中显示,2018 年仅美国智能家居产品消费额就达到了 54.74 亿美元,而中国仅为 10.83 亿美元,Statista 在报告中指出,这一数字仅占中国潜在市场的 1% 左右。随着近几年智能设备市场的异常火热,国内智能市场前景更加广阔。相比于工业物联网,智能家居中的硬件产品不需要较高的性能,价格便宜、性能适中智能家居硬件完全可以满足日常使用的要求,硬件成本相对低廉;而软件方面,智能家居中采用的技术大多相对成熟,不需要耗费大量的研发成本。因此,系统在经济上具有可行性。

3. 社会可行性

社会可行性包括法律可行性和操作可行性等方面。法律可行性方面,系统采用的技术、框架均为开源代码,开发及使用过程中严格遵循开源许可协议。系统运行过程中必需的用户数据尽可能地保存在用户本地,一些无法保存在本地的数据在传输过程中均采用安全的传输方式,以保证用户的信息安全。在操作可行性方面,本系统的用户页面采用简洁的设计思路,运用微动画使组件交互反馈更加细腻。同时,页面采用卡片式布局,功能分类清晰,系统更加简单易用。用户能够在较短时间内上手使用。

19.3.2　系统功能需求分析

1. 用户基本需求分析

根据对智能家居国内外发展现状以及国内较为成熟的智能家居平台的了解和深入研究发现,用户对智能电器的设备控制 App 的使用程度不高,往往更愿意使用多设备集成的智能家居平台,一个 App 即可控制多个设备。大多数智能家居平台往往在首页设置家庭环境监控页面,便于用户控制家庭设备时参考环境设置温度、开启时间等参数。若将环境监控与设备控制结合,形成家庭场景,则可减少用户对设备的频繁控制,提升智能家居的智能性。此外,一个家庭往往涉及多成员对家庭环境的监控以及对电器的控制,因此,对家庭成员的管理也是平台必不可少的功能。

根据对智能家居平台的了解和研究,从用户角度出发,最终确定系统的功能需求,并设计出如下功能模块:

(1) 环境监控功能:用户可以通过用户端实时查看家中的各项环境数据,如温湿度、光照强度、人员活动、烟雾、雨雪等。

(2) 设备控制功能:用户可在任何地点远程控制家中的设备。

(3) 场景控制功能:用户可以自定义时间、传感器数据、用户位置、天气作为场景执行条件,实现多设备联动的自动化场景。

(4) 设备管理功能:用户可以对传感器、执行设备的在线状态进行实时监控。

(5) 家庭管理功能:用户可在用户端创建家庭、加入家庭、邀请成员,家庭主用户还可以查看和删除家庭成员,同一家庭内的成员可查看并控制家庭内的所有设备。

2. 系统用例图分析

用例图是表示用户与系统交互的一种图形,展示了用户与其相关用例之间的关系,帮助开发人员直观地了解系统的功能需求。系统用例图如图 19.1 所示。

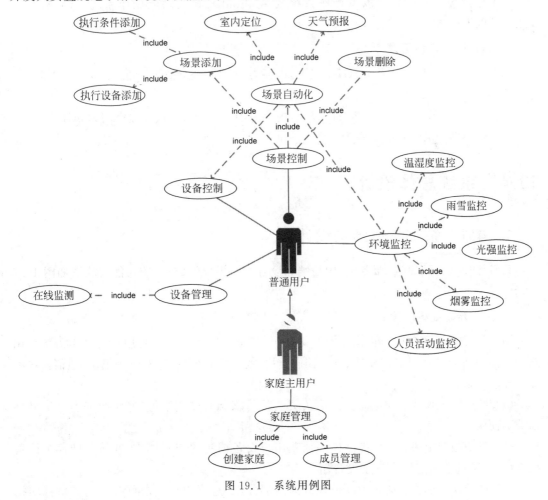

图 19.1 系统用例图

系统中用户可分为两种角色:普通用户和家庭主用户。普通用户可以进行环境监控、设备控制、场景控制以及设备管理。用户在创建家庭后自动升级为家庭主用户,除了可以使用普通用户的功能以外,还可以进行对家庭成员的管理。

19.3.3　系统非功能需求分析

1. 性能需求

(1) 服务器能够保证至少 1000 条通信连接正常的数据传输。

(2) 设备控制响应延时在 3s 以内。

(3) 室内定位准确率达 80% 以上。

2. 运行软件环境需求

(1) 服务器:CentOS 7 Linux 操作系统,Python 3.6.5 语言环境,MySQL 5.7.25 数据库。

(2) 中控:Linux 操作系统,Python 3.6.5 语言环境,SQLite 3.8.3 数据库。

(3) 用户端:iOS 12 及以上操作系统或 Android 8.0 及以上操作系统,微信客户端 8.0.2 及以上版本。

3. 运行硬件环境需求

(1) 服务器:CPU 主频在 2GHz 以上,内存为 1GB 以上,硬盘存储空间为 20GB 以上,上行带宽为 2Mbps 以上。

(2) 中控:CPU 主频在 1.2GHz 以上,内存为 1GB 以上,硬盘存储空间为 5GB 以上。

(3) 传感器:工作温度范围为 −40℃~50℃。

19.4　系统总体设计

19.4.1　系统总体结构设计

系统主要分为用户端、服务端、中控端和设备端四部分组成,系统功能模块图如图 19.2 所示。

1. 用户端功能模块设计

用户端是系统面向用户提供的图形化页面,其功能模块需要满足用户的基本需求。用户端功能模块分为环境监控模块、设备控制模块、场景控制模块、家庭管理模块、通信模块和交互控制模块。

(1) 环境监控模块:环境监控模块负责监听传感器的监测数据,并将数据实时渲染到前端页面中。

(2) 设备控制模块:设备控制模块捕获用户设备控制的交互操作,并将其转换为设备控制指令,通过通信连接发送至设备端。

(3) 场景控制模块:场景控制模块分为两部分,一是将用户点击可执行场景事件转换为控制指令发送至中控端;二是将用户自定义的场景序列化,并发送至中控端。

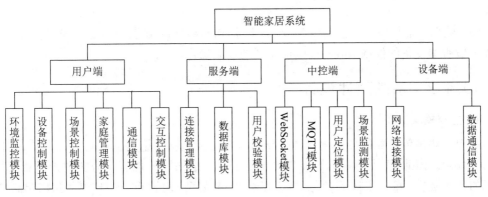

图 19.2 系统功能模块图

（4）家庭管理模块：将创建、加入、退出家庭以及成员管理操作同步至服务端。

（5）通信模块：负责用户端通信连接的建立、维护以及数据的收发。

（6）交互控制模块：控制用户页面交互过程中的动画过渡、设备振动、列表及组件的动态渲染，以及交互事件的响应。

2. 服务端功能模块设计

服务端是连接用户端与中控端的通信中介，主要包括连接管理模块、数据库模块、用户校验模块。

（1）连接管理模块：主要负责为中控和用户提供一对多的通信信道，管理用户与设备的通信连接。

（2）数据库模块：为服务端提供数据库访问接口。

（3）用户校验模块：对用户身份以及用户与家庭的绑定关系进行校验，控制用户连接的建立。

3. 中控端功能模块设计

中控端是系统中较为核心的部分，主要包括 WebSocket 模块、MQTT 模块、用户定位模块、场景监测模块。

（1）WebSocket 模块：中控端会与服务端建立 WebSocket 连接，并实现 WebSocket 到 MQTT 的单向数据转发。

（2）MQTT 模块：中控端会监听 MQTT 消息，并实现 MQTT 到 WebSocket 的单向数据转发。

（3）用户定位模块：中控端根据用户实时 RSSI 值，通过 K-NN 算法实现对用户的房间定位。

（4）场景监测模块：中控端实时监测用户场景是否达到触发条件，判断是否需要进行场景自动化操作。

4. 设备端功能模块设计

设备端是系统的最底层，包括感知设备和执行设备，负责环境感知和执行指令，包括网络连接模块和数据通信模块。

（1）网络连接模块：主要负责设备端网络连接的建立、重连，保证设备正常的数据收发。

（2）数据通信模块：通过连接 MQTT 服务，向传感器的消息 topic 发布数据，执行设备还需要监听本设备的控制 topic，以响应用户的控制操作。

19.4.2　系统硬件设计

1. 主控模块选型

主控模块是传感器信号检测、数据处理、网络连接以及数据通信等功能的载体，是传感器的"大脑"。因此，主控芯片的性能直接决定了系统感知层的性能。为实现传感器及控制单元的数据通信、网络连接等功能，本系统采用搭载了 ESP8266 Wi-Fi 模块的 NodeMCU 开发板作为主控模块。

1）ESP8266 Wi-Fi 通信模块

ESP8266 是一款市面上主流的 Wi-Fi 通信模块，其功耗较低，内置的省电模式能够满足

于不同的低功耗场景需求，性能稳定，工作温度范围广，价格较低，并且能够长时间工作在各种不同的环境。其内置了 Tensilica L106 32 位 RISC 处理器，兼容 Wi-Fi 协议栈并支持用户自定义开发。除此之外，ESP8266 不仅可以连接 Wi-Fi 网络，还支持开启无线接入点模式和混合模式。ESP8266 模块如图 19.3 所示。

图 19.3　ESP8266 模块

2）NodeMCU 开发板

NodeMCU 是一款为 ESP8266 模块开发的基于 Lua 的开源固件平台，NodeMCU 开发板包含 1 个模拟引脚和 10 个数字引脚，支持 UART、SPI、IIC 等多种串行通信协议。通过此类协议，开发者可以将其与支持 IIC 的 LED 显示屏、GPS 模块、数字温湿度传感器以及继

电器等多种硬件连接起来。同时，NodeMCU 还提供了硬件的高级接口，减少了烦琐和反复的硬件配置和寄存器操作，通过其提供的函数，可轻松实现硬件功能的开发。除此之外，NodeMCU 还支持运行 MicroPython 程序，极大地降低了硬件开发难度。NodeMCU 开发板如图 19.4 所示。

2. 传感器硬件连接设计

传感器连接示意图如图 19.5 所示。系统各传感器节点连接采用星状拓扑结构，各传感器与中控模块均通过无线路由器连接至局域网。传感器节点与中控节点

图 19.4　NodeMCU 开发板

通过 Wi-Fi 进行通信，但传感器的数据并不通过互联网进行传输，所有传感器采集到的数据仅通过主控模块发布到中控建立的 MQTT 服务中。每一个传感器都有自己的消息 topic，中控监听 MQTT 上所有传感器 topic 的消息，所有消息通过中控设备的处理、整合后，通过 WebSocket 连接集中发送到服务器。

3. 物联网中控设计

在智能家居系统中，每时每刻都会有大量传感器向服务器上报数据，若所有传感器都连

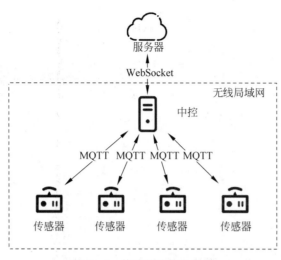

图 19.5　传感器连接示意图

接到服务器且与服务器直接进行数据交互,那么服务器需要花费大量的开销处理这些数据,造成服务器资源的浪费。本系统将传感器数据处理等业务下沉到设备端,由中控端作为应用网关,负责传感器数据处理及协议转换。此外,物联网中控可以作为智能家居的控制中枢以及计算中枢,使智能家居拥有更高的计算能力和更加稳定的控制能力。同时,随着人工智能、大数据等技术在智能家居中的应用,物联网中控能够为算法模型提供本地运行平台,在解决用户隐私数据的安全性问题的同时,使系统用户数据可以得到充分利用。

传感器消息转发流程图如图 19.6 所示。中控端按一定周期向服务器发送传感器数据。当中控收到传感器数据后,将传感器在线状态设置为在线,并将数据更新到消息字典内。消息字典以传感器类型作为键值,存放当前周期内传感器监测的最新数据。当到达消息发送时间时,中控将消息字典与传感器在线列表封装成 WebSocket 消息发送至服务器,并重置消息字典和传感器在线列表。

服务器消息转发流程图如图 19.7 所示。当中控收到服务器消息后,首先判定消息类型,若为控制消息,则解析控制设备和控制状态,将控制状态发送至对应设备的控制 topic 下。从服务器角度来看,中控设备作为家庭中的唯一设备与服务器进行数据交互,降低了服务器的开销,更加便于对家庭中传感器的监测与管理。

19.4.3　物联网服务端设计

1. 服务端架构设计

系统服务端架构如图 19.8 所示。

系统服务端采用 Nginx 作为 Web 服务器,接收所有的 Web 请求。Nginx 负责处理所有的静态请求,并作为反向代理将所有非静态请求传递到应用服务器 Daphne 和 uWSGI。服务器会启动多个进程同时处理用户请求,其中 Daphne 用于处理 WebSocket 请求,uWSGI 用于处理 HTTP 请求。Daphne 与 uWSGI 将请求进一步处理后传递到 Django 框架,由 Django 负责进行业务处理、数据库读写等操作。此外,Nginx 还负责管理 WebSocket

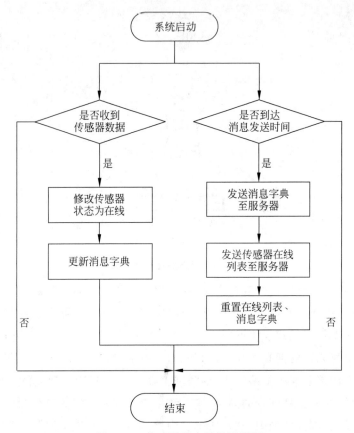

图 19.6　传感器消息转发流程图

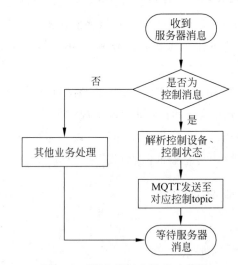

图 19.7　服务器消息转发流程图

的连接状态,当某条连接较长时间内无数据收发时,Nginx 会主动关闭该条连接,保证服务器资源不会因大量无效连接而被过多占用。在用户端开启时,通过定时向服务器发送心跳包来维持连接,确保用户端连接在无用户动作时不会被服务器关闭。

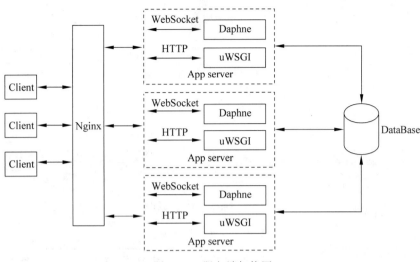

图 19.8　服务端架构图

2. 服务端通信设计

服务器端采用 WebSocket 协议进行通信。WebSocket 采用双向通信模式，即全双工通信。客户端与服务器之间只有在握手阶段通过 HTTP 的"请求-响应"模式交互，而一旦连接建立之后，通信则使用双向模式交互，不论是客户端还是服务端都可以随时将数据发送给对方。相比于 HTTP，WebSocket 具有支持双向通信、支持扩展、更好地支持二进制，控制开销较低、实时性更强等优点。此外，WebSocket 连接创建后，客户端、服务端进行数据交换时，协议控制的数据包头部较小，相比于 HTTP，更适合在频繁的数据交互场景下使用。

服务端并不直接参与通信过程中的数据处理，而是在通信中起到中介作用。用户端和中控端通过 WebSocket 连接到服务器后，服务器只负责对连接方的身份以及发送到 WebSocket 的数据格式进行校验，并不参与数据处理的过程，而是将连接方发送的消息传递到对应家庭组中，然后将消息广播到该家庭的所有连接中。消息的处理全部由用户端和中控端负责。

19.4.4　数据库设计

1. 实体-关系图设计

系统实体-关系图如图 19.9 所示。系统主要包含家庭、场景、成员三个实体。家庭实体拥有的属性有家庭 ID，场景实体拥有的属性有场景 ID、场景名、场景图标、场景属性、环境、位置、天气、执行时间、控制设备。成员拥有的属性有成员 ID、所属家庭、昵称、头像，以及角色。一个家庭可以拥有多个成员和多个场景。

2. 数据库表设计

系统数据库表主要包含用户表（user）、任务表（job）以及场景表（scene）。

（1）用户表储存在云端，用于用户的管理与身份检验，包括用户 ID（userid）、角色（isAdmin）、所属家庭（houseid）、昵称（nickName）、头像（avatar）。用户表如表 19.1 所示。

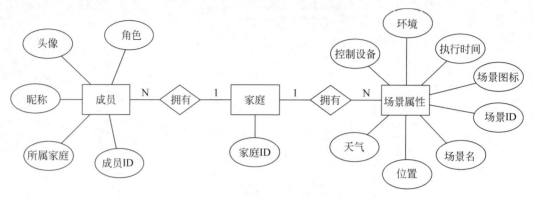

图 19.9　系统实体-关系图

表 19.1　用户表(user)

字　段　名	数 据 类 型	允 许 为 空	备　　注
userid	varchar(30)	NO	主键,用户 ID
isAdmin	tinyint(1)	NO	角色
houseid	varchar(20)	YES	所属家庭
nickName	varchar(40)	YES	昵称
avatar	varchar(50)	YES	头像

(2) 任务表储存在中控端,用于保存系统定时任务信息,包括任务 ID、任务唤醒时间 (next_run_time)以及任务序列化对象(job_state)。任务表如表 19.2 所示。

表 19.2　任务表(job)

字　段　名	数 据 类 型	允 许 为 空	备　　注
id	varchar(190)	NO	主键,任务 ID
next_run_time	float	YES	任务唤醒时间
job_state	blob	NO	任务序列化对象

(3) 场景表储存在中控端,用于用户保存用户场景信息,包括场景 ID(id)、场景名 (name)、场景图标(icon)、场景属性(auto)、执行时间(time)、位置(location)、环境(senor)、 天气(weather)、控制设备(device)。场景表如表 19.3 所示。

表 19.3　场景表(scene)

字　段　名	数 据 类 型	允 许 为 空	备　　注
id	varchar(20)	NO	主键,场景 ID
name	varchar(40)	NO	场景名
icon	varchar(100)	NO	场景图标
auto	tinyint(1)	NO	场景属性
time	varchar(40)	YES	执行时间
location	varchar(50)	YES	位置
senor	varchar(255)	YES	环境
weather	varchar(20)	YES	天气
device	varchar(255)	YES	控制设备

19.5　系统详细设计与实现

19.5.1　系统分层架构设计

系统的分层架构图如图 19.10 所示。根据物联网三层架构,系统可分为感知层、网络层以及应用层。

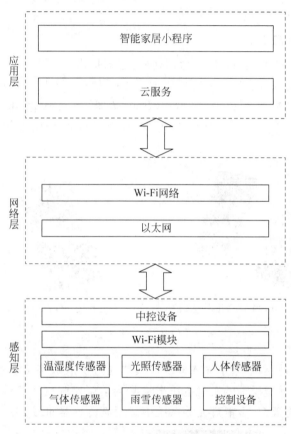

图 19.10　系统分层架构图

感知层是系统的最底层,是整个系统的基础以及数据来源。感知层利用温湿度、光照、气体、雨雪、人体传感器获取相应的环境数据。传感器通过 Wi-Fi 模块接入网络层实现数据通信,并通过中控设备实现数据的汇聚、整合。

网络层是系统的中间环节,由于 Wi-Fi 网络使用的广泛性,系统选用 Wi-Fi 网络作为系统的主要通信方式,通过 Wi-Fi 连接感知层所在的局域网和云服务以及用户所在的广域网,实现感知层与应用层的互联。

应用层承载着用户业务和功能,包括服务端的数据存储、连接管理、用户管理以及面向用户的微信小程序,是系统面向用户的接口,依托感知层与网络层的能力,向用户提供环境监控、设备控制、场景控制、用户管理等服务。

19.5.2　系统感知采集模块设计与实现

1．温湿度采集模块

系统采用 DHT11 作为温湿度传感器,通过数字量输入端口连接至 NodeMCU 主控模块。DHT11 是一种具有已校准数字信号输出的温湿度传感器,具有较高的可靠性和稳定性。传感器包括一个电阻式感湿元件和一个 NTC 测温元件,采用高性能 8 位单片机作为传感器主控芯片,具有响应迅速、抗干扰能力较强、性价比较高和功耗较低的优点。DHT11温湿度传感器如图 19.11 所示。

2．光照强度采集模块

系统采用 GY-30 作为光照强度传感器,该传感器提供了 SCL 总线时钟引脚、SDA 总线时钟引脚以及 ADDR 地址引脚。传感器可通过 IIC 方式与主控模块进行通信。传感器内置 ROHM-BH1750FLV 芯片以及 16 位模数转换器,可直接输出数字信号,支持 0～655351x 的测量范围,具有测量范围广、精度高、灵敏度高的优势。GY-30 光照强度传感器如图 19.12 所示。

图 19.11　DHT11 温湿度传感器　　　　图 19.12　GY-30 光照强度传感器

3．雨雪检测模块

雨滴传感器是一种模拟/数字输入模块。模块通过扩展板连接至主控模块的模拟量输入端口。系统通过传感器反馈的实时电压来检测当前降水强度。该传感器结构简单、价格低廉,广泛应用于智能天窗、智能灯光等系统中。雨滴传感器如图 19.13 所示。

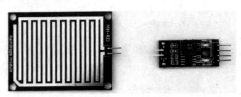

图 19.13　雨滴传感器

4．人体红外检测模块

系统采用 HC-SR501 作为人体感应模块。该模块基于热释电效应,通过检测人体发出的红外线从而判断是否有人员活动。该模块支持重复触发,能够持续检测感应范围内的人员活动。此外,该模块可通过转动模块上的旋钮调节传感器的感应范围和感应延时。模块通过数字量输入端口与主控模块连接,系统通过检测引脚输出的高低电平判断人员的活动。

该模块具有体积小、功耗低等优势,广泛应用于各种自动检测以及自动控制装置中。HC-SR501 人体感应模块如图 19.14 所示。

5. 气体检测模块

系统采用 MQ-2 烟雾气敏传感器作为气体检测模块。模块通过模拟量输入端口与主控模块连接。该模块可用于家庭和工厂的气体泄漏监测装置中,适宜于液化气、丁烷、丙烷、甲烷、酒精、氢气、烟雾等的探测,具有灵敏度高、稳定性好、探测范围广、寿命长等优点。MQ-2 烟雾气敏传感器如图 19.15 所示。

图 19.14　HC-SR501 人体感应模块　　　图 19.15　MQ-2 烟雾气敏传感器

19.5.3　系统前端设计与实现

1. 系统主页面设计与实现

系统主页面截图如图 19.16 所示。系统主页面划分了三个区域,页面顶部标题下用于显示当前用户所在地的天气信息;页面主体的传感器部分主要向用户展示当前的温湿度、光照、室外雨雪、人员活动以及烟雾各项环境数据;设备控制部分显示家中的可控制的设备,用户可点击相应按钮进行控制。当控制设备处于未联网状态时,控制按钮相应地变为不可点击状态,显示设备离线。

2. 场景页面设计与实现

场景页面截图如图 19.17 所示。系统将场景分为自动化场景和手动执行场景,自动化场景无须手动执行。自动化场景按钮与手动执行场景按钮有所不同,自动化场景的按钮上会标注有自动化标识,且自动化场景不可点击执行,当用户点击自动化场景时,页面会做出提示。手动执行场景需要用户手动点击,用户点击场景后,系统会将场景控制指令发送至中控端执行。

用户点击右上角的"+"后,页面底部会弹出场景添加页面,新场景由执行条件和执行结果构成。用户选择执行条件和执行结果后,页面会生成条件和结果卡片供用户预览,用户可以在预览页面删除当前组合中的条件或结果。新场景页面如图 19.18 所示。

场景条件包含时间、位置、传感器数据以及天气。用

图 19.16　系统主页面

图 19.17　场景主页面

图 19.18　新场景页面

户可根据需要将场景条件与控制设备组合，形成个性化的自定义场景。用户还可以自定义不含条件的手动场景，由用户点击场景按钮，根据需要随时触发。条件、执行选择页面如图 19.19 所示。

图 19.19　条件、执行选择页面

场景条件和控制设备设置页面采用选择器、单选列表、选择框等组件，大部分数据设置可通过点击、滑动等方式完成，从而减少用户不必要的输入。页面在切换、列表展开等交互事件中采用大量的过渡动画，提升组件切换的流畅感，优化用户体验。部分场景条件和执行设置页面如图 19.20 所示。

3. 个人中心设计与实现

个人中心主要用于查看绑定状态以及提供家庭管理和用户意见反馈功能的入口，系统个人中心页面如图 19.21 所示。

个人中心页面上方的个人信息卡片主要展示用户当前信息以及当前绑定的家庭号。系统通过调用微信小程序开放接口，可以获取用户的微信昵称、头像等基本信息。该信息只能用于前端显示，未经用户授权时，系统无法获取具体数据。只有当用户绑定家庭时，系统会请求用户授权，从而获取用户基本信息数据。

页面下方包括意见反馈入口以及开发者信息页入口。意见反馈入口是通过微信开放接口实现，当用户在使用中遇到问题，可以通过意见反馈入口进行反馈。用户反馈的数据会显示在微信公众平台后台的反馈页面中。个人信息卡片同时也是家庭管理的入口，用户点击卡片即可进入家庭管理中。

图 19.20 部分场景条件和执行设置页面

图 19.21 个人中心页面

若用户在未绑定状态时进入家庭管理,则页面会显示创建家庭以及加入家庭两个选项。点击"创建家庭"时,用户将作为家庭管理员绑定一个新的中控设备。点击"加入家庭"时,用户将作为普通用户加入一个已创建的家庭。用户绑定家庭时序图如图 19.22 所示。

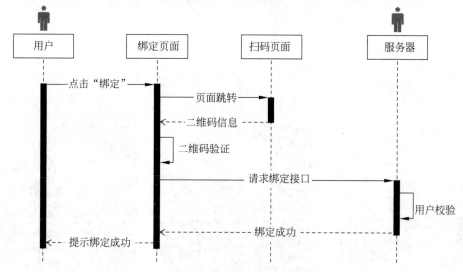

图 19.22 用户绑定家庭时序图

当未绑定用户进入绑定页面点击"创建家庭"或"加入家庭"时,用户端会在底部弹出授权对话框提示用户授权账号的基本信息。用户点击授权后,页面会跳转至扫码页面,随后用户扫描家庭绑定二维码,小程序会校验二维码的有效性,校验通过后,系统会将用户 ID 以及家庭 ID 发送至服务器校验。服务器将校验结果返回至绑定页面。当用户绑定成功后,用户端会与服务器建立 WebSocket 连接。

图 19.23 为用户绑定页面、普通用户管理页面以及家庭主用户管理页面。普通用户与家庭主用户的家庭管理页面不完全相同。普通用户绑定家庭后进入家庭管理可以进行邀请成员以及退出家庭的操作。家庭主用户除邀请成员、退出家庭外还可以对家庭成员进行查看和删除操作。

19.5.4 系统后台设计与实现

1. 通信功能设计与实现

通信功能是系统中最核心、最主要的功能,系统中的环境监控、设备控制、场景控制等绝大部分功能都通过通信功能实现。通信功能相关类图如图 19.24 所示。

中控端通信相关类主要包括 Timer、MqttClient、RemoteClient、MqttMessageHandler 以及 RemoteMessageHandler。MqttClient 为 MQTT 通信基类,定义了 MQTT 通信相关函数。MqttMessageHandler 为 MQTT 消息处理类,是 MqttClient 的子类,该类通过消息回调方式处理来自不同 topic 的传感器消息,该类包含于同名模块下,对外提供唯一实例化对象,并以独立线程方式运行。RemoteClient 和 RemoteMessageHandler 与 MQTT 通信类类似。RemoteClient 定义了与服务端通信的相关函数。RemoteMessageHandler 类继承了 RemoteClient 类,实现了服务端消息处理,同时,该类还依赖 MqttMessageHandler 类实

图 19.23　家庭管理页面各个状态

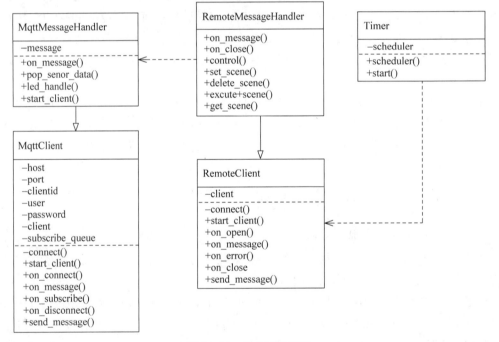

图 19.24　通信功能类图

现将设备控制指令下发至设备端，与 MqttClient 类不同的是，该类采用双连接的模式，为传感器消息、状态定时上报以及设备控制消息处理提供 RemoteClient、RemoteMessageHandler 两个连接对象，避免因对象争用而导致的数据上报延迟和设备控制失效等问题。Timer 类在通信中主要为传感器数据上报和设备状态上报提供定时任务的存储和调度。

在系统中,完整的一次通信过程是由多端配合完成的。系统设备控制通信过程图如图 19.25 所示。以设备控制为例,当用户端点击"控制"按钮时,会向 WebSocket 服务器发送一条消息,服务器接收到消息后会将消息发送至家庭组中,家庭中的中控端收到组内消息后,会将消息通过中控与服务器建立的 WebSocket 连接发送至中控客户端,中控客户端收到控制消息后会将消息转发到 MQTT 的控制 topic 下,从而完成控制指令的发送。传感器执行完指令后会返回设备状态,通过中控转发至服务器,再由服务器发送至用户端,由用户端完成控制的反馈。

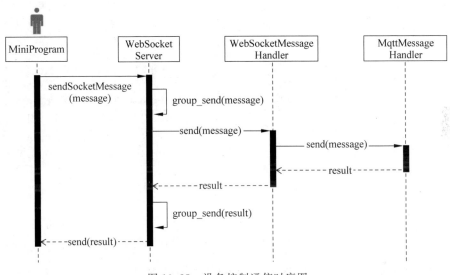

图 19.25 设备控制通信时序图

2. 连接管理功能设计与实现

服务端作为 WebSocket 服务器,起到管理用户连接、信道分配等作用。系统通过 Channels 库在 Django 框架上建立 WebSocket 服务。用户发送连接请求时会携带 selfid 以及 homeid 两个必填参数,分别代表连接方的标识 ID 以及所属家庭 ID。对于用户,selfid 为微信小程序下发的 openid,每个微信号对应唯一的 openid;对于中控设备,selfid 为中控的设备 ID,即 homeid。此外,请求还可携带一个可选参数 admin,该参数在新用户发起连接时用于区分用户是加入家庭还是创建家庭。

当接收到连接请求时,服务器首先判定连接角色。若为设备连接,则直接为设备分配指定的信道。若为用户连接,则需要从数据库中查询用户信息。如果用户为新用户,那么系统通过可选参数 admin 判断当前用户的操作。当 admin 值为 1 时,表示用户创建家庭,系统会检查当前绑定家庭是否已被创建,若家庭已被创建,则用户将无法重复创建家庭。当 admin 值为 0 时,表示用户加入家庭,系统会检查当前绑定家庭是否存在,若家庭不存在,则用户无法加入家庭。若用户为已绑定用户,则系统会验证用户是否属于当前连接家庭所属成员,验证通过后,系统为用户分配信道,建立连接。服务端连接管理流程图如图 19.26 所示。

WebSocket 协议为用户预留部分连接状态码供其自定义使用。系统定义了 4040~4043 四个状态码,如表 19.4 所示。

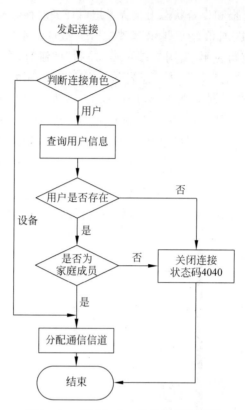

图 19.26　WebSocket 连接管理流程图

表 19.4　WebSocket 状态码定义

状　态　码	含　　义
4040	用户由于建立越权连接而被移除
4041	用户权限不足
4042	用户连接了一个不存在的家庭
4043	用户主动退出家庭

3. 场景控制功能设计与实现

场景控制包含场景存储、场景监测以及场景执行三部分。场景存储通过中控端数据库实现,用户新建场景以 JSON 形式发送至中控,中控通过将 JSON 串反序列化为字典形式,将场景各个参数保存至场景表中。针对自动化场景而言,系统对非定时场景采用周期检测的方式判断当前各个参数是否满足场景执行条件,即定时场景通过注册定时器的方式每隔一段时间触发一次,而只有达到用户预设时间时系统才开始判断其他参数。用户场景通过场景执行器解析执行。场景执行流程图如图 19.27 所示。

场景执行器是一个用来判断场景条件、执行场景操作的函数。当达到场景执行时间或场景检测周期时,定时器会调用场景执行函数,由场景执行器判断当前环境参数是否符合用户场景定义,并决定是否执行操作。场景执行器依次检查位置、环境、天气条件,若当前场景不包含某一条件时则跳过条件的检测,当有一个条件不符合时,立即结束本次判定。对于手动执行场景,函数会跳过条件判断,直接执行设备控制。

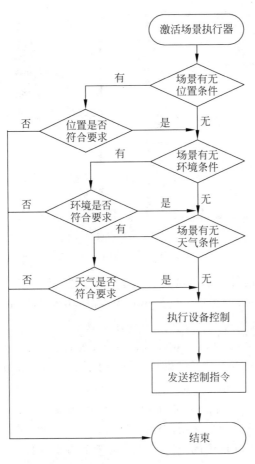

图 19.27　场景执行流程图

4．室内定位功能设计与实现

室内定位主要通过 K-NN 算法对 RSSI 向量进行分类,从而判断出用户当前所处房间。定位的实现主要分为离线采集阶段、模型验证阶段以及在线定位阶段。

1）离线采集阶段

离线采集阶段首先需要在定位范围内布设 AP 设备,AP 设备布设示意图如图 19.28 所示。在 3 个待定位房间附近共布设了 9 个不同位置的 AP,其中 7 个在定位范围内,2 个在定位范围外。AP3 为 2.4GHz 频段的无线路由器,AP7、AP9 为 5GHz 频段的无线路由器,其余均为频段为 2.4GHz 的 ESP8266 Wi-Fi 模块。

布设完成后,将待定位空间进行划分,均匀划分出若干采集点。采集时将采集设备放置在采集点上,每次间隔 10s,连续采集 15 组 RSSI 数值。

由于环境射频干扰等因素使得 RSSI 在采集时间内往往会产生一定程度的波动。因此,系统在采集完成后,采用中位值平均滤波法对采集的信号进行处理。中位值平均滤波函数见式(19.2)。通过滤波函数对各个 AP 信号值逐个进行计算,将最终结果按照 AP 名称排序后与数据标签保存至数据库中。

$$\bar{x} = \left(\sum_{i=1}^{n} x_i - \max(x_1, x_n) - \min(x_1, x_n)\right) / n \tag{19.2}$$

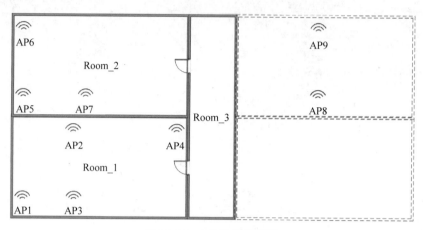

图 19.28 AP 布设示意图

2）模型验证阶段

模型验证阶段主要通过测试集对算法 K 值、权重进行调整选择。测试集采集方法与训练集大致相同。区别在于,训练集数据采集时为模拟实际定位时的数据采集方式,不再对信号波动进行处理,而是直接将收到的信号值保存至数据库。

测试集采集完成后,对模型的 K 值以及权重进行验证。如表 19.5 所示,对算法 1～20 K 值以及统一权重与距离权重下分类的准确率进行了验证。为了避免算法投票阶段两种分类出现相同票数的情况,在 K 值选择时过滤全部偶数,从而保证分类时不同类别获得票数不相同。从数据中可以看出,在统一权重下,$K \geqslant 9$ 时准确率稳定在 90%;而在距离权重下,准确率在 76%～90% 之间波动。根据得到的结果,可以反映出采用统一权重与距离权重准确率近似,并且在 K 值不断增大的情况下统一权重的分类准确率较为稳定,由此可以认为各个类别的样本分布相对成簇。因此,最终将算法 K 值确定为 9,权重确定为 1。

表 19.5 不同 K 值与权重下的定位准确率

K 值	统一权重下准确率 weight＝1	距离权重下准确率 weight＝1/(distance＋1)
1	0.766 667	0.766 667
3	0.866 667	0.866 667
5	0.833 333	0.866 667
7	0.866 667	0.8
9	0.9	0.866 667
11	0.9	0.866 667
13	0.9	0.9
15	0.9	0.833 333
17	0.9	0.866 667
19	0.9	0.9

3）在线定位阶段

在线定位阶段通过 UDP 接收局域网内设备传回的 RSSI 列表,筛选出相关 AP 的 RSSI 值后,调用算法进行定位。

首先,从文件中加载训练数据,计算出待定位点与训练集数据点的欧氏距离;然后,根据距离进行排序,保留距离最小的前 9 个数据点;最后,统计剩余数据点所属房间,剩余数据点最多的房间则被认为是待定位点所在房间。

定位算法代码如下:

```
def get_predict(rssi_array):
    label,train_data = getData("train")
    def eucliDist(A,B):
        return math.sqrt(sum([(a - b) ** 2 for (a,b) in zip(A,B)]))
    distance_list = []
    for index,data in enumerate(train_data):
distance_list.append((label[index],eucliDist(rssi_array,data)))
    distance_list.sort(key = lambda x: x[1])
    k = 9
    neighbor_category = {}
for index,neighbor in enumerate(distance_list[0:k]):
    if neighbor[0] not in neighbor_category.keys():
        neighbor_category[neighbor[0]] = 1
    else:
        neighbor_category[neighbor[0]] += 1
final_category = sorted(neighbor_category.items(),key = lambda n: n[1],reverse = True)[0][0]
return final_category
```

19.6　系统测试

19.6.1　系统功能测试

1. 设备控制功能测试

设备控制功能测试主要涉及对微信小程序中设备控制的测试。按照表 19.6 中的测试方法对该功能的各个部分依次进行测试。

表 19.6　设备控制功能测试用例

序　　号	测 试 过 程	测 试 数 据	预 期 结 果
1	(1) 进入主页面 (2) 点击"控制"	设备断电,控制设备,LED(蓝),开启	控制按钮不可点击,点击后设备振动
2	(1) 进入主页面 (2) 点击"控制"	设备通电,控制设备,LED(蓝),开启	蓝色 LED 点亮

测试结果显示,本系统能够实现设备控制功能,控制按钮的交互效果以及设备的控制结果均能达到预期。

2. 场景控制功能测试

场景控制功能的测试主要针对场景添加、场景删除、场景手动执行和自动化执行等方面的测试。按照表 19.7 以及表 19.8 中的测试方法对该功能的各个部分依次进行测试。

测试结果显示,本系统能够实现场景控制中的场景添加、场景删除、场景手动执行以及自动化执行等功能,实现效果均能达到预期。

表 19.7　场景执行功能测试用例

序　　号	测试过程	测试数据	预期结果
1	(1) 进入场景页面 (2) 点击"手动场景"	无	红色 LED 点亮
2	等待到达测试时间	测试时间为周六,21:20	蓝色 LED 点亮
3	移动设备	将设备移至标签为"主卧"的房间	白色 LED 点亮
4	等待中控获取天气	测试天气为晴	黄色 LED 点亮
5	用手阻挡人体传感器	无	红色 LED 点亮

表 19.8　场景添加、删除功能测试用例

序　　号	测试过程	测试数据	预期结果
1	(1) 点击"添加场景" (2) 点击"保存"	无	保存失败,提示未添加执行设备
2	(1) 点击"添加场景" (2) 添加场景条件 (3) 点击"保存"	设置条件:时间,每天零点	保存失败,提示未添加执行设备
3	(1) 点击"添加场景" (2) 添加执行 (3) 点击"保存"	设置执行:LED(蓝),开 场景名:空 场景图标:空	保存成功,场景名为"未命名场景",场景图标为默认图标
4	(1) 点击"添加场景" (2) 添加场景条件 (3) 点击"关闭"	设置条件:时间,每天零点	提示场景未保存
5	(1) 点击"添加场景" (2) 添加场景条件 (3) 添加执行 (4) 点击"保存"	设置条件:时间,每天 21 点 20 分 设置执行:LED(蓝),开启 场景名:定时场景 场景图标:7 号	保存成功,场景名为"定时场景",场景图标为 7 号图标
6	(1) 点击"添加场景" (2) 添加场景条件 (3) 添加执行 (4) 点击"保存"	设置条件:位置,主卧 设置执行:LED(白),开启 场景名:位置场景 场景图标:5 号	保存成功,场景名为"位置场景",场景图标为 5 号图标
7	(1) 点击"添加场景" (2) 添加场景条件 (3) 添加执行 (4) 点击"保存"	设置条件:天气,晴 设置执行:LED(黄),开启 场景名:天气场景 场景图标:5 号	保存成功,场景名为"天气场景",场景图标为 5 号图标
8	(1) 点击"添加场景" (2) 添加场景条件 (3) 添加执行 (4) 点击"保存"	设置条件:传感器,人体传感器,等于,1 设置执行:LED(红),开启 场景名:传感器场景 场景图标:6 号	保存成功,场景名为"传感器场景",场景图标为 6 号图标
9	(1) 点击"添加场景" (2) 添加执行 (3) 点击"保存"	设置执行:LED(红),开启 场景名:手动场景 场景图标:9 号	保存成功,场景名为"手动场景",场景图标为 9 号图标

续表

序　号	测 试 过 程	测 试 数 据	预 期 结 果
10	(1) 进入场景页面 (2) 点击"编辑" (3) 点击"未命名场景"	无	场景删除成功

3. 家庭管理功能测试

家庭管理功能测试主要涉及对用户创建家庭、加入家庭以及退出家庭时的测试。按照表 19.9 中的测试方法对该功能的各个部分依次进行测试。

表 19.9　家庭管理功能测试用例

序　号	测 试 过 程	测 试 数 据	预 期 结 果
1	(1) 进入家庭管理 (2) 点击"创建家庭" (3) 扫描二维码	二维码数据,{}	提示二维码无效
2	(1) 进入家庭管理 (2) 点击"加入家庭" (3) 扫描二维码	二维码数据,{"homeId":"ac24df32e2"}	提示家庭不存在
3	(1) 进入家庭管理 (2) 点击"创建家庭" (3) 扫描二维码	二维码数据,{"homeId":"ac24df32e2"}	创建成功
4	(1) 进入家庭管理 (2) 点击"创建家庭" (3) 扫描二维码	二维码数据,{"homeId":"ac24df32e2"}	提示家庭已存在
5	(1) 切换至副微信号 (2) 进入家庭管理 (3) 点击"加入家庭" (4) 扫描二维码	二维码数据,{"homeId":"ac24df32e2"}	加入成功
6	(1) 切换至主微信号 (2) 进入家庭管理 (3) 点击"管理成员" (4) 滑动删除成员 (5) 切换至副微信号	无	删除成功,副微信号进入后显示用户被移除
7	(1) 进入家庭管理 (2) 点击"分享家庭"	无	弹出分享二维码,二维码数据,{"homeId":"ac24df32e2"}
8	(1) 进入家庭管理 (2) 点击"创建家庭" (3) 点击"退出家庭"	无	退出成功,WebSocket 连接断开

测试结果显示,本系统能够实现家庭管理中创建家庭、加入家庭、成员管理、成员邀请以及退出家庭的功能,所有功能均能达到预期结果。

19.6.2　节点通信测试

本系统设备端各传感器节点采用 MQTT 协议通信,需要对各个传感器节点的通信状态进行验证。将全部传感器通电后,通过 MQTT.Fx 客户端软件对 MQTT 服务器中收发消息的 topic 进行扫描。传感器通信测试页面如图 19.29 所示。

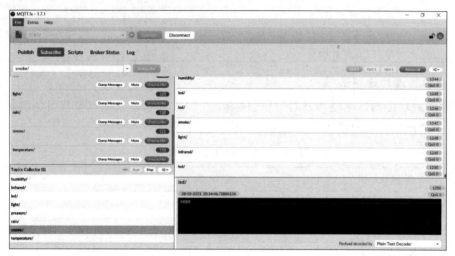

图 19.29 传感器通信测试

根据扫描到的 topic 显示,所有传感器数据均可正常进行数据收发。

19.6.3 网关通信测试

本系统通过中控端将 MQTT 数据转发至 WebSocket 从而实现网关的功能,通过对中控端数据转发情况进行测试可以判断出中控端网关功能是否正常。将中控启动后,等待程序自启,通过在线 WebSocket 测试工具连接至服务器查看中控端收发数据情况。网关通信测试页面如图 19.30 所示。

图 19.30 网关通信测试

根据测试结果来看，MQTT 消息成功转发到 WebSocket 服务器，网关通信测试正常。

19.6.4　系统性能测试

1．服务器性能测试

通过编写多线程脚本对 WebSocket 服务器并发连接数进行测试。测试结果显示，服务器能够承载的通信连接数最高可达到 5951 个，最高可保证 4136 个连接进行数据收发，能够满足系统基本要求。

2．设备控制时延测试

在 100Mbps 网络速率下，通过编写 Python 脚本发送设备控制指令，通过对比发送时间戳与设备返回的时间戳可以计算出，在当前网络环境下，系统的控制时延为 600ms，能够基本满足控制时延要求。

3．系统运行稳定性测试

启动传感器以及中控设备，24 小时后查看设备的运行日志，以及数据收发状况。经测试，系统运行良好，数据收发正常，表明系统能够较长时间稳定运行。

项目小结

本项目将场景化功能融入智能家居系统，通过研究市场的智能家居平台以及查阅文献，最终设计并实现了包括环境监控、设备控制、场景控制以及家庭管理等功能在内的智能家居系统。在页面设计过程中，为了使页面整体更加协调美观，融入大量过渡动画。在系统的设计与实现过程中，将室内定位算法与智能家居场景相结合，使系统能够感知到用户所处的位置，更加智能化。经测试，系统各个功能均能正常运行，用户交互体验较好，能够满足用户的基本需求。

系统实现过程中，根据运行效果不断进行改进和优化，但依然存在一些不足，比如，没有实现 MQTT 消息的并行发送，没有实现设备失控情况的检查，没有对定位算法进行比较和选择等。这些问题还需要进一步改进和完善。

参 考 文 献

[1] Booch G,Maksimchuk R A,Engle M W,等.面向对象分析与设计[M].王海鹏,潘加宇,译.3 版.北京:电子工业出版社,2015.
[2] 班尼特,麦克罗布,法默.UML 2.2 面向对象分析与设计[M].李杨,译.北京:清华大学出版社,2013.
[3] O'Cherty M.面向对象分析与设计[M].俞志翔,译.北京:清华大学出版社,2006.
[4] Pilone D,Pitman N.UML 2.0 in a Nutshell[M].Sevastopol:O'Reilly Media,2005.
[5] 刁成嘉.UML 系统建模与分析设计[M].北京:机械工业出版社,2018.
[6] 麻志毅.面向对象分析与设计[M].北京:机械工业出版社,2018.
[7] 孙学波,卢圣凯,等.面向对象分析与设计[M].北京:机械工业出版社,2020.
[8] 侯爱民,欧阳骥,胡传福.面向对象分析与设计(UML)[M].北京:清华大学出版社,2015.
[9] Ktuchten P.Rational 统一过程引论[M].周伯生,吴超英,王佳丽,译.北京:机械工业出版社,2002.
[10] Eriksson H E,Penker M.UML 业务建模[M].夏昕,何克清,译.北京:机械工业出版社,2004.
[11] 薛均晓,李占波.UML 系统分析与设计[M].北京:机械工业出版社,2018.
[12] Mala D J,Geetha S.UML 面向对象分析与设计[M].马恬煜,译.北京:清华大学出版社,2018.
[13] 吕云翔,赵天宇,丛硕.UML 面向对象分析、建模与设计[M].北京:清华大学出版社,2018.
[14] 夏丽华,卢旭.UML 建模与应用标准教程[M].北京:清华大学出版社,2018.
[15] 高科华,李娜,吴银婷,等.UML 软件建模技术——基于 IBM RSA 工具[M].北京:清华大学出版社,2017.
[16] 布鲁克斯.人月神话[M].UML China 翻译组,汪颖,译.北京:清华大学出版社,2015.
[17] Gamma E,Helm R,Johnson R,等.设计模式:可复用面向对象软件的基础[M].李英军,等译.北京:机械工业出版社,2000.
[18] 刘伟.设计模式实训教程[M].2 版.北京:清华大学出版社,2018.
[19] 刘伟,胡志刚.C#设计模式[M].2 版.北京:清华大学出版社,2018.
[20] 于卫红.Java 设计模式[M].北京:清华大学出版社,2016.
[21] 郑玲,李为.计算机专业毕业设计指导(本科)[M].北京:清华大学出版社,2007.

图书资源支持

感谢您一直以来对清华版图书的支持和爱护。为了配合本书的使用,本书提供配套的资源,有需求的读者请扫描下方的"书圈"微信公众号二维码,在图书专区下载,也可以拨打电话或发送电子邮件咨询。

如果您在使用本书的过程中遇到了什么问题,或者有相关图书出版计划,也请您发邮件告诉我们,以便我们更好地为您服务。

我们的联系方式:

地　　址:北京市海淀区双清路学研大厦 A 座 714

邮　　编:100084

电　　话:010-83470236　　010-83470237

客服邮箱:2301891038@qq.com

QQ:2301891038(请写明您的单位和姓名)

资源下载:关注公众号"书圈"下载配套资源。

资源下载、样书申请

书圈

图书案例

清华计算机学堂

观看课程直播